高职高专院校实践类系列规划教材

网络管理技术

周苏 王文 编著

U0301335

中国铁道出版社
CHINA RAILWAY PUBLISHING HOUSE

内 容 简 介

本书是为"网络管理技术"课程编写的以实训为主线开展教学的教材，是该课程的实训辅助教材。全书通过一系列在网络环境下学习和实践的实训练习，把网络管理技术的概念、理论知识与技术融入实践当中，从而加深对该课程的认识和理解。教学内容和实训练习包含了网络管理技术的各个方面，包括熟悉网络管理技术、网络管理体系结构、网络通信管理、网络操作系统、信息服务管理、数据存储管理、网络安全管理以及网管工具与职业素质等。

全书包括可供选择的 18 个实训和 1 个课程实训总结。每个实训中都包含实训目的、所需的工具及准备工作和实训步骤指导等，以帮助读者加深对教材中所介绍概念的理解，以及掌握网络管理主流工具的基本使用方法。

本书适合作为高职高专院校各专业"网络管理技术"课程的实训型主教材，也可作为企事业单位网络管理人员岗位培训教材。

图书在版编目（CIP）数据

网络管理技术/周苏，王文编著. —北京：中国铁道出版社，2009.7
（高职高专院校实践类系列规划教材）
ISBN 978-7-113-10348-4

Ⅰ.网…　Ⅱ.①周…②王…　Ⅲ.计算机网络－管理－高等学校：技术学校－教材　Ⅳ.TP393.07

中国版本图书馆 CIP 数据核字（2009）第 128573 号

书　　名：网络管理技术
作　　者：周　苏　王　文　编著

策划编辑：秦绪好　王春霞			
责任编辑：王占清		编辑部电话：（010）63583215	
特邀编辑：韩玉彬		封面制作：李　路	
责任校对：邱雪姣		责任印制：李　佳	
封面设计：付　巍		版式设计：郑少云	

出版发行：中国铁道出版社（北京市宣武区右安门西街 8 号　　邮政编码：100054）
印　　刷：河北省遵化市胶印厂
版　　次：2009 年 10 月第 1 版　　2009 年 10 月第 1 次印刷
开　　本：787mm×1092mm　1/16　印张：15.75　字数：377 千
印　　数：4 000 册
书　　号：ISBN 978-7-113-10348-4/TP·3470
定　　价：24.00 元

前 言

在长期的教学实践中，我们体会到，"因材施教"是教育教学的重要原则之一，把实训实践环节与理论教学相融合，抓实训实践教学促进学科理论知识的学习，是有效提高高职高专相关专业教学效果和教学水平的重要方法之一。随着教改研究的不断深入，我们逐渐发展了一系列以实训实践方法为主体来开展教学活动的、具有鲜明特色的课程主教材，相关的数十篇教改研究论文也赢得了普遍的好评，并多次获得教学优秀成果奖。这套"高职高专院校实践类系列规划教材"所涉及的内容包括：操作系统原理、汇编语言程序设计、数据结构与算法、数据库技术、软件工程、项目管理、网页设计与网站建设、多媒体技术、信息安全技术、人机界面设计、数字艺术设计概论、艺术欣赏概论、信息资源管理、电子商务概论、管理信息系统、网络管理技术、动态网页技术和面向对象程序设计等课程。

本丛书的编写原则是：依据课程教学大纲，充分学习和理解课程的大多数主教材和教学成果，遵循课程教学的规律和节奏，充分体现实训实践的可操作性。它们既可以与课程的其他教材辅助配套，也可以作为具有应用和实践特色的课程主教材，还可以是自学的实践教材，旨在很好地推动本课程的教学发展，辅助老师教，帮助学生学，帮助用户切实把握本课程的知识内涵和理论与实践的结合。

本书是为高职高专院校相关专业"网络管理技术"课程开发的具有实践特色的新型教材，通过一系列在网络环境下学习和熟悉网络管理技术知识的实训练习，把网络管理技术的概念、理论知识与技术融入实践当中，从而加深对网络管理技术知识的认识和理解。

每个实训均留有"实训总结"和"教师评价"部分，每个单元设计了"单元学习评价"，全部实训完成之后的实训总结部分还设计了"课程学习能力测评"等内容。希望以此方便师生交流，加深对学科知识、实训内容的理解与体会，以及能对学生学习情况进行必要的评估。

顾小花、沈璐为本书的编写工作给予了帮助。本书的编撰得到了浙江大学城市学院、浙江商业职业技术学院、台州科技职业学院等多所院校师生的支持，在此一并表示感谢！本书相关的实训素材可以从中国铁道出版社网站（http://edu.tqbooks.net）的下载区下载。欢迎教师索取为本书教学配套的相关资料并相互交流。E-mail:zs@mail.hz.zj.cn；QQ：81505050；个人博客：http://blog.sina.com.cn/zhousu58。

由于编者水平有限，疏漏和欠妥之处在所难免，望广大读者批评指正！

编 者
2009 年 8 月

本书是为高职高专院校相关专业"网络管理技术"课程编写的应用型、实践型教材，目的是通过一系列在网络环境下的学习和实训练习，把网络管理技术的概念、理论知识与技术融入实践当中，从而加深对该课程的认识和理解。

读者对象

高职高专院校相关专业的学生可以把此书作为课程学习的主教材、实训辅助教材或自学读物。教学实践证明，在主要强调实践性、应用性的相关课程中，本书是一本实用的和优良的课程主教材。对于已经具备计算机应用基础知识，并希望通过进一步学习得到提高的读者来说，本书也是一本继续教育的良好读物。相信本书将有助于"网络管理技术"课程的教与学，有助于读者对理解、掌握和应用网络管理技术建立起足够的信心和兴趣。

实训内容

本书的教学内容和实训练习包含了网络管理技术知识的各个方面，包括可供选择的 18 个实训和 1 个课程实训总结。每个实训中都包含实训目的、所需的工具及准备工作和实训步骤指导等，以帮助读者加深对教材中所介绍概念的理解以及掌握主流软件工具的基本使用方法。

第 1 章：熟悉网络管理技术。包括计算机网络基础、网络管理基础等实训。通过实训，学习和进一步熟悉计算机网络的基础知识，学习国务院《科技发展规划纲要》中关于信息技术的相关内容，了解国家关于信息技术及其相关产业的纲领政策、发展思路、优先主题及其前沿技术；学习和理解网络管理技术的基础知识；通过因特网搜索与浏览，了解网络环境中主流的网络管理技术网站，掌握通过专业网站不断丰富网络管理技术最新知识的学习方法，尝试通过专业网站的辅助与支持来开展网络管理技术应用实践；了解和学习 Windows 系统管理工具与使用，由此进一步熟悉 Windows 操作系统的应用环境。

第 2 章：网络管理体系结构。包括网络管理模式、IP 地址分配与域名管理等实训。通过实训，学习网络管理体系结构的基础知识，熟悉网络管理的基本模型和网络管理模式；了解和熟悉常用的网络管理协议；学习 IP 地址分配与域名管理知识；进一步熟悉网络管理体系结构知识；熟悉网络管理的基本模型和网络管理模式。

第 3 章：网络通信管理。包括网络通信管理基础、差错控制与网络测试等实训。通过实训，学习和熟悉网络通信管理的相关概念和知识；通过因特网搜索与浏览，了解网络环境中主流的网络通信测试技术网站，尝试通过专业网站的辅助与支持来学习和开展网络通信管理应用实践；学习使用 IAT 网络测试工具，了解网络测试软件工具，了解网络测试设备及其应用。

第 4 章：网络操作系统。包括虚拟机技术、安装 Windows Server 2003 等实训。通过实训，以 Microsoft Virtual PC 为例，学习和掌握虚拟机的安装与设置，为后续实训做好准备；熟悉虚拟机技术，掌握虚拟机技术的简单应用，通过学习 Windows Server 2003 的安装操作，了解服务器操作系统环境建立的初步过程，掌握对 Windows Server 操作系统的基本系统设置。

第 5 章：信息服务管理。包括 DNS 和 DHCP 服务器管理、WWW 服务器管理与 IIS Web 服务器、建立 Apache Web 服务器、FTP 服务器管理与 Serv-U FTP 服务器、邮件服务器管理与 IMail 服务器等实训。通过实训，了解和学习信息服务管理的基本概念和基本内容；学习配置 DNS（域名系统），初步了解 Windows Server 网络操作系统信息服务功能的设置与组织；熟悉 WWW 服务器管理和建设 Web 服务器的一般概念；熟悉 Microsoft IIS 系统的主要作用和基本内容，熟悉 Windows 操作系统主要支持的 FAT、FAT32 和 NTFS 等 3 种不同的文件系统；掌握安装和设置 IIS 的基本方法，学习用 IIS 初步建立自己的 Web 服务器；熟悉 Apache HTTP 服务器的基本内容和主要功能，掌握在 Windows 环境下安装和设置 Apache HTTP 服务器的基本方法；熟悉因特网文件传输服务的基本概念。通过架构 Windows FTP 服务器和 Serv-U FTP 服务器，掌握 FTP 服务器的安装与设置的基本操作，熟悉电子邮件系统的基本概念和主要内容。熟悉电子邮件服务的相关协议，掌握架构电子邮件服务器的基本方法；熟悉 Windows 和 IMail 电子邮件系统。

第 6 章：数据存储管理。包括主流备份技术等实训。通过实训，熟悉数据备份的基本概念，了解数据备份技术的基本内容。通过案例分析，深入领会备份的真正含义及其意义，了解备份技术的学习和获取途径。通过因特网搜索与浏览，了解网络环境中主流的数据备份与存储技术网站以及主流的存储管理方案供应商，掌握通过专业网站不断丰富数据备份和存储管理技术最新知识的学习方法，尝试通过专业网站的辅助与支持来开展数据备份技术应用实践。

第 7 章：网络安全管理。包括网络安全管理概述、Windows 安全设置、防火墙技术及 Windows 防火墙配置等实训。通过实训，熟悉信息安全技术的基本概念，了解信息安全技术的基本内容；通过因特网搜索与浏览，了解网络环境中主流的信息安全技术网站，掌握通过专业网站不断丰富信息安全技术最新知识的学习方法，尝试通过专业网站的辅助与支持来开展信息安全技术应用实践；通过学习使用 Windows 安全管理工具，进一步熟悉 Windows 操作系统的应用环境。通过使用和设置 Windows XP 的安全机制，回顾和加深了解现代操作系统的安全机制和特性，熟悉 Windows 的网络安全特性及其安全措施；熟悉防火墙技术的基本概念，了解防火墙技术的基本内容；通过因特网搜索与浏览，了解网络环境中主流的防火墙技术网站，掌握通过专业网站不断丰富防火墙技术最新知识的学习方法，尝试通过专业网站的辅助与支持来开展防火墙技术应用实践；在 Windows XP 中配置简易防火墙（IP 筛选器），完成后，将能够在本机实现对 IP 站点、端口、DNS 服务屏蔽，实现防火墙功能；熟悉信息安全管理的基本概念和内容。

第 8 章：网管工具与职业素质。包括网络工具与网络诊断等实训。通过实训，了解和熟悉网络管理工具，主要是软件工具，熟悉网络管理的基本内容，熟悉网络管理员的知识基础和素质要求；初步掌握网络故障诊断的一般方法。

第 9 章：网络管理技术实训总结。到此章时，我们顺利完成了本课程有关网络管理技术的各个实训，本章是为巩固通过实训所了解和掌握的相关知识和技术就所做的全部实训做的一个新的总结。

实训要求

尽管全部实训近 20 个，但并不一定都要完成。根据不同的教学安排和要求，教师可以根据实际情况、条件以及需要，从中选取部分必须完成的实训，部分实训可由学生作为作业选择完成。个别实训可能需要占用课后时间才能全部完成。

本书的相关实训素材可以从中国铁道出版社网站（http://edu.tqbooks.net）的下载区下载。

致教师

现有的"网络管理技术"教材大都有理论性很强而实践与应用性偏弱的特点，对教学活动的开展，尤其是对强调教学型、应用型的高职高专院校相关课程教学的开展带来了一定的困难。但是，网络管理技术活动本身却具有鲜明的应用性。因此，我们应该充分重视这门课程的实训环节，以实训与实践教学来促进理论知识的学习。本书以一系列与网络学习密切相关的实训练习作为主线，来组织对网络管理技术课程的教学，以求掌握网络管理技术知识在实践中的应用。

为方便教师对课程实训环节的组织，我们在实训内容的选择、实训步骤的设计和实训文档的组织等诸方面都做了精心的考虑和安排。任课教师不需要自己设计练习，相反，教师和学生都可以通过本书提供的实训练习来研究概念的实现。

本书的全部实训，都经过了严格的教学实践的检验，取得了良好的教学效果。根据经验，虽然大部分的实训确实能够在一次实训课的时间内完成，但学生中普遍存在着两个方面的问题：

（1）常常会急功近利，只求完成实训步骤，而忽视对每个实训的相关知识的阅读和理解。

（2）在实训步骤完成之后，没有投入时间对实训内容进行消化，从而不能很好地进行相关的实训总结。

因此，为了保证实训的质量，建议教师重视对教学实践环节的组织，例如：

（1）在实训之前要求学生对相关课文内容进行预习。实训指导老师在实训开始时应该对学生的预习情况进行检查，并计入实训成绩。

（2）明确要求学生重视对实训内容的理解和体会，认真完成"实训总结"、"单元学习评价"等环节，并把这些内容作为实训成绩的主要评价成分，以激励学生对所学知识进行积极和深度的思考。

（3）对于有条件的学校（例如学生普遍拥有自己的计算机或者有足够的上机条件），许多实训还可以提倡学生做两遍，所谓"做一遍知道了，做两遍理解了"。

（4）考虑到多数学校教学和实训环境的实际情况，本书所设计的实训主要以单机方式进行，一般不考虑服务器环境。对于有条件的学校，建议可以在网络管理技术的服务器应用方面再设计一些可行的实训练习项目。

如果需要，教师还可以在现有实训的基础上，在应用实践方面做出一些要求、指导和布置，以进一步发挥学生的潜能和激发学习的主动性和积极性。

每个实训均留有"实训总结"和"教师评价"部分，每个单元设计了"单元学习评价"，全部实训完成之后的实训总结部分还设计了"课程学习能力测评"等内容。希望以此方便师生交流，加深对学科知识、实训内容的理解与体会，以及对学生学习情况进行必要的评估。如果有更多需要，请任课老师加以补充。

关于实训的评分标准

合适的评分标准有助于促进实训的有效完成。在实践中，我们摸索出如下评分安排，即对每个实训以 5 分计算，其中，阅读相关课文（要求学生用彩笔标注，留下阅读记号）占 1 分，完成全部实训步骤占 2 分（完成了但质量不高则只给 1 分），认真撰写"实训总结"占 2 分（写了但质量不高则只给 1 分）。以此强调对相关课文的阅读和强调通过撰写"实训总结"来强化实训效果。

致学生

对于 IT 及其相关专业的学生来说，网络管理技术是需要掌握的重要知识之一。但是，单凭课堂教学和一般作业，要真正领会网络管理技术课程所介绍的概念、原理、方法和技巧等是很困难的。而经验表明，学习尤其是真正体会和掌握网络管理技术知识的最好方式是理论联系实际，进行充分的应用实践。

本书为读者提供了一个研究网络管理技术知识的学习方法，你可以由此来学习和体验网络管理技术的知识及其应用。

以下两点对于提高你的实训效果非常重要：

（1）在开始每一个实训之前，请务必预习各章的课文部分。课文部分包含着本课程知识的主体，也和实训内容有着密切的联系。

（2）实训完成后，请认真撰写每个实训的"实训总结"，认真撰写每个单元的"单元学习评价"和最后的课程实训总结，完成"课程学习能力测评"等内容，把感受、认识、意见和建议等表达出来，这能起到"画龙点睛"的作用，也可以用此和老师进行积极的交流，以及对自己的学习情况进行必要的评估。

另一方面，仅靠书本所提供的实训可能还不够。如果需要，可以在这些实训的基础上，结合应用项目来进一步实践网络管理技术知识，以发挥自己的潜能，激发学习的主动性与积极性。

✍ 实训设备

个人计算机在学生中的普及，使得我们有机会把实训任务分别利用课内和课外时间来完成，以获得更多的锻炼。这样，对实验室和个人计算机的配置就有不同的要求。

实训室设备与环境

大多数用于网络管理技术实训的工具软件都基于 Windows 环境，用来开展网络管理技术实训的实验室计算机，其操作系统建议安装 Windows XP Professional 或 Windows Server 2003。

由于大多数实训都需要因特网环境的支持，所以，用来进行网络管理技术实训的实验室环境，应该具有良好的上网条件。

个人实训设备与环境

用于网络管理技术实训的计算机环境，建议安装 Windows XP Professional 或 Windows Server 2003 操作系统。需要为实训准备足够的硬盘存储空间，以方便实训软件的安装和实训数据的保存。

在利用个人计算机完成实训时，要重视理解在操作中系统所显示的提示甚至警告信息，注意保护自己的数据和计算环境的安全，做好必要的数据备份工作，以免产生不必要的损失。

没有设备时如何使用本书

如果本书的读者由于某些客观原因无法获得必要的实训设备时，也不用失望，我们相信您仍将从本书中受益。全书以循序渐进的方式介绍了每个实训的背景知识和实训任务，其中也包含了相当一部分知识内容。读者通过认真阅读相关课文，仔细分析实训的操作步骤，相信也能在一定程度上有所收获。

Web 站点资源

几乎所有软件工具的生产厂商都对其产品的用户提供了足够的因特网支持，用户可利用这些支持来修改错误、升级系统和获得更新或更为详尽和丰富的技术资料。

由于网络资料的日新月异，我们不便在本书中一一罗列，有要求的读者可以利用 Google、百度等搜索工具即时进行检索。

本书的相关实训素材可以从中国铁道出版社网站（http://edu.tqbooks.net）的下载区下载。下载资料中包含了与本书内容相配套的教学课件，帮助教师做一点基础的备课准备，有助于学生在课堂上更好地集中注意力，也方便了课前课后的预习和复习。

目 录

第 **1** 章

熟悉网络管理技术

今天，网络正在重新定义着生活的每个层面。传统的习惯和生活方式随着网络的不断发展而改变，网络日渐渗透到社会生活的每个细节当中：信用卡消费和网上购物为人们的生活提供了种种便利；不断涌现的新媒体冲击着人们的视听，改变了获取信息的途径；种种虚拟社区应用更让亲朋好友跨越天涯之隔，分享珍贵的视频、音频和文字。随着网络业务和应用的日益深入，对计算机网络的管理与维护也变得至关重要。人们普遍认为，网络管理是计算机网络的关键技术之一，在大型计算机网络中则更是如此。

1.1 计算机网络基础

计算机网络是计算机技术和通信技术紧密结合的产物，它的诞生使计算机体系结构发生了巨大变化，它的发展推动着社会经济的发展，对人类社会的进步起着举足轻重的作用。网络与企业运营之间的关系越来越密切，随着网络和其他 IT 技术的不断融合，企业不仅把网络作为各种应用的基础设施和流程共享、业务支持的平台，还能够在网络上实现将通话、即时消息、视频和应用共享、电子邮件、语音邮件和消息等融为一体的新型通信方式，从而不断提升沟通效率，拓展协作空间。

1.1.1 网络的基本概念

近年来，计算机网络的术语和定义也在不断地发展和演变中，目前，比较认可的计算机网络的定义是：计算机网络是将分散在不同地点且具有独立功能的多个计算机系统，利用通信设备和线路相互连接起来，在网络协议和软件的支持下进行数据通信，实现资源共享的计算机系统的集合。

这个定义涉及以下几个方面：

① 两台或两台以上的计算机相互连接起来才能构成网络，网络中的各台计算机相互独立。

② 计算机之间要交换信息，彼此就需要有某些约定和规则，这些约定和规则就是网络协议。网络协议是计算机网络工作的基础。

③ 网络中的各台计算机间进行相互通信，需要有一条通道以及必要的通信设备。通道指网络传送介质，它可以是有线的（如双绞线、同轴电缆等），也可以是无线的（如激光、微波等）。通信设备是在计算机与通信线路之间按照一定通信协议传送数据的设备。

④ 组建计算机网络的主要目的是实现计算机的资源共享，使用户能够共享网络中的所有硬件、软件和数据资源。

1．网络的功能

计算机网络技术被广泛应用于政治、经济、军事、生产及科学技术的各个领域，其主要功能包括以下四个方面：

（1）数据通信

这是计算机网络的基本功能。现代社会对信息交换的要求越来越高，数据信息如何从一个结点快速、安全、准确地传向其他结点，往往成为衡量一个国家或一个部门信息化程度高低的标志。

电子邮件通信比传统邮件速度快得多，也不像电话那样需要通话双方都在现场，而且还可以携带声音、图像和视频，从而实现多媒体通信。

（2）资源共享

这是组建计算机网络的目标之一。许多资源（如大型数据库、巨型计算机等）单个用户无法拥有，所以必须实行资源共享。资源共享既包括硬件资源的共享（如打印机、大容量存储设备等），也包括软件资源的共享（如程序、数据库等）。资源共享可以避免重复投资和重复劳动，从而提高了资源的利用率。

（3）分布处理

一方面，对于大型科学计算问题，可以通过一定的算法，把任务分配到网络系统中的子系统中，由多个系统协同完成；另一方面，由于种种原因（如时差等），计算机系统之间的忙闲程度是不均匀的。如果网络中某台计算机负荷过重，可以将任务通过网络传送到其他计算机系统中，这样就提高了整个网络的处理能力。

（4）综合信息服务

现代社会里，大到一个国家，小到一个企业或一个部门，每时每刻都产生着大量的信息。计算机网络支持文字、图像、声音、视频信息的采集、存储、传送和处理。视频点播（VOD）、网络游戏、网络学校、网上购物、网上电视直播、网上医院、虚拟社区以及电子商务等计算机网络的应用正逐渐走进大众的生活、学习和工作中。

2．网络的分类

计算机网络的分类方法有多种，例如，根据网络传送速率的大小，可将网络划分为十兆、百兆、千兆网；根据网络数据的交换方式，可将网络划分为电路交换网、报文交换网与报文包交换网；根据网络的控制方式，可将计算机网络划分为集中式、分散式和分布式网络等。

在计算机网络众多的分类标准中，最能反映网络技术本质特征的分类标准是分布距离，即计算机网络覆盖的地理范围，根据该标准可将计算机网络划分为局域网（local area network，LAN）、城域网（metropolitan area network，MAN）和广域网（wide area network，WAN）3种类型。

（1）局域网

局域网是指在一个局部范围内，由各种计算机、外围设备等连接组成的计算机网络。局域网的地理覆盖范围通常在 1 千米至几千米，例如在一座办公楼、一所学校范围内。在一般的局域网中，计算机的数量不超过几百台，有的甚至只有几台，通常应用在家庭、学校、机关办公室、网吧等。图 1-1 即为一个局域网的示意图，它由服务器、工作站、集线器和连接线路等组成。

局域网主要用于提供数据共享、打印机共享等。局域网有提高网络传送率较容易，升级（如增加连接计算机数量）成本也较低的特点。局域网有严格的网络管理机构，能够有效地管理和维护网络，并能够提供各种服务，如文件共享、接入因特网等。

（2）城域网

与局域网相比，城域网的地理覆盖范围更广阔，通常为几千米至几十千米。在一个大城市里，城域网连接着许多局域网。构成城域网的局域网可以属于某个组织，也可以属于多个不同的组织。光纤的引入，使得在城域网中连接高速的局域网成为可能。

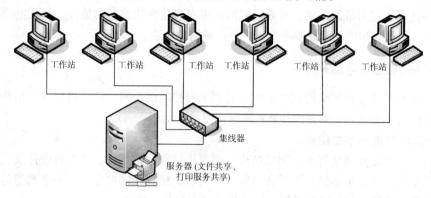

图 1-1 局域网示意图

（3）广域网

广域网（见图 1-2）是影响最广泛的复杂网络系统，一般由两个以上的城域网组成，这些城域网之间的距离可以很远，我们所熟知的因特网就是广域网。

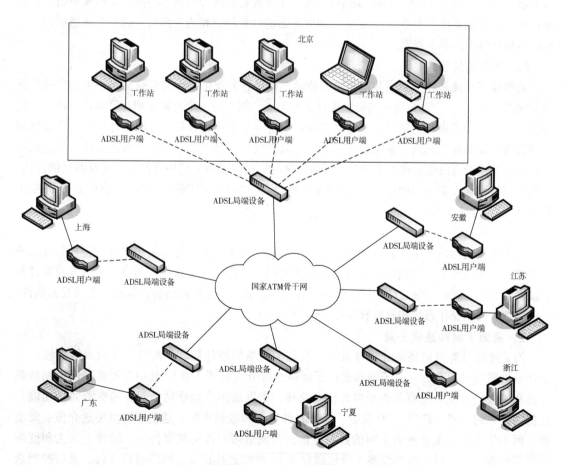

图 1-2 典型的广域网示意图

有时候，广域网、城域网和局域网之间的界限并不明显，很难确定广域网在哪里终止，城域网或局域网在何处开始。但是，可以通过 4 种网络特性——通信介质、协议、拓扑结构和公共网间的边界点来确定网络的类型。通常广域网结束在通信介质改变的地方，如从电缆转变为光纤等，协议、拓扑结构的改变通常也表示一个广域网的结束。

1.1.2 网络的组成与结构

下面，我们从计算机网络的基本组成、资源子网和通信子网、计算机网络的拓扑结构、计算机网络的传送介质等方面来介绍计算机网络的组成与结构。

1．计算机网络的基本组成

各种计算机网络在网络规模、网络结构、通信协议和通信系统、计算机硬件及软件配置等方面存在着很大差异。但不论是简单还是复杂的网络，根据网络的定义，一个典型的计算机网络都是由计算机系统、数据通信系统、网络软件三大部分组成的。

（1）计算机系统

计算机系统是网络的基本模块，为网络内的计算机提供共享资源，主要完成数据信息的收集、存储、处理和输出任务，并提供各种网络资源。根据在网络中的用途，计算机系统可分为服务器（server）和工作站（workstation）。服务器负责数据处理和网络控制，并构成网络中的主要资源；工作站又称"客户机"，是连接到服务器的计算机，相当于网络上的一个普通用户，它可以使用网络上的共享资源。

（2）数据通信系统

数据通信系统是连接网络基本模块的桥梁，提供各种连接技术和信息交换技术，主要由网络适配器（网卡）、传送介质和网络互连设备等组成。网卡是一个可插入到计算机扩展槽中的接口板，主要负责主机与网络的信息传送控制；传送介质是传送数据信号的物理通道，负责将网络中的多种设备连接起来，常用的传送介质有双绞线、同轴电缆、光纤、微波通信、卫星通信等；网络互连设备用来实现网络中各计算机之间的连接、网络与网络之间的互连及路径的连接，常用的网络互连设备包括中继器（repeater）、集线器（hub）、网桥（bridge）、路由器（router）和交换机（switch）等。

（3）网络软件

网络软件是网络的组织者和管理者，在网络协议的支持下，为网络用户提供各种服务。网络软件一方面接受用户对网络资源的访问，帮助用户方便、安全地使用网络；另一方面管理和调度网络资源，提供网络通信和用户所需的各种网络服务。通常网络软件包括：协议及其软件、通信软件、网络操作系统和管理软件等。

2．资源子网和通信子网

为了简化计算机网络的分析与设计，有利于网络的硬件和软件配置，按照系统功能，一个计算机网络可划分为资源子网和通信子网两大部分（见图 1-3）。其中，资源子网由网络服务器和工作站组成，主要负责全网的信息处理，为网络用户提供网络服务和资源共享功能，包括网络中的主机、终端、I/O 设备、各种软件资源和数据库等；通信子网由传送介质、集线器、网卡等组成，主要负责全网的数据通信，为网络用户提供数据传送、转接、加工和变换等通信处理工作，包括通信线路（即传送介质）、网络连接设备、网络通信协议、通信控制软件等。

　　将计算机网络划分为资源子网和通信子网，符合网络体系结构的分层思想，便于对网络进行研究和设计。资源子网、通信子网可单独规划、管理，从而使整个网络的设计与运行得以简化。通信子网既可以是专用的数据通信网，也可以是公用的数据通信网。

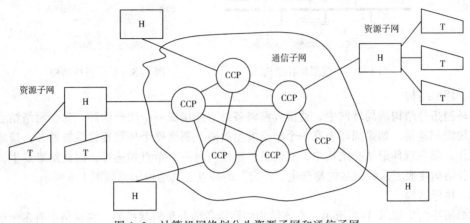

图 1-3　计算机网络划分为资源子网和通信子网

H—主机　　　　T—终端　　　　CCP—通信控制处理器

3．网络拓扑结构

　　计算机网络的连接方式称做"网络拓扑结构"。所谓拓扑（topology）是从图论演变而来的，是一种研究与大小形状无关的点、线、面特点的方法。在计算机网络中，抛开网络中的具体设备，把工作站、服务器等网络单元抽象为"点"，把网络中的电缆等通信介质抽象为"线"，这样，计算机网络结构就抽象为点和线组成的几何图形，称为网络拓扑结构，即用传送介质互连各种设备的物理布局。

　　网络拓扑结构对整个网络的设计、网络的功能、可靠性、费用等方面有着重要的影响。常用的网络拓扑结构有如下几种：

　　（1）总线形结构

　　总线形拓扑结构是局域网主要的拓扑结构（见图 1-4），它是由一条总线连接若干个结点所形成，采用广播通信方式，即由一个结点发出的信息可被网络上的多个结点接收，其代表网络是以太网（ethernet）。在总线形拓扑结构的局域网中，所有结点都通过一条被称为共享媒介的线性电缆进行连接，这段电缆上的每个结点都能收到该电缆上其他工作站向外传送的每一个信息。数据总线的两端各安装了终结器，能够接收任何信号，从而使它们从总线中消失。

　　（2）星形结构

　　局域网中用得最广泛的是星形拓扑结构，在该结构中，局域网中的结点都被连接到中心结点上，中心结点能够对各外围结点间的通信和信息交换进行集中控制和管理，将其从各个外围结点所接收到的通信，对网络上的全部外围结点进行转播，包括信息发送结点。因此，所有的外围结点都是通过向中心结点传送，或从中心结点接收信息的方式进行相互通信。星形拓扑结构的中心结点可以是交换机、集线器或转发器，星形拓扑结构的局域网示意如图 1-5所示。

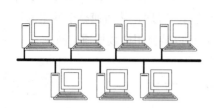

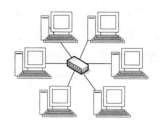

图 1-4　总线形拓扑结构　　　　图 1-5　星形拓扑结构

（3）环形结构

在环型拓扑结构的局域网中，通信线路将各结点连接成一个闭合的环，每个网络结点都与两条传输线相连接，如果圆环上有一个结点发生故障，那么整个环形连接就被断开，局域网就不能工作。而在双环形拓扑结构中，有四条传输线与每一个结点相连接，因此很难发生故障。环形拓扑结构克服了总线型结构易产生"冲突"的缺点，其结构示意如图 1-6 所示。

（4）树形结构

树形拓扑结构如图 1-7 所示。在该结构中网络各结点呈树状排列，在网络中有多个中心结点，并且这些中心结点间形成一种分级管理的集中式网络。树形拓扑结构适用于各种管理部门需要进行分级数据传送的场合。

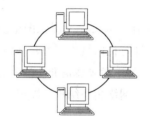

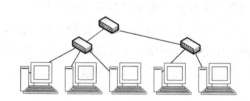

图 1-6　环形拓扑结构　　　　图 1-7　树形结构

（5）网状结构

网状拓扑结构如图 1-8 所示。这种结构的各结点通过传送线相互连接起来，并且任何一个结点都至少与其他两个结点相连。所以网状结构的网络具有较高的可靠性，但其实现起来费用高、结构复杂、不易管理和维护。

（6）混合形结构

每一种网络拓扑结构都有自己的优缺点。一般来说，一个较大的网络都不是单一的网络拓扑结构，而是由多种拓扑结构混合而成，充分发挥各种拓扑结构的特长，这就是所谓的混合形拓扑结构。例如，一个环形的网络中包含若干个树形网和总线网，如图 1-9 所示。

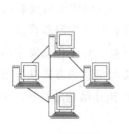

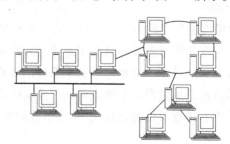

图 1-8　网状结构　　　　图 1-9　混合形结构

4．网络传送介质

传送介质是指数据传送系统中发送者和接收者之间的物理路径。数据传送的特性和质量取决于传送介质的性质。在计算机网络中使用的传送介质可分为有线和无线两大类。双绞线、同轴电缆和光纤是常用的 3 种有线传送介质；卫星、无线电、红外线、激光及微波等属于无线传送介质。

（1）有线传送介质

常用的有线传送介质有双绞线、同轴电缆和光纤。

① 双绞线：是一种最常用的有线物理传送介质，它由两根绝缘的铜线互绞在一起而得名。将两根导线绞在一起的目的是减少来自导线间的信号干扰。许多电话线就是采用双绞线。相对于其他有线物理传送介质（如同轴电缆和光纤）来说，双绞线价格便宜，也易于安装，但在传送距离、信道宽度和数据传送速率等方面均受到一定限制。

② 同轴电缆：也像双绞线那样由一对导体组成。它的内芯为铜导体，其外围是一层绝缘材料，再外层为金属屏蔽线组成的网状导体，最外层为塑料保护绝缘层。由于铜芯与网状外部导体同轴，故称为同轴电缆。同轴电缆的这种结构使它具有高带宽和高抗干扰性，在数据传送速率和传送距离上都优于双绞线。同轴电缆是局域网中使用最普遍的物理传送介质，如以太网。但目前已逐步被高性能的双绞线所替代。

③ 光纤：是一根很细的可传导光信号的纤维媒体，其半径在几微米至一二百微米之间。制造光纤的材料可以是超纯硅和合成玻璃或塑料。相对于双绞线和同轴电缆等金属传送介质，光纤有轻便、低衰减、大容量、电磁隔离等优点，是一种很有发展前途的物理传送介质。目前，光纤主要在大型局域网中用做主干线路的传送介质。

（2）无线传送介质

有时，需要网络随时保持通信状态，而双绞线、同轴电缆、光纤都无法满足需要，无线通信是解决问题的唯一方法。目前比较成熟的无线传送介质有以下几种：

① 微波通信：即利用高频（2～40GHz）范围内的电波来进行通信。它的一个重要特性是沿直线传播，而不是向各个方向扩散。通过抛物状天线可以将能量集中于一小束上，以获得很高的信噪比，并传送很长的距离。微波通信成本较低，但保密性差。

② 卫星通信：可以看成是一种特殊的微波通信，它使用地球同步卫星作为中继站来转发微波信号，并且通信成本与距离无关。卫星通信容量大、传送距离远、可靠性高，但通信延迟时间长，误码率不稳定，易受气候的影响。

③ 激光通信：利用在空间传播的激光束将传送数据调制成光脉冲的通信方式。激光通信不受电磁干扰，也不怕窃听，方向性也比微波好。激光束的频率比微波高，因此可以获得更高的带宽，但激光在空气中传播衰减很快，特别是雨、雾天、能见度差时更为严重，甚至会导致通信中断。

1.1.3　网际互连与通信协议

网际互连（又称网络互连）是计算机网络发展到一定阶段的产物，是网络技术中的一个重要组成部分。为了实现在更大范围内的信息交换和资源共享，需要将不同的计算机网络互相连接起来，在计算机网络这个复杂的系统中，由于计算机型号不一、终端类型各异，并且连接方式、同步方式、通信方式、线路类型等都有可能不一样，要做到各设备之间有条不紊地交换数据，所有设备必须遵守共同的规则，即网络协议。网络协议将明确地规定数据交换时的格式和时序。

1. 网络互连

网络互连是指用一定的网络互连设备将多个拓扑结构相同或不同的网络连接起来，构成更大规模的网络。网络互连的目的是使网络上的一个用户可以访问其他网络上的资源，实现网络间的信息交换和资源共享。网络互连允许不同的传送介质、不同的拓扑结构共存于一个大的网络中。

（1）网络互连的类型

根据网络的地理覆盖范围，可将网络互连分为 4 种类型：

① 局域网之间的互连（LAN-LAN）：局域网与局域网的互连是最为常用的一种互连形式，其互连结构有两种：具有相同网络协议的局域网的互连，即同构网互连；具有不同网络协议的共享介质局域网的互连，即异构网互连。局域网之间的互连是通过网桥实现的。

② 局域网与广域网之间的互连（LAN-WAN）：局域网与广域网之间的互连应用广泛，可通过路由器或网关实现互连。

③ 广域网之间的互连（WAN-WAN）：通过路由器等设备可以实现分布在不同地理位置的广域网之间的互连。

④ 通过广域网实现局域网之间的互连（LAN-WAN-LAN）：两个分布在不同地理位置的局域网可以通过广域网实现互连。

无论哪种类型的互连，每个网络都是互连网络的一部分，是一个子网。子网设备、子网操作系统、子网资源、子网服务将成为一个整体，使互联网上的所有资源实现共享。

（2）网络互连的层次

ISO[①]于 1978 年提出的开放系统互连模型（OSI）是计算机网络体系结构的参考模型，是一个由不同供应商提供的不同设备和应用软件之间的网络通信的概念性框架结构，被公认为是计算机通信和因特网网络通信的一种基本结构模型，成为各种计算机网络结构的标准。

OSI 参考模型将通信处理过程定义为 7 个层次框架，其自底向上依次为：物理层、数据链路层、网络层、传送层、会话层、表示层和应用层，按 OSI 参考模型的层次划分，可将网络互连分为 4 个层次，即物理层互连、数据链路层互连、网络层互连、高层互连，如图 1-10 所示。

图 1-10　网络互连的 7 个层次

---

① ISO（International Organization for Standardization，国际标准化组织），是一个全球性的非政府组织，也是国际标准化领域中一个十分重要的组织。ISO 的任务是促进全球范围内的标准化及其有关活动，以利于国际间产品与服务的交流，以及在知识、科学、技术和经济活动中发展国际间的相互合作。它显示了强大的生命力，吸引了越来越多的国家参与其活动。

（3）网络互连的设备

网络互连设备主要负责网间协议和功能转换，不同的网络互连设备工作在不同的协议层中。常用的网络连接设备主要有中继器、网桥、路由器、网关、交换机等，其中，中继器用于实现物理层的互连，网桥用于实现数据链路层的互连，路由器用于实现网络层的互连，网关用于实现网络高层的互连，交换机可以实现数据链路层或网络层的互连。

① 中继器（repeater）：工作在物理层，用于延伸同构局域网。中继器的作用是对信号进行放大、整形，以驱动长线电缆。其主要优点是可延长网段的距离，扩展局域网覆盖的范围。

② 集线器（hub）：其实是一个具有多个端口的中继器。集线器同时工作在第一层（物理层）和第二层（数据链路层），只能简单地提供物理扩展网络的能力。

③ 网桥（bridge）：工作在数据链路层，用以实现局域网网段的互连，网间通信从网桥传送，网内通信被网桥隔离。网桥既可以连接同构网，也可以连接异构网（如以太网到以太网、以太网到令牌环网），它要求两个互连网络在数据链路层以上使用相同或兼容的网络协议。网桥的主要功能是隔离网段，以提高网络可靠性及通信效率。

④ 交换机（switch）：其实是更先进的网桥，一种新型的网络连接设备，它除了具备网桥的所有功能外，还通过在结点或虚电路间创建临时逻辑连接，它将传统网络"共享"媒体技术改变为交换式的"独享"媒体技术，提高了网络的带宽。不过交换机是通过硬件实现的，而网桥是通过软件实现的。

⑤ 路由器（router）：工作在网络层，是比网桥更复杂、功能更强的网络互连设备。路由器的互连能力强，可以执行复杂的路由选择算法，用来实现不同类型的局域网互连，如以太网、令牌环网、ATM、FDDI、AppleTalk 等的互连。路由器也可用来实现局域网与广域网互连。在这种情况下，要求网络层以上的高层协议相同或兼容。路由器除具备网桥的全部功能外，还具有路由选择功能。

⑥ 网关（gateway）：也称网间协议转换器，工作于 OSI 参考模型的传送层、会话层、表示层和应用层，用于连接网络层之上执行了不同协议的子网，从而组成异构的互连网络。网关具有对不兼容的高层协议进行转换的功能，可实现两种不同协议的网络互连。它是比网桥、路由器更加复杂的网络连接设备。

2．网络协议

并非所有的计算机网络都严格遵守 ISO/OSI 标准，大量同构网、异构网仍然存在，要实现网络间的正常通信，就必须选择合适的通信协议。

网络协议是计算机之间实现网络通信不可缺少的部分，它主要由 3 个要素组成，即语法、语义和时序。其中，语法是指数据与控制信息的结构和格式；语义表明需要发出何种控制信息，以完成相应的响应；时序是对事件实现顺序的详细说明。

采用分层处理方式的每一个层次实现一种相对独立的功能，所以能把一个复杂的问题分解为几个容易解决的子问题。现代计算机网络就是采用了这种层次的体系结构。在网络分层后，每层都有其对应的协议，整个网络协议就是由各层协议共同组成的。

ISO/OSI 参考模型分层信息表示形式及协议标准如表 1–1 所示。

表1-1　分层数据单元及协议标准集

层　次	名　称	数 据 单 元	协 议 标 准
7	应用层	报文	FTP、TELNET、DNS、HTTP
6	表示层	报文	NFS、ODBC、DRDA
5	会话层	报文	NFS、ODBC、DRDA
4	传送层	报文	TCP、SPX
3	网络层	分组	IP、IPX
2	数据链路层	帧	IP、IPX、SDLC、HDLC
1	物理层	bit	Ethernet、ARCnet、RS232C

其中：

DNS：域名系统。

HTTP：超文本传送协议。

NFS：网络文件系统。

ODBC：开放的数据库连接。

DRDA：分布式关系数据库体系结构。

SPX：顺序包交换。

TCP/IP：传输控制协议/网际协议；因特网协议簇。

TCP：传输控制协议。

IP：网际协议。

SDLC：同步数据链路控制。

HDLC：高级数据链路控制。

Ethernet：以太网协议。

ARCnet：ARC网络控制协议。

RS232C：计算机RS-232C接口协议。

IPX/SPX：Novell网在网络层和传送层的标准协议。

（1）常用网络协议

局域网中一般使用NetBEUI、IPX/SPX和TCP/IP 3种协议，它们是计算机之间进行相互通信的共同语言。只有设置好恰当的通信协议，才能保证连网的成功，使得各计算机之间能顺利地交换信息。

① NetBEUI协议（NetBIOS Extended User Interface，NetBIOS扩展用户接口，其中NetBIOS是指"网络基本输入输出系统"）。NetBEUI协议支持小型局域网，具有体积小、效率高、速度快、内存开销较少并易于实现等优点。在微软现在的Windows系列产品中，NetBEUI已经成为其固有的默认协议。

NetBEUI是专门为由几台到几百台计算机所组成的单网段小型局域网设计的，它不具有跨网段工作的功能，即NetBEUI不具备路由功能。如果在一个服务器上安装了多块网卡，或者要采用路由器等设备进行两个局域网的互连时，就不能使用NetBEUI协议。

虽然NetBEUI存在许多不尽如人意的地方，但是它也具有其他协议所不具备的优点。在3种通信协议中，NetBEUI占用内存最少，在网络中基本不需要任何配置。通常NetBEUI协议用于只有单网段的小型网络中。

② IPX/SPX（Internetwork Packet Exchange/Sequenced Packet Exchange，网际包交换/顺序包交换）及其兼容协议是 Novell 公司开发的通信协议集，是 Novell Netware 网络使用的一种协议，使用该协议可与 Netware 服务器连接。IPX/SPX 及其兼容协议不需要任何配置，它可通过“网络地址”来识别自己的身份。与 NetBEUI 不同的是，IPX/SPX 显得比较庞大，在复杂环境下具有很强的适应性。IPX/SPX 具有强大的路由功能，适用于大型网络。

③ TCP/IP：（Transmission Control Protocol/Internet Protocol，传输控制协议/网际协议）是目前最常用的一种网络协议，是因特网的基础，也是 UNIX 系统互连的一种标准。TCP/IP 支持任意规模的网络，具有很强的灵活性，为具有不同操作系统、不同硬件体系结构的互连网络提供了一种通信手段，其目的是使不同厂家生产的计算机能在各种网络环境下进行通信。TCP/IP 的设置和管理比 IPX/SPX 及其兼容协议、NetBEUI 协议都要复杂一些。

TCP/IP 主要包括两个协议：传输控制协议（TCP）和网际协议（IP）。通常说 TCP/IP 是指因特网协议簇，而不仅仅是 TCP 和 IP，它包括上百个各种功能的协议，如远程登录、文件传送和电子邮件（POP3）等协议，而 TCP 和 IP 是保证数据完整传送的两个最基本、最重要的协议。

设置 TCP/IP 需要一个“IP 地址”、一个“子网掩码”、一个“默认网关”和一个“主机名”，因此设置起来相对复杂一点。

（2）网络协议的选择

网络的通信协议影响到网络的速度与性能。在选择通信协议时，要考虑到网络的规模、网络的兼容性、管理的方便性和网络速度等方面的问题。

① Windows 系列网络：如果是小型的 Windows 服务器（2000/2003/2008）/工作站网络，应该选择 NetBEUI 协议，这样可以充分发挥该协议的速度优势。如果是大型的 Windows 服务器/工作站网络或者该局域网要访问因特网，就要安装 TCP/IP。

② Novell 网络：当用户端接入 NetWare 服务器时，IPX/SPX 及其兼容协议是最好的选择。但在非 Novell 网络环境中，一般不使用 IPX/SPX 协议。如果 Windows 工作站要作为客户机访问 NetWare 网络，则必须安装 IPX/SPX 兼容协议。

③ Windows、Novell 混合网络：如果是 Windows、Novell 混合网络，必须安装 NetBEUI 协议和 IPX/SPX 兼容协议。如果要与 UNIX 连接或者要访问因特网，还必须安装 TCP/IP。

3．IP 地址、子网掩码与域名

IP 地址就是给每个连接在因特网上的主机分配的一个 32 位地址。按照 TCP/IP 规定，IP 地址用二进制来表示，每个 IP 地址长 32 位，就是 4 个字节。例如，一个采用二进制形式表示的 IP 地址是“00001010 00001011 00000000 00000001”。但是这么长的地址，人们难于处理和记忆。为了方便使用，IP 地址经常被写成十进制的形式，中间使用符号“.”分开不同的字节。于是，上面的 IP 地址可以表示为 10.11.0.1。IP 地址的这种表示法称做“点分十进制表示法”，这显然比 32 个 1 和 0 容易记忆。

（1）IP 地址

IP 地址由网络标识和主机标识两部分组成，网络标识相同的计算机处于同一个网络之中。IP 地址一般划分为五类：A、B、C、D、E，目前常用的为前三类，这三类 IP 地址的结构都由两部分组成：网络号和主机号。

① A 类 IP 地址适用于主机数目众多的大规模网络，共有 126 个子网。每个子网内可以有 1

600 万台主机。该类 IP 地址的第一个八位代表网络号，后三个八位代表主机号。32 位的第 1、2、3 位为 000；十进制的第 1 组为 0～127。只要看到 1～126，就知道是 A 类 IP 地址，十进制可写成 $1.x.y.z$～$126.x.y.z$。

② B 类 IP 地址适用于中等规模的网络，共有 16 384 个子网，每个子网内可以有 65 534 台主机。该类 IP 地址的前两个八位代表网络号，后两个八位代表主机号。32 位第 1、2、3 位为 100；十进制的第 1 组为 128～191，由此值可知为 B 类 IP 地址，十进制写成 $128.x.y.z$～$191.x.y.z$。一个 B 类 IP 地址共有 16 384 个 C 类 IP 地址，所以只能连 16 384 个主机或子网络。

③ C 类 IP 地址适用于规模较小的网络，共有 200 万个子网，每个 C 类子网内最多只能有 254 台主机。该类 IP 地址的 32 位前三位为 110，十进制第 1 组为 192～223，十进制写成 $192.x.y.z$～$223.x.y.z$，只要见到 192～$223.x.y.z$，便可知为 C 类 IP 地址。

例如，清华大学的 IP 地址是 116.111.4.120，属 A 类地址，北京大学的 IP 地址是 162.105.129.11，属 B 类地址，浙江大学城市学院的 IP 地址是 211.90.238.141，属 C 类地址。

（2）特殊 IP 地址

由于每一个网络都存在两个特殊 IP 地址（全 "0" 或全 "1"），所以实际能够分配的主机数比最大主机数少 2。

对于任何一个 IP 地址，其主机地址为全 "0" 或全 "1" 均为特殊 IP 地址，例如：211.90.238.0 和 211.90.238.255 都是特殊的 IP 地址。特殊的 IP 地址有特殊的用途，不分配给任何用户使用。

① 网络地址。网络地址又称网段地址。网络号不空而主机号全 "0" 的 IP 地址表示网络地址，即网络本身。例如，地址 211.90.238.0 表示其网络地址为 211.90.238。

② 直接广播地址。网络号不空而主机号全 "1" 表示直接广播地址，代表这一网段下的所有用户。例如，211.90.238.255 就是直接广播地址，表示 211.90.238 网段下的所有用户。

③ 有限广播地址。网络号和主机号都是全 "1" 的 IP 地址是有限广播地址。在系统启动时，还不知道网络地址的情形下进行广播，就是使用这种地址。

④ 本机地址。网络号和主机号都为全 "0" 的 IP 地址表示本机地址。

⑤ 回送测试地址。网络号为 "127" 而主机号任意的 IP 地址为回送测试地址。最常用的回送测试地址为 127.0.0.1。

（3）子网掩码

32 位 IP 地址中的网络地址部分是有限的，要想扩充网络地址可采用划分子网技术。将主机地址部分划分出一定位数作为网络地址，剩余的位数作为主机地址。

整个 IP 地址表示为：网络标识 + 子网标识 + 主机标识。

例如，166.111.0.0 是一个 B 类网络，可将主机标识的第一个字节用于子网标识，则可构成 254（0、255 禁用）个子网，每个子网有 254 台主机。

要告知本网络是如何划分的，采用子网掩码（mask），即凡是 IP 地址中网络与子网标识部分都用二进制 1 表示，而主机标识部分则用二进制 0 表示。

子网掩码中的 0 和 1 可以任意分布，不过一般划分时，都把掩码开始连续的几位设为 1。使用了子网掩码后，通常把原来的网络号和新划分的子网号合在一起称为网络号，与掩码为 1 的位相对应；把掩码划分后的新的主机号叫做主机号，与掩码为 0 的位相对应。

A 类地址相对应的标准掩码是 255.0.0.0，B 类地址相对应的标准掩码是 255.255.0.0，C 类地址相对应的标准掩码是 255.255.255.0。

例如,IP 地址为 166.111.137.218,如果掩码为 255.255.0.0,这表示 166.111.0.0 网络中 0.0.137.218 号的主机；如果掩码为 255.255.254.0,则表示 166.111.136.0 网络中 0.0.1.218 号的主机。

这样属于同一个物理网段上的 IP 地址的掩码应该是一样的,以保证通过掩码计算后的子网地址是相同的。

（4）域名

由于 IP 地址是用 32 位二进制数表示的,不便于识别和记忆,即使换成了 4 段十进制数来表示也仍然如此。为了使 IP 地址更便于记忆和识别,因特网从 1985 年开始采用 DNS（domain name system,域名系统）的方法来表示 IP 地址,域名采用相应的英文或汉语拼音表示。域名一般由 4 个部分组成,从左到右依次为分机名、主机域、机构性域和地理域,中间用小数点“.”隔开。

机构性域名又称为顶级域名,表示所在单位所属行业或单位的性质,用 3 个或 4 个缩写英文字母表示。地理域名又称高级域名,以两个字母的缩写代表一个国家或地区的高级域名。例如,浙江大学城市学院的域名为“zucc.edu.cn”。这里的 zucc 为主机域名,是浙江大学城市学院的英文缩写,edu 为机构性域名,是教育行业的缩写,cn 为地理域名,是中国的缩写。

域名和 IP 地址必须严格对应,换句话说,表示一台主机可以用其 IP 地址,也可用其域名。例如,IP 地址“211.90.238.141”和域名“zucc.edu.cn”都表示浙江大学城市学院网站。

1.1.4　因特网与内联网

因特网是当今世界上最大的计算机网络,开始发展于 20 世纪 60 年代末,其前身是美国国防部高级研究计划署建立的一个实验性计算机网络。这个网络的目的是研究坚固并独立于各生产厂商的计算机网络所需要的有关技术,这些技术现在被称为因特网技术。因特网技术的核心是 TCP/IP。

内联网是连接一系列使用因特网协议（TCP/IP）的客户网络,它是存在于一个或者多个由安全或虚拟网络连接在一起的防火墙之后的一些基于 IP 的结点组成的网络。内联网存在于一个企业内,也就是说,内联网是采用因特网技术组建的一个企业内部网络,因此内联网又称为企业内部网。由于内联网采用了企业级的 TCP/IP 技术,使内联网与遍及全球的因特网可以很方便地互连,从而使企业内部网很自然地成为全球信息网的一个组成部分。

内联网的核心技术是 Web。Web 是一种以图形用户界面和超文本链接方式来组织信息页面的先进技术,它的 3 个关键组成部分是 URL、HTTP 和 HTML。内联网的服务对象主要是企业内部员工,以联系企业内部员工的工作为主,促进企业内部的沟通,提高工作效率,强化企业管理。其主要功能如下：

① 企业内部信息发布；

② 充分利用现有的数据库资源,加强企业内部交流,协同工作环境；

③ 实现企业内、外部的电子商务。

内联网的价值就在于它能够轻松获取信息,以便于更好地进行决策,节省企业管理运营成本,增强企业内部的沟通与合作,延伸企业现有投资等。

1.1.5　主要术语

确保自己理解以下术语：

ARPANET（阿帕网）　　　　　　　　工作站　　　　　　　　网络服务器软件

DHTML	共享	网络管理员
FTP 服务器	广域网（WAN）	网络集线器
FTP 客户软件	互联网	网络客户端软件
HTML（超文本置标语言）	环形拓扑结构	网络拓扑结构
HTML 标记	会话层	网络许可证
HTML 文档	计算机网络	网络资源
IP 地址	交互式网络	网桥
ISO（国际标准化组织）	交换机	网页
Java	局域网（LAN）	文件传送协议（FTP）
NIC（网卡）	开放式系统互连（OSI）	无线网络
TCP/IP（传输控制协议/网际协议）	客户（client）	物理层
URL（统一资源定位器）	链接	物理地址
Web 服务器	聊天组	下载
Web 站点	流媒体	协议
XML	路由器	星形拓扑结构
本地登录	上传	以太网
表示层	数据链路层	异步
超文本传送协议（HTTP）	双绞线	因特网
城域网（MAN）	通信子网	因特网流量
传送层	同步	应用层
传送速率	同轴电缆	用户账号
打印队列	拓扑	域名
电子邮件	万维网（WWW）	远程登录
电子邮件地址	网关	中继器
电子邮件附件	网络操作系统（NOS）	主机
顶级域	网络层	主页
独立计算机	网络传送介质	资源子网
服务器（server）	网络打印机	总线形拓扑结构

1.1.6　实训与思考：网络基础与信息技术

1. 实训目的

① 学习和进一步熟悉计算机网络的基础知识。

② 学习国务院《科技发展规划纲要》中关于信息技术的相关内容，了解国家关于信息技术及其相关产业的纲领政策、发展思路、优先主题及其前沿技术。

2. 工具/准备工作

在开始本实训之前，请回顾教科书的相关内容。

需要准备一台带有浏览器，能够访问因特网的计算机。

3. 实训内容与步骤

《科技发展规划纲要》中的"信息技术"与"信息安全"

我国国务院于 2006 年 2 月 9 日发布《国家中长期科学和技术发展规划纲要（2006—2020 年）》（以下简称《纲要》）。《纲要》提出，到 2020 年，我国科学技术发展的总体目标是：自主创新能力显著增强，科技促进经济社会发展和保障国家安全的能力显著增强，为全面建设小康社会提供强有力的支撑；基础科学和前沿技术研究综合实力显著增强，取得一批在世界具有重大影响的科学技术成果，进入创新型国家行列，为在本世纪中叶成为世界科技强国奠定基础。

《纲要》在"重点领域及其优先主题"部分针对"信息产业及现代服务业"指出：

发展信息产业和现代服务业是推进新型工业化的关键。国民经济与社会信息化和现代服务业的迅猛发展，对信息技术发展提出了更高的要求。

发展思路：

（1）突破制约信息产业发展的核心技术，掌握集成电路及关键元器件、大型软件、高性能计算、宽带无线移动通信、下一代网络等核心技术，提高自主开发能力和整体技术水平。

（2）加强信息技术产品的集成创新，提高设计制造水平，重点解决信息技术产品的可扩展性、易用性和低成本问题，培育新技术和新业务，提高信息产业竞争力。

（3）以应用需求为导向，重视和加强集成创新，开发支撑和带动现代服务业发展的技术和关键产品，促进传统产业的改造和技术升级。

（4）以发展高可信网络为重点，开发网络信息安全技术及相关产品，建立信息安全技术保障体系，具备防范各种信息安全突发事件的技术能力。

优先主题：

（1）现代服务业信息支撑技术及大型应用软件。重点研究开发金融、物流、网络教育、传媒、医疗、旅游、电子政务和电子商务等现代服务业领域发展所需的高可信网络软件平台及大型应用支撑软件、中间件、嵌入式软件、网格计算平台与基础设施，软件系统集成等关键技术，提供整体解决方案。

（2）下一代网络关键技术与服务。重点开发高性能的核心网络设备与传送设备、接入设备，以及在可扩展、安全、移动、服务质量、运营管理等方面的关键技术，建立可信的网络管理体系，开发智能终端和家庭网络等设备和系统，支持多媒体、网络计算等宽带、安全、泛在的多种新业务与应用。

（3）高效能可信计算机。重点开发具有先进概念的计算方法和理论，发展以新概念为基础的、具有每秒千万亿次以上浮点运算能力和高效可信的超级计算机系统、新一代服务器系统，开发新体系结构、海量存储、系统容错等关键技术。

（4）传感器网络及智能信息处理。重点开发多种新型传感器及先进条码自动识别、射频标签、基于多种传感信息的智能化信息处理技术，发展低成本的传感器网络和实时信息处理系统，提供更方便、功能更强大的信息服务平台和环境。

（5）数字媒体内容平台。重点开发面向文化娱乐消费市场和广播电视事业，以视、音频信息服务为主体的数字媒体内容处理关键技术，开发易于交互和交换、具有版权保护功能和便于管理的现代传媒信息综合内容平台。

（6）高清晰度大屏幕平板显示。重点发展高清晰度大屏幕显示产品，开发有机发光显示、场致发射显示、激光显示等各种平板和投影显示技术，建立平板显示材料与器件产业链。

（7）面向核心应用的信息安全。重点研究开发国家基础信息网络和重要信息系统中的安全保障技术，开发复杂大系统下的网络生存、主动实时防护、安全存储、网络病毒防范、恶意攻击防范、网络信任体系与新的密码技术等。

《纲要》的"前沿技术"部分指出：

前沿技术是指高技术领域中具有前瞻性、先导性和探索性的重大技术，是未来高技术更新换代和新兴产业发展的重要基础，是国家高技术创新能力的综合体现。选择前沿技术的主要原则：一是代表世界高技术前沿的发展方向；二是对国家未来新兴产业的形成和发展具有引领作用；三是有利于产业技术的更新换代，实现跨越发展；四是具备较好的人才队伍和研究开发基础。根据以上原则，要超前部署一批前沿技术，发挥科技引领未来发展的先导作用，提高我国高技术的研究开发能力和产业的国际竞争力。

《纲要》的"前沿技术"部分针对"信息技术"指出：

信息技术将继续向高性能、低成本、普适计算①和智能化等主要方向发展，寻求新的计算与处理方式和物理实现是未来信息技术领域面临的重大挑战。纳米科技、生物技术与认知科学等多学科的交叉融合，将促进基于生物特征的、以图像和自然语言理解为基础的"以人为中心"的信息技术发展，推动多领域的创新。重点研究低成本的自组织网络，个性化的智能机器人和人机交互系统、高柔性免受攻击的数据网络和先进的信息安全系统。

（1）智能感知技术。重点研究基于生物特征、以自然语言和动态图像的理解为基础的"以人为中心"的智能信息处理和控制技术，中文信息处理；研究生物特征识别、智能交通等相关领域的系统技术。

（2）自组织网络技术。重点研究自组织移动网、自组织计算网、自组织存储网、自组织传感器网等技术，低成本的实时信息处理系统、多传感信息融合技术、个性化人机交互界面技术，以及高柔性免受攻击的数据网络和先进的信息安全系统；研究自组织智能系统和个人智能系统。

（3）虚拟现实技术。重点研究电子学、心理学、控制学、计算机图形学、数据库设计、实时分布系统和多媒体技术等多学科融合的技术，研究医学、娱乐、艺术与教育、军事及工业制造管理等多个相关领域的虚拟现实技术和系统。

资料来源：国务院，《国家中长期科学和技术发展规划纲要（2006—2020年）》，新华网。

---

① 1999年，IBM公司最先提出普适计算（pervasive computing，又称普及计算）的概念。所谓普适计算指的是，无所不在的、随时随地可以进行计算的一种方式；无论何时何地，只要需要，就可以通过某种设备访问到所需的信息。

普适计算的含义十分广泛，所涉及的技术包括移动通信技术、小型计算设备制造技术、小型计算设备上的操作系统技术及软件技术等。间断连接与轻量计算（即计算资源相对有限）是普适计算最重要的两个特征。普适计算的软件技术就是要实现在这种环境下的事务和数据处理。

在信息时代，普适计算可以降低设备使用的复杂程度，使人们的生活更轻松、更有效率。实际上，普适计算是网络计算的自然延伸，它使得不仅个人计算机，而且其他小巧的智能设备也可以连接到网络中，从而方便人们即时地获得信息并采取行动。

目前，IBM公司已将普适计算确定为电子商务之后的又一重大发展战略，并开始了端到端解决方案的技术研发。IBM公司认为，实现普适计算的基本条件是计算设备越来越小，方便人们随时随地佩带和使用。在计算设备无时不在、无所不在的条件下，普适计算才有可能实现。

请分析：

请认真阅读国务院发布的《国家中长期科学和技术发展规划纲要（2006—2020 年）》（http://www.gov.cn/jrzg/2006–02/09/content_183787.htm），并根据你的理解和看法，回答以下问题。

《纲要》中关于"信息安全"的相关内容是：

（1）_____

_____

_____

（2）_____

_____

_____

（3）_____

_____

_____

（4）_____

_____

_____

（5）_____

_____

_____

（6）《纲要》指出的信息技术作为前沿技术的 3 个主要方面是：

①_____

重点研究：_____

_____

_____

②_____

重点研究：_____

_____

_____

③_____

重点研究：_____

_____

_____

（7）通过阅读和思考，你认为《纲要》所确定的八大前沿技术领域中，其他 7 个领域与"信息技术"的相关性如何？

☐ 密切相关　　☐ 有相当关系　　☐ 有点关系　　☐ 没有关系　　☐ 不知道

你的理由是：_____

_____

_____

4．实训总结

_____

_____

_____

_____

5．实训评价（教师）

_____

1.1.7　阅读与思考：WWW 之父伯纳斯·李

伯纳斯·李（Tim Berners-Lee，见图 1–11），1955 年 7 月 8 日出生于英国伦敦。1991 年他在日内瓦的欧洲粒子物理实验室发明 WWW（world wide web，又称 3W），这是他为 NeXT 计算机创建的（这个 Web 浏览器原来取名为 world wide web，后来改名为 Nexus），并在 1990 年发布给 CERN 的人员。伯纳斯·李和 Jean-Francois Groff 将 world wide web 移植到 C，并把这个浏览器改名为 libwww。伯纳斯·李的成果使世界上其他角落的科学家同事也能一起工作。但他并没有为此申请专利，反而选择在次年将其放上互联网，供所有人使用。伯纳斯·李于 1994 年创立了 3W 联盟。

图 1-11　伯纳斯·李

IT 业里有两种人士，一种是绝对的商业化，例如比尔·盖茨；另一种则提倡技术的共享，具有更为博大的胸怀，例如伯纳斯·李。

2004 年，伯纳斯·李获选"最伟大英国人"称号。

请分析：阅读以上文章，请回答：作为一个未来的年轻同行，你是怎么理解伯纳斯·李的？

_____

_____

1.2　网络管理基础

因特网技术的发展推动着电子商务和电子政务的应用，推动着国防建设、教育事业以及各行各业的发展。网络的开放性使不同的设备能够以透明的方式进行通信，给网络通信带来了莫大的好处。但是，由于网络系统的复杂性、开放性，要保证网络能够持续、稳定和安全、可靠、高效地运行，使网络能够充分发挥作用，就必须实施一系列的管理。

1.2.1　网络管理的概念

网络管理是指监督、组织和控制网络通信服务以及信息处理所必需的各种活动的总称，其目标是确保计算机网络的持续正常运行，并在计算机网络运行出现异常时，能及时响应和排除故障。为保证网络系统的正常运行，不受外界干扰，网络管理要对网络系统设施采取一系列方法和措施。为此，在网络管理活动中，要收集、监控网络中各种设备和设施的工作参数、工作状态信息，及时通知管理员并接受处理，从而控制网络中的设备、设施的工作参数和工作状态，以实现对网络的管理。

具体来说，网络管理包含两大任务：一是对网络运行状态的监测；二是对网络运行状态进行控制。通过对网络运行状态的监测，可以了解网络当前的运行状态是否正常，是否存在瓶颈和潜在的危机；通过对网络运行状态的控制可以对网络状态进行合理的调节，提高性能，保证服务质量。可以说，监测是控制的前提，控制是监测结果的处理方法和实施手段。

1．网络管理的重要性

现代网络管理的重要性主要体现在以下几个方面：

① 由于网络设备的功能越来越复杂，设备生产厂商众多，产品发展快、规格繁多且难以统一，使网络管理变得越来越复杂，难以用传统的手工方式完成，必须借助于先进有效的自动管理手段。

② 网络的效益越来越依赖网络的有效管理。现代计算机网络已成为了一个极其庞大而复杂的系统，它的运营、管理和维护越来越成为一个专门的学科。如果没有一个有力的网络管理系统作为支撑，就很难在网络运营中有效地疏通业务量，提高接通率，也就难免发生诸如拥塞、故障等问题，使网络经营者在经济上蒙受损失。另外，现代网络在业务能力等方面具有很大的潜力，这种潜力也要靠有效的网络管理来挖掘。

③ 先进可靠的网络管理也是网络本身发展的必然结果。当今，人们对网络的依赖性越来越强，个人通过网络打电话、发传真，发 E-mail；企业通过网络发布产品信息，获取商业情报。在这种情况下，是不能容忍网络故障的，并且还要求通话的内容不能被泄露，数据不能被破坏，专用网络不能被入侵，电子商务能够安全可靠地运行。

④ 用户管理、流量控制和路由选择。需要对用户进行有效的管理以保证用户能合法地使用网络资源；对流量加以控制以保证信道尽可能不发生拥塞和信息淹没；合理地选择路由以保证信息能够高效地在网上进行传送，也是网络管理的重要内容。

⑤ 网络安全管理。由于病毒侵袭、黑客攻击以及内部人员有可能的蓄意破坏等，给计算机网络带来了极大的安全隐患，所以，网络安全管理是网络管理的一个重要组成部分。

2．网络管理的目标

网络管理的目标是最大限度地满足网络管理者和网络用户对计算机网络的有效性、可靠性、开放性、综合性、安全性和经济性的要求。其要求分析如下：

① 有效性：网络要能准确、及时地传递信息，网络服务要有质量保证。

② 可靠性：网络必须保证能够持续稳定地运行，要具有对各种故障以及自然灾害的抵御能力和有一定的自愈能力。

③ 开放性：网络要能够兼容各个厂商不同类型的设备。

④ 综合性：网络不能单一化，要从电话网、电报网、数据网等分立的状态向综合业务过渡，并且要进一步加入图像、视频点播等宽带业务。

⑤ 安全性：网络必须对所传送的信息具有可靠的安全保障。

⑥ 经济性：网络的建设、营运、维护等费用要求尽可能少，即要保证用最少的投入得到最大的收益。

3．网络管理的基本内容

网络管理主要包括如下几个方面的内容：

① 数据通信网中的流量控制。因受到通信介质带宽的限制，计算机网络传送容量是有限的，

网络中传送的数据量超过网络容量时，网络就会发生阻塞，严重时会导致网络系统瘫痪。所以，流量控制是网络管理首先需要解决的问题。

② 网络路由选择策略。网络中的路由选择方法不仅应该具有正确、稳定、公平、最佳和简单的特点，还应该能够适应网络规模、网络拓扑和网络数据流量的变化。这是因为：路由选择方法决定着数据分组在网络系统中通过哪条路径传送，它直接关系到网络传送开销和数据分组的传送质量。

在网络系统中，数据流量总是不断变化的，网络拓扑也有可能发生变化，为此，系统始终应保持所采用的路由选择方法是最佳的，所以，网络管理必须要有一套管理和提供路由的机制。

③ 网络的安全防护。计算机网络系统带来的最大好处是人与人之间可以非常方便和迅速地实现资源共享，但对于网络系统中的共享资源存在着完全开放、部分开放和不开放等问题，从而存在着系统资源的共享与保护之间的矛盾。网络必须要引入安全机制，其目的就是保护网络用户信息不受侵犯。

④ 网络的故障诊断。由于网络系统在运行过程中不可避免地会发生故障，而准确及时地确定故障位置，掌握故障产生的原因，是排除故障的关键。对网络系统实施强有力的故障诊断是及时发现系统隐患，保证系统正常运行所必不可少的环节。

⑤ 网络的费用计算。公用数据网必须能够根据用户对网络的使用情况核算费用并提供费用清单。数据网中费用的计算方法通常要涉及互连的多个网络之间费用的核算和分配的问题。所以网络费用的计算也是网络管理中非常重要的一项内容。

⑥ 网络病毒防范。随着计算机技术和网络技术的迅速发展，计算机病毒也日益泛滥。作为网络管理人员，必须认识到网络病毒对网络的危害性，采取相应的防范措施。

⑦ 网络黑客防范。网络黑客指的是窃取内部机密数据、蓄意破坏和攻击内部网络软硬件设施的非法入侵者。一般可采取防火墙技术、对机密数据加密以及使用入侵检测工具等方法来对付网络黑客。

⑧ 网络管理员的管理与培训。网络系统在运行过程中会出现各种各样的问题，网络管理员的基本工作是保证网络平稳地运行，保证网络出现故障后能够及时恢复。所以，对于网络系统来说，加强网络管理员的管理与培训，用训练有素的网络管理员对系统进行维护与管理是非常重要的。

⑨ 内部管理制度。再安全的网络也经不住网络内部管理人员的蓄意攻击和破坏，所以，对网络的内部管理，尤其是对网络管理人员的教育和管理是很有必要的，为了确保网络安全、可靠地运行，必须重视网络管理人员的职业道德教育，制定严格的内部管理制度和奖惩制度。

1.2.2　网络管理的基本功能

常规的网络管理有故障管理、配置管理、计费管理、性能管理和安全管理五大功能，此外，还有容错管理、网络地址管理、软件管理、文档管理和网络资源管理等功能。

1. 故障管理

故障管理用来维护网络正常运行，主要解决的是与检测、诊断、恢复和排除设备故障有关的网络管理，通过故障管理来及时发现故障，找出故障原因，实现对系统异常操作的检测、诊断、跟踪、隔离、控制和纠正等。

计算机网络服务发生意外中断是常见的，但这种意外中断会对企业和政府部门带来很大的影响。在大型计算机网络中，当发生故障时，往往不能轻易、具体地确定故障所在的准确位置，而需要相关技术上的支持。因此，需要有一个故障管理系统，科学地管理网络发生的所有故障，并记录每个故障的产生及相关信息，最后确定并改正这些故障，保证网络能提供连续可靠的服务。

故障管理的主要功能包括告警报告、事件报告、日志控制和测试管理等。

2. 配置管理

网络配置是指网络中各设备的功能、设备之间的连接关系和工作参数等。由于网络配置经常需要进行调整，所以网络管理必须提供足够的手段来支持系统配置的改变。配置管理就是用来支持网络服务的连续性，而对管理对象进行的定义、初始化、控制、鉴别和检测，就是为了适应系统要求。

一个实现中的计算机网络往往是由多个厂家提供的产品、设备相互连接而成的，因此，各设备需要相互了解和适应与其发生关系的其他设备的参数、状态等信息，否则就不能正常工作。尤其是，网络系统常常是动态变化的，如网络系统本身要随着用户的增减、设备的维修或更新来调整网络的配置。因此，需要有足够的技术手段支持这种调整或改变，使网络能更有效地工作。

配置管理提供的主要功能有以下几点：

① 将资源与其资源名称相对应；

② 收集和传播系统现有资源的状况及其现行状态；

③ 对系统日常操作的参数进行设置和控制；

④ 修改系统属性；

⑤ 更改系统配置初始化或关闭某些资源；

⑥ 掌握系统配置的重大变化；

⑦ 管理配置信息库；

⑧ 设备的备用关系管理。

3. 计费管理

在计算机网络系统中的信息资源有偿使用的情况下，需要能够记录和统计哪些用户利用哪条通信线路传送了多少信息，以及做的是什么工作等。在非商业化的网络上，仍然需要统计各条线路工作的繁闲情况和不同资源的利用情况，以供决策参考。

计费管理用来完成对使用管理对象的用户进行流量计算、费用核算和费用收取等操作。将应该缴纳的费用通知用户；支持用户费用上限的设置；在必须使用多个通信实体才能完成通信时，能够把使用多个管理对象的费用结合起来，是计费管理的主要功能。

4. 性能管理

性能管理用于对管理对象的行为和通信活动的有效性进行管理，通过收集有关统计数据，对收集的数据运用一定的算法进行分析，以获得系统的性能参数，保证网络的可靠、连续通信的能力。性能管理由两部分组成：一部分是对网络工作状态信息的收集及整理的性能检测，另一部分是改善网络设备的性能而采取的动作及操作的网络控制。其主要功能包括：工作负荷监测、收集和统计数据；判断、报告和报警网络性能；预测网络性能的变化趋势；评价和调整性能指标、操作模式和网络管理对象的配置。

5. 安全管理

随着人类社会生活对因特网需求的日益增长，网络安全已经成为因特网及各项网络服务和应用进一步发展的关键问题。

一些主要的安全管理概念是：

① 安全与保密。网络安全是指网络系统中用户共享的软、硬件等各种资源不受有意无意的各种破坏，不被非法入侵等，保密是指为维护用户自身利益，对资源加以防范保护，以防止非法访问和盗取，即使非法用户盗取到了资源也识别不了所采取的技术和方法。在研究网络安全问题时，针对非法侵入、盗窃机密等方面的安全问题要用保密技术加以解决。

② 风险与威胁。风险是指损失的程度。威胁是指对资产构成威胁的人、物、事及想法。其中，资产是进行风险分析的核心内容，网络系统中的资产主要是数据。威胁会利用系统所暴露的弱点和要害之处对系统进行攻击，它包括有意和无意两种。

③ 敏感信息。敏感信息是指那些被泄露、破坏或修改后，会对系统造成损失的信息。

④ 脆弱性。脆弱性是指在系统中安全防护的弱点或缺少用于防止某些威胁的安全防护。脆弱性与威胁是密切相关的。

⑤ 控制。控制是指为降低受破坏可能性所做的努力。

安全管理所提供的基本内容为：安全告警管理、安全审计跟踪功能管理和安全访问控制管理等。网络安全技术主要包括数据加密技术、防火墙技术、网络安全扫描技术、网络入侵检测技术（网络实时监控技术）和网络病毒防治等。

6. 容错管理

再先进的网络设备，再完善的网络管理制度，差错还是会产生的。硬盘、内存和电源故障等是最常见的差错因素。当这些故障产生时，网络就会产生错误。解决硬件设备故障的有效方法是实行系统"热备份"，又称系统冗余备份。

以主机为例，可以使用双机热备份的方式以提高网络系统的可靠性和稳定性，即用两台相同档次、相同性能的计算机同时运行网络操作系统，其中一台与网络连接，另一台作为备份，当连接网络的主机故障时，系统能自动切换到备份主机上继续运行，保证网络连续不断地运行。

对于极易发生故障的硬盘，通常利用硬盘组来实现冗余备份。低价格的硬盘冗余阵列 RAID（redundant arrays of inexpensive disks）便是一种典型的实现方法，它使用多个物理硬盘的群集，而对于网络操作系统表现出的是一个逻辑驱动器形式。存放在单个驱动器上的数据会自动映射到其他驱动器上，一旦某个驱动器出现故障，则可通过其他驱动器存取数据。

7. 网络地址管理

每一台连网的计算机上都安装有一块网卡（NIC），网卡是计算机与网络的接口，计算机就是通过网卡与网络进行通信的。

为了使网络能区分每一台上网的计算机，规定任何一个生产厂商生产的网卡都分配有一个全球唯一的编号，这种编号被称为 MAC 地址（即介质存取控制地址，又称物理地址）。MAC 地址由 48 位二进制数组成，前 24 位代表网卡生产厂商代号，后 24 位为顺序号。

当一台网络中的计算机要与另一台网络中的计算机通信时，需知道对方机器上的网卡 MAC 地址。每一种网络协议都有自己的寻址机制，这里以 TCP/IP 中的 IP 地址为例子，来了解 MAC 地址的查找方法。

由于 IP 地址是由网络号和主机号组成的，通过网络号就可定位对方计算机所在的网段，主机号则可定位主机的具体位置。对于 IP 地址，通过子网掩码就可区分其网络号部分和主机号部分。

MAC 地址的查找方式有两种：引导链接协议（BOOTP）和动态主机配置协议（DHCP）。

BOOTP 的基本过程如下：首先由发送端向网络广播一条消息，询问是否有接收端 IP 地址的配置信息，实质上是查询一张已知的 MAC 地址表，如果接收端主机的 MAC 地址在 MAC 地址表中，则 BOOTP 服务器就将与该 MAC 地址相联系的 IP 地址配置参数返回给发送端主机。若查不到相应的 MAC 地址信息，则 BOOTP 操作失败，此时，就要用其他方法（如 DHCP）寻求 MAC 地址。

动态主机配置协议（DHCP）是一种自动分配 IP 地址的策略，DHCP 提供了一种动态分配 IP 地址配置信息的方法。其基本步骤是：DHCP 再次向网络发送一条消息，请求地址配置信息，由地址解析协议（ARP）返回相应的 MAC 地址信息，再由 DHCP 送给发送端计算机。

8．软件管理

在早期的计算机网络系统中，应用软件是采用面向主机的集中管理方式，即将所有用户应用软件和数据都集中存放在一台网络主机上，各个用户终端则根据各自的使用权限来访问相应的应用软件和数据。这种管理方式最大的优点在于软件和数据能保持高度的一致性，并给软件的维护和管理带来极大的方便。但这种管理方式有其致命的弱点，一是主机负担过重，尤其是在大型网络中，随着用户数量的增加和应用软件数量的增加，系统的效率便随之下降；二是当网络主机故障或不开机时，用户终端无法使用相应的应用软件。分布式应用软件管理模式就是解决上述问题的有效方法，分布式管理模式就是将应用软件分别存放在用户终端上，比如有两台计算机上要用 100 个应用程序，就要求两台计算机都安装这 100 个应用程序。分布式管理方式的弱点：一是软件的管理和维护不方便，二是应用软件经多次维护和修改后，很难保持其软件的一致性。如何解决软件分布和软件一致性的，是对网络管理的一项严峻挑战。

9．文档管理

文档是支持和维护网络的重要工具。网络文档管理有 3 种基本内容：硬件配置文档、软件配置文档和网络连接拓扑结构图。硬件配置文档是最重要的文档之一，当硬件出现故障或是系统要进行升级时，应当仔细分析当前配置，阅读相应的文档，以确保替换的设备与现有设备不会发生冲突。

硬件配置文档的内容包括：CMOS 配置；跳线设置；驱动程序设置；内存映像；已安装类型和版本等。

软件配置文档应包括：应用程序和用户文件的目录结构；应用程序系列号、软件许可证和购买证明；系统启动和配置文件等。

网络连接拓扑结构图应详细描绘网络服务器、工作站、网络通信设备的名称、规格、型号、位置，网络连接线缆的规格、型号及连接方式。

10．网络资源管理

网络资源管理指的是与网络有关的设备、设施以及网络操作、维护和管理人员进行登记、维护和查阅等一系列管理工作，通常以设备记录和人员登记表的形式对网络的物理资源和员工实施管理。设备记录中可以记录网络中使用的每个设备的参数设置、设备利用率统计结果、有关制造厂家的数据、备用零部件数量及其存储位置等信息。存储这些设备记录的数据库及其管理系统可以是网络管理系统的一部分，也可以是网络管理系统的附加功能，甚至可以独立于网络管理系统，因为这些数据大多数都是静态的，与网络运行过程无直接关系。

网络资源除了物理设备以外，还有一些不单独成为设备的资源，如长途线路、租用线路等，这些都称为设施。设施的记录相对较简单，只需记录诸如电路的容量、条数、编号、连接头位置、载波频率、工作条件、原来的用途和上次使用结束时的状况等。这些信息有助于分析这些设施的性能变化趋势，可以预先发现故障苗头，及时修复，保证网络服务质量。

网络的操作和维护人员也是网络的一个重要组成部分，应该把网络操作与维护人员的管理纳入网络资源管理的内容之中。在资源管理的人员记录中可将每个员工的工作经验、受教育程度、所受专门训练等人员素质信息保存在数据库中，这些信息在分配和安排操作维护任务时将是非常有用的。

1.2.3 网络管理的发展

事实上，网络管理技术是伴随着计算机网络和通信技术的发展而发展的。从网络管理范畴来分类，可分为对网"路"的管理，即针对交换机、路由器等主干网络进行管理；对接入设备的管理，即对内部 PC、服务器、交换机等进行管理；对行为的管理，即针对用户的使用进行管理；对资产的管理，即统计 IT 软硬件的信息等。

根据网管软件的发展历史，可以将网管软件划分为三代：

第一代网管软件就是最常用的命令行方式，并结合一些简单的网络监测工具，它不仅要求使用者精通网络的原理及概念，还要求使用者了解不同厂商的不同网络设备的配置方法。

第二代网管软件有着良好的图形化界面。用户无须过多了解设备的配置方法，就能图形化地对多台设备同时进行配置和监控，大大提高了工作效率。但仍然存在着由于人为因素造成的设备功能使用不全面或不正确的问题，容易引发误操作。

第三代网管软件相对来说比较智能，是真正将网络和管理进行有机结合的软件系统，具有"自动配置"和"自动调整"功能。对网管人员来说，只要把用户情况、设备情况以及用户与网络资源之间的分配关系输入网管系统，系统就能自动地建立图形化的人员与网络的配置关系，并自动鉴别用户身份，分配用户所需的资源（如电子邮件、Web、文档服务等）。

新一代的综合网管软件必须具备开放系统的特性，即兼容性、可移植性、可互操作性、可伸缩性和易用性等特征，这是网络管理软件及其技术发展的趋势。分布式技术一直是推动网络管理技术发展的核心技术，也越来越受到业界的重视。

另外，便于远程管理的 B/S 结构逐渐成为主流，网络管理软件的体系架构呈现分布式、集中式和集中分布式等多种结构并存，分别适应对不同规模网络进行管理的需求：包括智能模拟、故障自动诊断和排除等的人工智能技术将越来越多的应用到网管软件中；随着网络底层技术的标准化和基于网络的应用的不断丰富和增多，网络管理的方向越来越侧重于对系统、业务和应用的管理；网管软件对网络规划的决策支持能力将越来越重要。逐渐成为除安全和故障以外最重要的功能。网络安全与网络管理的结合将成为网络综合化管理的发展趋势，更多的用户希望将网管和安全完全应用于一种管理平台，在此基础上有效管理网络中的资源。

网管系统开发商针对不同的管理内容开发相应的管理软件，形成了现代网络管理的五大发展方向，即网管系统（NMS）、应用性能管理（APM）、桌面管理（DMI）、员工行为管理（EAM）和安全管理（SM）。

1. 网管系统

网管系统（NMS）针对网络设备进行监测、配置和故障诊断。主要功能有自动拓扑发现、远程配置、性能参数监测、故障诊断等。网管系统主要由两类公司开发，一类是通用软件供应商，另一类是各个设备厂商。

通用软件供应商开发的 NMS 是针对各个厂商网络设备的通用网管系统，目前比较流行的有 Open View 网管系统。

各个设备厂商为自己产品设计的专用 NMS 主要针对自己的产品进行监测和配置，可监测一些通用网管系统无法监测的重要性能指标，还有一些独特配置功能。

2. 应用性能管理

应用性能管理（APM）主要针对企业的关键业务应用进行监测、优化，提高企业应用的可靠性和质量，保证用户得到良好的服务。一个企业的关键业务应用的性能强大，可以提高竞争力，并取得商业成功，因此，加强应用性能管理可以产生巨大商业利益。

应用性能管理的主要功能有以下几个方面：

① 监测企业关键应用性能。过去，企业的 IT 部门在测量系统性能时，一般重点测量为最终用户提供服务的硬件组件的利用率，如 CPU 利用率以及通过网络传送的字节数。虽然这种方法也提供了一些宝贵的信息，但却忽视了最重要的因素——最终用户的响应时间。现在通过事务处理过程监测、模拟等手段可真实测量用户响应时间，此外，还可以报告哪个用户正在使用哪个应用、该应用的使用频率以及用户所进行的事务处理过程是否成功完成。

② 快速定位应用系统性能故障。通过对应用系统各种组件（数据库、中间件）的监测，迅速定位系统故障，如发生数据库死锁等问题。

③ 优化系统性能。精确分析系统各个组件占用系统资源情况、中间件和数据库执行效率，根据应用系统性能要求提出专家建议，保证应用在整个寿命周期内使用的系统资源要求最少。

3. 桌面管理

桌面管理（DMI）由最终用户的计算机终端组成，这些计算机运行 Windows、MAC 等系统。桌面管理是对计算机及其组件进行管理，内容比较多，管理的重点是资产管理、软件分派和远程控制。

4. 员工行为管理

员工行为管理（EAM）包括两部分：一是员工网上行为管理（EIM），二是员工桌面行为监测。

5. 安全管理

安全管理（SM）是指保障合法用户对资源的安全访问，防止并杜绝黑客蓄意攻击和破坏。它包括授权设施、访问控制、加密及密钥管理、认证和安全日志记录等功能。

1.2.4　主要术语

确保自己理解以下术语：

安全管理	容错管理	网络状态监测
故障管理	软件管理	网络状态控制
故障诊断	网管系统	网络资源管理
计费管理	网络地址管理	文档管理
流量控制	网络管理	应用性能管理
路由策略	网络管理工具	员工行为管理
配置管理	网络管理技术	桌面管理

1.2.5 实训与思考：网管基础与 Windows 系统管理

1. 实训目的

① 学习和理解网络管理技术的基础知识。

② 通过因特网搜索与浏览，了解网络环境中主流的网络管理技术网站，掌握通过专业网站不断丰富网络管理技术最新知识的学习方法，尝试通过专业网站的辅助与支持来开展网络管理技术应用实践。

③ 了解和学习 Windows 系统管理工具与使用，由此进一步熟悉 Windows 操作系统的应用环境。

2. 工具/准备工作

在开始本实训之前，请回顾教科书的相关内容。

需要准备一台运行 Windows XP Professional 操作系统的计算机。

3. 实训内容与步骤

（1）概念理解

① 查阅有关资料，根据你的理解和看法，请给出"网络管理技术"的定义：

_____

_____

_____

② 请分析：五大常规的网络管理功能是：_____

_____

此外，其他功能还包括：_____

_____。

③ 请分析：网络管理的目标是：_____

_____。

（2）上网搜索和浏览

看看哪些网站在做网络管理的技术支持工作？请在表 1-2 中记录搜索结果。

> 提示：
>
> 一些网络管理技术专业网站的例子包括：
>
> http://www.enet.com.cn/（硅谷动力——中国 IT 信息与商务门户）
>
> http://tech.ccidnet.com/（赛迪网）
>
> http://www.itzero.com/（IT 动力源）
>
> http://www.99net.net/（久久网络）

你习惯使用的网络搜索引擎是：_____

你在本次搜索中使用的关键词主要是：_____

_____

表 1-2 网络管理技术专业网站实训记录

网站名称	网 址	主要内容描述

请记录：在本实训中你感觉比较重要的两个网络管理技术专业网站是：

① 网站名称：_____

② 网站名称：_____

（3）了解 Windows 系统管理工具

Windows XP 提供了多种系统管理工具，其中最主要的有计算机管理、事件查看器和性能监视等。利用这些工具，用户和管理员可以方便地实现各种系统维护和管理功能。这些工具都集中在"控制面板"的"管理工具"选项下，默认情况下，只有一些常用工具随 Windows XP 系统的安装而安装，包括：

① 服务：启动和停止由 Windows 系统提供的各项服务。

② 计算机管理器：管理磁盘以及使用其他系统工具来管理本地或远程计算机。

③ 事件查看器：显示来自于 Window 和其他程序的监视与排错信息。例如，在"系统日志"中包含各种系统组件记录的事件，如使用驱动器失败或加载其他系统组件；"安全日志"中包含有效与无效的登录尝试及与资源使用有关的事件，如删除文件或修改设置等，本地计算机上的安全日志只有本机用户才能查看；"应用程序日志"中包括由应用程序记录的事件等等。

④ 数据源（ODBC）：添加、删除以及配置 ODBC 数据源和驱动程序。

⑤ 性能：显示系统性能图表以及配置数据日志和警报。

⑥ 组件服务：配置并管理 COM+ 应用程序。

另一些工具则随系统服务的安装而添加到系统中，例如：

① Telnet 服务器管理：查看以及修改 Telnet 服务器设置和连接。

② Internet 服务管理器：管理 IIS、因特网和内联网 Web 站点的 Web 服务器。

③ 本地安全策略：查看和修改本地安全策略，诸如用户权限和审计策略。

请通过以下操作步骤，来了解和熟悉 Windows 系统管理工具。

步骤 1：登录进入 Windows XP Professional。

步骤 2：选择"开始"|"控制面板"命令，在打开的"控制面板"窗口中双击"管理工具"图标。在本地计算机"管理工具"组中，有哪些系统管理工具，基本功能分别是：

① _____

② _____

③ _____

④ _____

⑤ _____

⑥ _____

⑦ _____

⑧ _____

⑨ _____

⑩ _____

（4）计算机管理

使用"计算机管理"可通过一个合并的桌面工具来管理本地或远程计算机，它将几个 Windows XP 管理实用程序合并到一个控制台目录树中，使管理员可以轻松地访问特定计算机的管理属性和工具。

在"管理工具"窗口中，双击"计算机管理"图标。

"计算机管理"使用的窗口与"Windows 资源管理器"相似。在用于导航和工具选择的控制台目录树中有"系统工具"、"存储"及"服务和应用程序"等结点，窗口右侧"名称"窗格中显示了工具的名称、类型或可用的子工具等。它们分别是：

① 系统工具，请观察并记录在表 1-3 中。

表 1-3　实训记录

名　　称	类　　型	描　　述

② 存储，请观察并记录在表 1-4 中。

表 1-4　实训记录

名　　称	类　　型	描　　述

③ 服务和应用程序，请观察并记录在表 1-5 中。

表 1-5　实训记录

名　　称	类　　型	描　　述

（5）事件查看器

事件查看器不但可以记录各种应用程序错误、损坏的文件、丢失的数据以及其他问题，而且还可以把系统和网络的问题作为事件记录下来。管理员通过查看在事件查看器中显示的系统信息，可以迅速诊断和纠正可能发生的错误和问题。

步骤 1：在"管理工具"窗口中，双击"事件查看器"图标。

在 Windows XP 事件查看器中,管理员可以查看到 3 种类型的本地事件日志,请填入表 1-6 中。

表 1-6　实训记录

名　　称	类　　型	描　　述	当 前 大 小

步骤 2:在事件查看器中观察"应用程序日志":

本地计算机中,共有_____个应用程序日志事件。

步骤 3:选择"查看"|"筛选"命令,系统日志包括的事件类型有:

① _____

② _____

③ _____

④ _____

⑤ _____

（6）性能监视

"性能"监视工具通过图表、日志和报告,使管理员可以看到特定的组件和应用进程的资源使用情况。利用性能监视器,可以测量计算机的性能,识别以及诊断计算机可能发生的错误,并且可以为某应用程序或者附加硬件制作计划。另外,当资源使用达到某一限定值时,也可以使用警报来通知管理员。

在"管理工具"窗口中,双击"性能"图标。

"性能"窗口的控制台目录树中包括的结点有:

① _____

② _____,其中的子结点填入表 1-7 中。

表 1-7　实训记录

名　　称	描　　述

（7）服务

在"管理工具"窗口中,双击"服务"图标。

在你的本地计算机中,管理着_____个系统服务项目。

通过观察,重点描述你所感兴趣的 5 个系统服务项目:

① _____

_____

② _____

_____

③ _____

④ _____

⑤ _____

（8）数据源（ODBC）

ODBC，即开放的数据库连接。通过 ODBC 可以访问来自多种数据库管理系统的数据。例如，ODBC 数据源会允许一个访问 SQL 数据库中数据的程序，同时访问 Visual FoxPro 数据库中的数据。为此，必须为系统添加称为"驱动程序"软件组件。

步骤 1：在"管理工具"窗口中，双击"数据源（ODBC）"图标，弹出"ODBC 数据源管理器"对话框。请描述对话框中各选项卡的功能，填入表 1-8 中。

表 1-8　实训记录

选 项 卡	功 能 描 述
用户 DSN	
系统 DSN	
文件 DSN	
驱动程序	
跟踪	
连接池	

步骤 2：选择"驱动程序"选项卡，试分析，系统为哪些数据源默认安装了 ODBC 驱动程序：

① _____

② _____

③ _____

④ _____

⑤ _____

⑥ _____

⑦ _____

⑧ _____

4．实训总结

_____

_____

_____

_____

_____

5.　单元学习评价

① 你认为本单元最有价值的内容是：

_____

_____

② 下列问题我需要进一步地了解或得到帮助：

_____

_____

③ 为使学习更有效，你对本单元的教学有何建议？

_____

_____

_____

6.　实训评价（教师）

_____

_____

1.2.6　阅读与思考：一个网络管理员的心里话

我从事网络两年了，不算长，也不算短。在别人眼里或许被认为是个高手，但我自己明白，我什么也算不了。

记得还没毕业时，学习了局域网管理，过了程序设计语言关，就以为自己是网络高手了，很沾沾自喜，但毕业后去了工作单位才发现，自己对于网络这个行当来说仅是一个没入门的 newbie。

很幸运的是遇到了好同事好哥们，教了我很多，又听从他们的建议参加了 CCNA[①]的培训，这才叫真正接触了网络设备、路由器、交换机，又看了一些 TCP/IP 协议的内容，以为自己懂很多了。后到一家小公司作了一年技术支持，感觉不错。那家公司破产后，换到一家外企。在这里又是一番新天地，发现自己什么也不是。网络方面在这里才开眼，我先前的那点功底只能算个入门级，这个公司 CCIE[②]就有 4 个，CCNP[③]有一堆。

在接触了一些 UNIX 之后，开始着手学习 CCNP。

我现在在一家系统集成公司工作，时常也有自己感觉不明白的东西。网络这东西，需要学的太多，而且你不能学会了再用，一边学，一边用，用完了要再学更新、学对工作更有用的技术。

我觉得，做网络，不说你要把 CCIE 拿下来，至少也要看过 Cisco Student Guide 十几本书，实际做过一些项目，有认真的工作态度，并且你要做过一些比较复杂的工程，对自己的思维、技术进行一些必要的训练。技术是很重要的，而且网络这行需要有天赋、有兴趣。没有兴趣什么也做不好，没这方面的素质，我劝你早点改行。

---

① CCNA 是 Cisco 售后工程师认证体系的入门认证，也是 Cisco 各项认证中级别最低的技术认证。通过 CCNA，可证明学员已掌握网络基本知识，并能初步安装、配置和操作 Cisco 路由器、交换机及简单的 LAN 和 WAN。CCNA 培训要求学员具有非专业英语三级以上和一般计算机操作基础；CCNA 主要培训对象为网络工程师、网络管理员和网络集成商。

② CCIE 是 Cisco 认证体系中的最高水平认证，在业内也被普遍认可为网络技术领域内的顶级认证。

③ CCNP 表示通过认证的专业人员具有丰富的网络知识，可以为具有 100～500 个结点的大型企业开展网络安装、配置和运行 LAN、WAN、拨号访问业务。参加 CCNP 考试的前提是通过 CCNA 认证。

　　我记得我从原来的公司离职时，听得最多的是别人的赞赏，不为别的，只为我的认真。我觉得，不管做什么事情都要对得起自己的良心，对于网络工程师来说，要有职业道德。

　　如果大家都踏实点，一切都不再是浮躁的！

　　资料来源：中国思科培训网（http://www.ciscoedu.com/），有删改。

　　请分析：

　　阅读以上文章，并根据你的理解和看法，回答以下问题。

　　① 你读懂了这个"网络管理员"的心里话吗？你是否能够接受他的观点？你觉得他讲的最重要的内容是什么？

_____

_____

　　② 作为一个未来的年轻同行，你怎么看待"网络管理员"的职业生涯？

_____

_____

　　③ 从以上案例，你能得到什么启发？请简述之。

_____

_____

第❷章

网络管理体系结构

每个计算机网络都是计算机、连接介质、系统软件和协议的组合，网络之间又互连形成更加复杂的互联网。所谓网络体系结构就是从现实复杂的网络中抽象出逻辑模型，作为网络管理系统开发的支持。

2.1 网络管理模式

网络管理系统用于实现对网络的全面有效的管理，以及实现网络管理的目标。在一个网络的运营管理中，网络管理人员通过网络管理系统对整个网络进行管理。

2.1.1 网络管理的基本模型

概括地说，一个网络管理系统从逻辑上包括管理对象、管理进程、管理信息库和管理协议四大部分，其逻辑模型如图 2-1 所示。

管理对象，是网络中具体可以操作的数据。例如，记录设备或设施工作状态的状态变量、设备内部的工作参数、设备内部用来表示性能的统计参数等；需要进行控制的外部工作状态和工作参数；为网络管理系统设计，为管理系统本身服务的工作参数等。

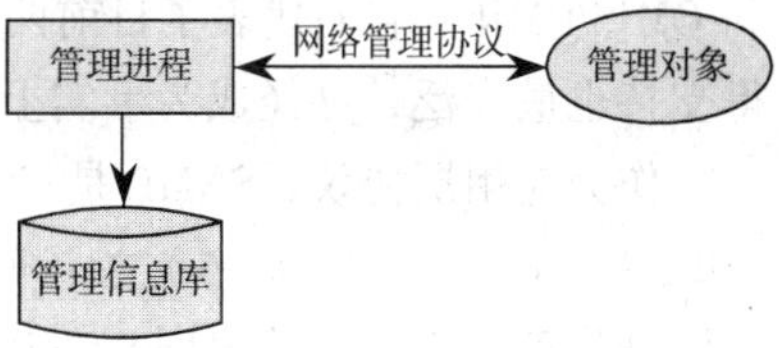

管理进程，是一个或一组软件程序，一般运行在网络管理中心的主机上，它可以在 SNMP 协议的支持下命令管理代理执行各种管理操作。

管理进程能完成各种网络管理功能，通过各设备中的

图 2-1　网络管理逻辑模型

管理代理对网络内部的各种设备、设施和资源实施监测和控制。另外，操作人员通过管理进程对全网进行管理。因而管理进程也经常配有图形用户接口，以容易操作的方式显示各种网络信息，如给出网络中各管理代理的配置图等。有时管理进程也会对各管理代理中的数据集中存档，以备事后分析。

管理信息库，用于记录网络中管理对象的信息。例如，状态类对象的状态代码、参数类管理对象的参数值等。管理信息库中的数据要与网络设备中的实际状态和参数保持一致，达到能够真实地、全面地反映网络设备或设施情况的目的。

管理协议，用于在管理系统与管理对象之间传递操作命令，负责解释管理操作命令。通过管理协议来保证管理信息库中的数据与具体设备中的实际状态、工作参数保持一致。

1. 网络管理者与网管代理

在网络管理中，一般采用网络管理者-网管代理模型。网络管理模型的核心是一对相互通信的系统管理实体。它采用一个独特的方式使两个管理进程之间相互作用，即管理进程与一个远程系统相互作用，来实现对远程资源的控制。在这种简单的体系结构中，一个系统中的管理进程担当管理者角色，而另一个系统中的对等实体担当代理者角色，代理者负责提供对被管对象的访问。前者称为网络管理者，后者称为网管代理。无论是 OSI 还是 IETF[①]的网络管理，都认为现代计算机网络管理系统是由以下 4 个要素组成：

① 网络管理者（network manager）；

② 网管代理（managed agent）；

③ 网络管理协议 NMP（network management protocol）；

④ 管理信息库 MIB（management information base）。

网络管理者（管理进程，指实施网络管理的处理实体，驻留在管理工作站上）是管理指令的发出者。网络管理者通过各网管代理对网络内的各种设备、设施和资源实施监视和控制。

网管代理（是一个软件模块，驻留在被管设备上）负责管理指令的执行，并且以通知的形式向网络管理者报告被管对象发生的一些重要事件。网管代理具有两个基本功能：一是从 MIB 中读取各种变量值；二是在 MIB 中修改各种变量值。

在系统管理模型中，管理者角色与网管代理角色不是固定的，而是由每次通信的性质所决定的。担当管理者角色的进程向担当网管代理角色的进程发出操作请求，担当网管代理角色的进程对被管对象进行操作并将被管对象发出的通报传向管理者。

2. 网络管理协议

网络管理协议是网络管理系统中最重要的部分，它定义了网络管理者与网管代理间的通信方法，规定了管理信息库的存储结构信息库中关键词的含义以及各种事件的处理方法。

网络管理者进程通过网络管理协议来完成网络管理。目前最有影响的网络管理协议是 SNMP 和 CMIS/CMIP。它们代表了目前两大网络管理解决方案。其中，SNMP 流传最广，应用最多，获得支持也最广泛，已经成为事实上的工业标准。

作为应用层协议，SNMP 是 TCP/IP 协议簇的一部分，它在 UDP、IP 及有关的特殊网络协议（如 Ethernet，FDDI，X.25）之上实现。SNMP 通过用户数据报协议（UDP）来操作，所以要求每个网管代理也必须能够识别 SNMP、UDP 和 IP。在管理站中，网络管理者进程在 SNMP 协议的控制下对 MIB 进行访问，并发布控制指令。在被管对象中，网管代理进程在 SNMP 协议的控制下，负责解释 SNMP 消息和控制 MIB 指令。

3. 管理信息库（MIB）

MIB 是被管对象结构化组织的一种抽象，它是一个概念数据库，由系统内许多被管对象及其属性组成，它是网络管理系统中的一个非常重要的部分。各个网管代理管理 MIB 中属于本地的

---

① IETF (Internet Engineering Task Force，因特网工程任务组)，又称互联网工程任务组，成立于 1985 年底，由网络设计师、运营者、服务提供商和研究人员组成，是一个非常大的全球互联网最具权威的技术标准化开放性国际组织，致力于因特网架构的发展和顺利操作，其主要任务是负责互联网相关技术规范的研发和制定，当前绝大多数国际互联网技术标准都出自 IETF。所有 IETF 文档都可在互联网上随意取阅，并可免费复制。

管理对象，各网管代理控制的管理对象共同构成全网的管理信息库。

通常，网络资源被抽象为对象进行管理。对象的集合被组织为 MIB。MIB 作为设在网管代理者处的管理站访问点的集合，管理站通过读取 MIB 中对象的值来进行网络监控。管理站可以在网管代理处产生动作，也可以通过修改变量值改变网管代理处的配置。现在已经定义了几种通用标准的 MIB。在这些 MIB 中包括了必须在网络设备中支持的特殊对象，使用最广泛、最通用的是 MIB-H。

MIB 中的数据可分为三类：感测数据、结构数据和控制数据。感测数据表示测量到的网络状态，它通过网络的监测过程获得原始信息，包括结点队列长度、重发率、链路状态、呼叫统计等，这些数据是网络的计费管理、性能管理和故障管理的基本数据；结构数据描述网络的物理和逻辑构成，对应感测数据，结构数据是静态的（变化缓慢的）网络信息，包括网络拓扑结构、交换机和中继线的配置、数据密钥、用户记录等，这些数据是网络的配置管理和安全管理的基本数据；控制数据存储网络的操作设置，控制数据代表网络中那些可调整参数的设置，如中继线的最大流、交换机输出链路业务分流比率、路由表等，控制数据主要用于网络的性能管理。

2.1.2　网络管理模式

网络管理模式分为集中式网络管理模式、分布式网络管理模式以及混合管理模式 3 种。它们各有自身的特点，适用于不同的网络系统结构和不同的应用环境。

1. 集中式网络管理模式

在集中式网络管理模式中，所有网管代理在管理站的监视和控制下，协同工作实现集成的网络管理模式，如图 2-2 所示。

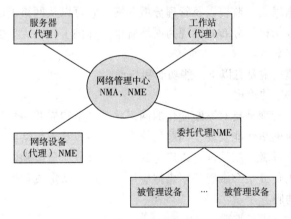

图 2-2　集中式网络管理模式

在集中式网络管理配置图中，有一个称为委托网管代理的结点。网络中存在着非标准设备，通过委托网管代理来管理一个或多个非标准设备，委托网管代理的作用是进行协议转换。

该配置中至少有一个结点担当管理站的角色，其他结点在网管代理模块（NME）的控制下与管理站通信。其中 NME 是一组与管理有关的软件，NMA 是指网络管理应用，它们之间的关系如图 2-3 所示。

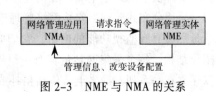

图 2-3　NME 与 NMA 的关系

NME 的主要作用有以下 4 个方面：收集统计信息；记

录状态信息；存储有关信息，响应请求，传送信息；根据指令，设置或改变参数。

集中式网络管理模式在网络系统中设置专门的网络管理结点。管理软件和管理功能要集中在网络管理结点上，网络管理结点与一般被管结点是主从关系。

网络管理结点通过网络通信信道或专门网络管理信道与所有结点相连。网络管理结点可以对所有结点的配置、路由等参数进行直接控制和干预，可以实时监视全网结点的运行状态，统计和掌握全网的信息流量情况，可以对全网进行故障测试、诊断和修复处理，还可以对一般被管结点进行远程加载、转储以及远程启动等控制。一般被管结点定时向网络管理结点提供自己位置信息和必要的管理信息。

从集中式网络管理模式的自身特点可以看出，集中式网络管理模式的优点是管理集中，有专人负责，有利于从整个网络系统的全局对网络实施较为有效的管理；缺点是管理信息集中汇总到网络管理结点上，导致网络管理信息流比较拥挤，管理不够灵活，管理结点如果发生故障有可能影响全网正常工作。

集中式网络管理模式比较适合小型局域网络、部门专用网络、统一经营的公共服务网、专用 C/S 结构网和企业互联网络等。目前，单纯的集中式网络管理模式应用并不常见，而分布式网络管理模式由于自身的特点则相对应用得比较广泛。

2．分布式网络管理模式

为了降低中心管理控制台、局域网连接、广域网连接以及管理信息系统人员不断增长的负担，就必须对被动式的、集中式的网络管理模式进行一个根本的改变。具体的做法是将信息管理和智能判断分布到网络各处，使得管理变得更加自动，在问题源或靠近故障源的地方能够做出基本的故障处理决策。

分布式管理将数据采集、监视以及管理分散开来，它可以从网络上的所有数据源采集数据而不必考虑网络的拓扑结构。分布式管理为网络管理员提供了针对大型的、地理分布广泛的网络的更加有效的管理方案。

分布式网络管理模式主要有以下一些功能和特点。

（1）自适应基于策略的管理

自适应基于策略的管理是指对不断变化的网络状况做出响应并建立策略，使得网络能够自动与之适应，提高解决网络性能及安全问题的能力。自适应基于策略的管理减少了网络管理的复杂性，利用它，用户或者应用软件可以确定其适合的服务质量级别以及带宽需求。例如，一个机构里的某位决策人员或某个敏感的多媒体应用，可以被认定或被确定来接受一个有保障的带宽或是高优先级别的服务。

（2）分布式的设备查找与监视

分布式的设备查找与监视是指将设备的查找、拓扑结构的监视以及状态轮询等网络管理任务从管理网站分配到一个或多个远程网站的能力。这种重分配既降低了中心管理网站的工作负荷，又降低了网络主干和广域网连接的流量负荷。

采用分布式管理，安装网络管理软件的网站可以配置"采集网站"或"管理网站"。采集网站是那些具有监视功能的网站，它们向有兴趣的管理网站通告它们所管理的网络的任何变化或拓扑结构。每个采集网站负责对一组用户可规范的称为"域"的管理对象进行信息采集。域可以建立在一系列基准之上，包括拓扑或类型。

采集/管理网站跟踪着其域内所发生的网络的增加、移动和变化。在有规律的间歇期内，各网站的数据库将与同一级或高一级的网站进行同步调整。这就使得网址的信息系统管理员在监控自己资源的同时，也让全网络范围的管理员了解所有设备的现有状况。采集网站与管理网站之间的数据复制实际上也使得在网络上的任何控制台都能够看到整个网络设备的最新 状况。

（3）智能过滤

为了在非常大的网络环境中限制网管信息流量超负荷，分布式管理采用了智能过滤器来减少网管数据。通过优先级控制，不重要的或不良的数据就会从系统中排除，从而使得网络控制台能够集中处理高优先级的事务，如趋势分析和容量规划等。为了在系统中的不同地点排除不必要的数据，分布式管理采用以下 4 种过滤器：

① 设备过滤器：规定采集网站应该查找和监视哪些设备。

② 拓扑过滤器：规定哪些拓扑数据被转发到哪个管理网站上。

③ 映像过滤器：规定哪些对象将被包容到各管理网站的映像中去。

④ 报警和事件过滤器：规定哪些报警和事件被转发给任意优先级的特定管理，目的是排除掉那些与其他控制台无关的事件。

（4）轮询引擎

轮询引擎可以自动地和自主地调整轮询间隙，从而在出现异常高的读操作或网络出现故障时，获得对设备或网段的运行及性能的更加明了的显示。

（5）分布式管理任务引擎

分布式管理任务引擎可以使网络管理更加自动，更加独立。其典型功能包括：分布式软件升级及配置，分布式数据分析和分布式 IP 地址管理。

分布式网络管理模式的主要优点是：

① 提供了网络的可扩展性，以适应全新的、不断扩大的网络应用。分布式管理的根本属性就是能容纳整个网络的增长和变化，这是因为随着网络的扩展，智能监视及任务职责会同时不断地被分布开来。

② 降低了网络管理的复杂性。随着网络结点在数量上的增多，网络结构变得更加复杂，如果在唯一的一台工作站上监视数以万计的结点显然是行不通的。本地管理控制台能够针对相应网段出现的问题，迅速有效地采取修正行动，能够有效地避免因问题由小变大，最后导致大面积网络瘫痪的状况。

③ 网络管理的响应时间更快，性能更好。分布式管理还极大地减少了由网络管理生成的流量开销，其结果是网络的总体性能变得更好。

④ 提供网络管理信息共享能力。分布式管理最重要的特性之一就是能提供共享"状态、监视及拓扑映像"信息的能力。这种智能的分布式网络管理信息共享极大地减轻了中心管理网站对内存及 CPU 资源的需求，同样重要的是，它还使得管理信息系统人员能够在企业网的任何地方，显示特定的状态、监视以及拓扑映像信息。

分布式网络管理模式的适应范围包括：

① 通用商用网络。国际上流行很广的一些商用计算机网络，如 DECnet 网、TCP/IP 网、SNA 网等，就其管理模式而言，都属于上述分布式网络管理模式，因为它们并没有设置专门网络管理结点，但仍可保证网络的正常运行，因而可以比较方便地适应各种网络环境的配置和应用。

② 对等 C/S 结构网络。对等 C/S 结构意味着网络中各结点基本上是平等、自治的，因而也便于实施分布式网管体制。

③ 跨地区、跨部门的互连网络。这种网络不仅覆盖范围广、结点数量大，且跨部门甚至跨国界，难以实现集中管理。因此，分布式网络管理模式是互连网络的基础。

3. 混合管理模式

所谓混合管理模式是集中式管理模式和分布式管理模式相结合的产物。

现代计算机网络系统正向进一步综合、开放的方向发展。因此，网络管理模式也在向分布式与集中式相结合的方向发展。集中或分布的网络管理模式，分别适用于不同的网络环境，各有优缺点。目前，计算机网络正向着局域网与广域网结合、专用网与公用网结合、专用 C/S 与互动 B/S 结构结合的综合互联网方向发展。计算机网络的这种发展趋势，促使网络管理模式向集中式与分布式相结合的方向发展，以便取长补短，更有效地对各种网络进行管理。按照系统科学理论，大系统的管理不能过分集中，也不能过于分散，宜采用集中式与分布式相结合的混合网络管理模式。

4. 网络管理软件结构

网络管理软件包括 3 部分：用户接口软件、管理专用软件和管理支持软件。

（1）用户接口软件

用户通过网络管理接口与管理专用软件交互作用，监视和控制网络资源。接口软件不但存在于管理主机上，而且也可能出现在网管代理系统中，以便对网络资源实施本地配置、测试和排错。

若要实施有效的网络管理，用户接口软件应具备下列特点：

① 统一的用户接口。不论主机和设备出自何方厂家，运行什么操作系统，都需要统一的用户接口，这样才可以方便地对异构型网络进行监控。

② 具备一定的信息处理能力。对大量的管理信息要进行过滤、统计、求和，甚至进行简化，以免传递的信息量太大而阻塞网络通道。

③ 图形用户界面。具有非命令行或表格形式的用户操作维护界面。

（2）管理专用软件

复杂的网络管理软件可以支持多种网络管理应用，如配置管理、性能管理和故障管理等，这些应用可以适用于各种网络设备和网络配置。

网络管理软件结构还表达了用大量的应用元素支持少量管理应用的设计思想。应用元素实现初等的通用管理功能（例如产生报警，对数据求和等），可以由多个应用程序调用。根据传统的模块化设计方法，还可以提高软件的重用性，产生高效率的实现。网络管理软件利用这种服务接口就可以检索设备信息，设置设备参数，网管代理则通过服务接口向管理站通告设备事件。

（3）管理支持软件

管理支持软件包括 MIB 访问模块和通信协议栈。网管代理中的 MIB 包含反映设备配置和设备行为的信息，以及控制设备操作的参数。管理站的 MIB 中除保存本地结点专用的管理信息外，还保存着管理站控制的所有网管代理的有关信息。MIB 访问模块具有基本的文件管理功能，使得管理站或网管代理可以访问 MIB，同时该模块还能把本地的 MIB 数据转换成适用于网络管理系统传送的标准格式。通信协议栈支持结点之间的通信。由于网络管理协议位于应用层，原则上任何通信体系结构都能胜任，虽然具体的实现可能有特殊的通信要求。

2.1.3　常用网络管理协议（一）

网络管理系统中最重要的部分就是网络管理协议，它定义了网络管理者与网管代理间的通信方法。

在网络管理协议产生以前，管理者要学习从不同网络设备获取数据的方法，因为各个生产厂家用来收集数据的方法不同，即使是相同功能的设备，由不同生产厂商提供的数据采集方法也可能大相径庭。在这种情况下，制定一个行业标准越来越急迫。

最初研究网络管理通信标准问题的是国际标准化组织（ISO），其对网络管理的标准化工作开始于1979年，主要针对 OSI 七层协议的传送环境而设计。

ISO 的成果是 CMIS[①]和 CMIP[②]。CMIS 支持管理进程和管理代理之间的通信要求，CMIP 则是提供管理信息传送服务的应用层协议，两者规定了 OSI 系统的网络管理标准。基于 OSI 标准的产品有 AT&T 的 Accumaster 和 DEC 公司的 EMA 等，HP 的 Open View 最初也是按 OSI 标准设计的。

后来，因特网工程任务组（IETF）为了管理网络数量以几何级数增长的因特网，决定采用基于 OSI 的 CMIP 协议作为因特网的管理协议，并对其做了修改，修改后的协议被称为 CMOT。但是，由于 CMOT 迟迟未能出台，IETF 决定把已有的简单网关监控协议（SGMP）进一步修改后，作为临时的解决方案。这个在 SGMP 基础上开发的解决方案就是著名的 SNMP 简单网络管理协议，也称 SNMP v1（版本 1）。相对于 OSI 标准，SNMP 简单而实用。SNMP v1 最大的特点是简单，容易实现且成本低。此外，其特点还包括：可伸缩性，SNMP 可管理绝大部分符合因特网标准的设备；扩展性，通过定义新的"被管理对象"，可以非常方便地扩展管理能力；健壮性，即使在被管理设备发生严重错误时，也不会影响管理者的正常工作。

近年来，SNMP 发展很快，已经超越传统的 TCP/IP 环境，受到更为广泛的支持，成为网络管理方面事实上的标准。支持 SNMP 产品中最流行的是 IBM 公司的 NetView、Cabletron 公司的 Spectrum 和 HP 公司的 Open View。除此之外，许多其他生产网络通信设备的厂家，如 Cisco、Crossecomm、Proteon 等也都提供基于 SNMP 的实现方法。

如同 TCP/IP 协议簇的其他协议一样，一开始，SNMP 并没有考虑安全问题。于是，IETF 在1992 年开发了具有较高安全性的 SNMP v2。SNMP v2 在提高安全性和更有效地传递管理信息方面加以改进，具体验证、加密和时间同步机制。1997 年 4 月，IETF 成立了 SNMP v3 工作组。SNMP v3 的重点是安全、可管理的体系结构和远程配置。目前，SNMP v3 已经是 IETF 提议的标准，并得到了供应商们的有力支持。

1. 简单网络管理协议（SNMP）

SNMP（simple network management protocol，简单网络管理协议）是从早期的简单网关监视协议 SGMP（simple gateway monitoring protocol）发展而来的，被因特网组织用来管理 TCP/IP 互联网和以太网。SNMP 体系结构分为 SNMP 管理者（SNMP manager）和 SNMP 代理者（SNMP agent），每一个支持 SNMP 的网络设备中都包含一个网管代理，网管代理随时记录网络设备的各种信息，

[①] CMIS（common management information service，通用管理信息服务）是国际标准化组织（ISO）为了解决不同厂商、不同机型的网络之间互通而创建的开放系统互连（OSI）网络管理的接口。

[②] CMIP（common management information protocol，通用管理信息协议）是国际标准化组织（ISO）为了解决不同厂商、不同机型的网络之间互通而创建的开放系统互连网络管理协议。被认为是网络管理模型的电信管理网（TMN），就是在 CMIP 的基础上建立起来的。

网络管理程序再通过 SNMP 通信协议收集网管代理所记录的信息。从被管理设备中收集数据有两种方法：一种是轮询（polling）方法，另一种是基于中断（interrupt-based）的方法。

SNMP 使用嵌入到网络设施中的代理软件来收集网络的通信信息和有关网络设备的统计数据。代理软件不断地收集统计数据，并把这些数据记录到一个管理信息库（MIB）中，网络管理员通过向代理的 MIB 发出查询信号可以得到这些信息，这个过程就叫轮询。为了能够全面查看一天的通信流量和变化率，网络管理人员必须不断地轮询 SNMP 代理。每分钟就要轮询一次。这样，网管员可以使用 SNMP 来评价网络的运行状况，并揭示通信的趋势。例如，哪一个网段接近通信负载的最大能力或正在使用的通信出错等。先进的 SNMP 网管站甚至可以通过编程来自动关闭端口或采取其他矫正措施来处理历史的网络数据。

如果只是用轮询的方法，那么网络管理工作站总是在 SNMP 管理者控制之下，这种方法的缺陷在于信息的实时性差，尤其是错误的实时性差。多长时间轮询一次，轮询时选择什么样的设备顺序都会对轮询的结果产生重要的影响。轮询的间隔太短，会产生大量且不必要的通信量；若间隔太长，而且轮询时顺序不对，那么有关一些大的灾难性事件的通知又会太慢，这就违背了积极主动的网络管理的目标。与之相比，当有异常事件发生时，基于中断的方法可以立即通知网络管理工作站，实时性很强，但这种方法也有缺陷。产生错误或自陷需要系统资源，如果自陷必须转发大量的信息，那么被管理设备可能不得不消耗更多的事件和系统资源来产生自陷，这将会影响到网络管理的主要功能。

将以上两种方法结合的陷入制导轮询方法（trap directed polling）可能是执行网络管理最有效的方法。一般来说，网络管理工作站轮询在被管理设备中的代理来收集数据，并且在控制台上用数字或图形的表示方法来显示这些数据，被管理设备中的代理可以在任何时候向网络管理工作站报告错误情况，而并不需要等到管理工作站为获得这些错误情况而轮询它的时候才会报告。

SNMP已经成为事实上的标准网络管理协议，而且SNMP已被设计成与协议无关的网管协议，它可以在 IP、IPx、AppleTalk 等协议上使用。

2. 域名系统 DNS

在引入 DNS 以前，网络上的用户需要维护一个 HOSTS 配置文件，这个文件包括了当前工作站和网络上的其他系统通信时所需要的一切信息。每台机器的 HOSTS 文件需要手工单独更新，几乎没有自动配置。HOSTS 文件中包括名字和 IP 地址的对应信息。当一台计算机需要定位网络上的另一台计算机时，就要查看本地 HOSTS 文件，如果其中没有关于此计算机的表项，就说明其不存在，但 DNS 改变了这一切。

DNS 负责把名字（域名）转换成号码（IP 地址）。当转换或解析一个 Web 站点的域名（如 www.zucc.edu.cn）并且找到了域名所对应的 IP 号码（211.90.238.141）时，IP 号就是实际的地址。这样，因特网内容就可以传送到你的 Web 浏览器上。这个过程需要一个称为 DNS 或域名服务器的网络系统。

DNS 组织结构分层管理，从顶级 DNS 根服务器向下延伸，并把名字和 IP 地址传播到遍布世界的各个服务器上。DNS 服务器不在本地存储全部的名字和 IP 地址的映射，一旦 DNS 服务器在自身的数据库中没有找到 IP 地址，它会请求上一级 DNS 服务器查看是否能找到这个 IP 地址，这个过程会继续下去直到找到答案或超时出错。

用户有一个顶级域，如 COM 或 EDU。顶级域又称通用名，因为它们包含层次在其下面的域和子域，它们非常像树根。顶级域名主要分为两类：组织性域和地域性域。从顶级移至中间级，中间域名的例子包括 coke.com、whitehouse.gov 以及 dimey.com。除美国之外，所有网站的域名都必须指定国家和地区域。如 www.bbc.co.uk 是指 BBC 的 Web 站点，是一个商业站点（这里 co 和 com 相似）位于英国（UK）。

（1）域名服务器

域名服务器负责管理存放主机名的 IP 地址以及域名和 IP 地址映射表。域名服务器分布在不同的地域，它们之间通过特定的方式进行联络，这样可以保证用户通过本地的域名服务器查找到因特网上所有的域名信息。

DNS 的域名空间是由树状结构组织的分层域名组成的集合。所有域名服务器中的数据库文件中的主机和 IP 地址的集合构成 DNS 域名空间。

（2）域名解析服务

DNS 域名服务在因特网中起着至关重要的作用，其他任何服务都依赖于域名服务。因为任何服务都需要进行域名到 IP 地址，或 IP 地址到域名的转换，也就是所谓的域名解析。

因特网上的域名服务器也是按照层次来安排的。每个域名服务器只对域名体系中一部分进行管理。例如，根服务器（root server）用来管理顶级域（如 com），并不直接对顶级域下面所属的所有域名进行转换，但根服务器一定能够找到所有的二级域名域名服务器。

因特网允许各个单位和部门根据具体情况，将本单位的域名划分为若干域名服务器管理区，并在各个管理区设置相应的授权服务器。

3．文件传送协议（FTP）

FTP（file transfer protocol，文件传送协议）是用于 TCP/IP 网络及因特网的最简单的协议之一。利用 FTP，可将本机上的文件传送（上传）到远程 FTP 服务器上，同时也可将远程 FTP 服务器上的文件传送（下载）到本机上来，例如，从运行 UNIX 的计算机向运行 Windows XP 的计算机传送文件等。

（1）FTP 文件类型

FTP 传送的文件有两种类型：ASCII 文件和二进制文件（binary）类型。Word 文档文件（.doc）、Excel 工作簿文件（.xls）、PowerPoint 幻灯片演示文稿文件（.ppt）以及文本文件（.txt）等都属于二进制类型的文件，BASIC（.bas）、C（.c）等程序设计文件和可执行文件（.exe）、命令文件（.com）等也属于二进制文件，而 Web 网页文件等则属于 ASCII 类型文件。

FTP 规定，在用 get 或 put 命令进行文件传送之前，必须先设置文件传送类型，否则将会出现文件传送错误。

（2）匿名 FTP

一般情况下，FTP 服务器需要用户名和口令才能进行连接，也就是说，如果你没有在该网站服务器上注册登记，没有合法的用户名和口令，就无法登录到这些服务器上。

在因特网上，除了收费 FTP 服务器外，还有众多的免费 FTP 服务器（如微软公司的免费服务站 ftp.microsoft.com）。免费 FTP 服务器不需要专门的用户名和口令就可进行连接，这种免费的 FTP 服务器就称做匿名 FTP 服务器，用户可以匿名方式对其进行连接。当登录匿名 FTP 时，其用户名为 anonymous，口令为自己的电子邮件地址（在这里，允许使用假的电子邮件地址作为匿名口令）。

（3）FTP 的主要功能

FTP 是因特网上使用最为广泛的文件传送协议之一。网络环境中的一项基本应用，是将文件从一台计算机中复制到另一台计算机。由于各计算机存储数据的格式不同、文件命名规定不同，对于相同的功能，不同操作系统使用的命令不同，访问控制方法不同，因此，要实现上述功能往往很困难。所以，FTP 的主要功能是减少或消除在不同操作系统下处理文件的不兼容性。FTP 只提供文件传送的一些基本传送服务。

4. 用户数据报协议（UDP）

UDP（user datagram protocol，用户数据报协议）采取无连接方式提供高层协议间的事务处理服务，允许互相发送数据报。也就是说，UDP 是在计算机上规定用户以数据报方式进行通信的协议。UDP 与 IP 的差别在于：一般用户无法直接使用 IP，而 UDP 是普通用户可直接使用的，故称为用户数据报协议。UDP 必须在 IP 上运行，即它的下层协议是以 IP 作为前提的。

由于 UDP 是一种无连接的数据报投递服务，所以不能保证可靠投递。它与远方的 UDP 实体不建立端到端的连接，而只是将数据报送上网络，或者从网上接收数据报。UDP 根据端口号对若干个应用程序进行多路复用，并能利用校验和检测数据的完整性。

与传输控制协议 TCP 类似，一台计算机上的应用程序和 UDP 的接口是 UDP 端口。这些端口是从 0 开始的数字编号，每种应用程序都在属于它的固定端口上等待来自其他计算机的客户的服务请求。例如，简单网络管理协议（SNMP）服务方（又称代理）总是在 161 号端口上等待远方客户的服务请求。一台计算机只能有一个 SNMP 代理程序。当某台计算机的客户请求 SNMP 服务时，就把请求发到备有这一服务的目标计算机的 161 号 UDP 端口。

5. 简单文件传送协议（TFTP）

TFTP（trivial file transfer protocol，简单文件传送协议）是一个短小且易于实现的文件传送协议，与文件传送协议（FTP）不同，为了保持简单和短小，TFTP 使用用户数据报协议（UDP）。因此，TFTP 要有自己的差错改正措施。而且它只支持文件传送不支持交互，且没有命令集。TFTP 没有列目录的功能，也不能对用户进行身份鉴别。

6. 网际协议（IP）

IP（internet protocol，网际协议，又称网间网际协议）是在由网络连接起来的源计算机和目的计算机之间的信息传送协议，它提供对数据大小的重新组装功能，以适应不同网络对报文的要求。IP 的任务是把数据从源传送到目的地，但不负责保证传送的可靠性和流量控制。

IP 分组分为头和数据区。分组的头包含源地址和目的地址（IP 地址）。IP 分组可以为任意长度（1～256B），当它们从一台机器移动到另一台机器时，必须放在物理网络帧中进行传送。

IP 地址是一个逻辑地址，分成 5 类，即 A 类、B 类、C 类、D 类和 E 类。它独立于任何特定的网络硬件和网络配置，不管物理网络的类型如何，它都有相同的格式。IP 地址是一个 4 字节的数字，实际上由两部分组成：第一部分是 IP 网络号；第二部分是主机号。

（1）子网

一个网络上的所有主机都必须有相同的网络号。当网络增大时，这种 IP 编址特性会引发问题。例如，一个公司一开始在因特网上有一个 C 类地址局域网。一段时间后，其机器数超过了254 台，因此需要分配另一个 C 类地址；或该公司又有了一个不同类型的局域网，需要使用与原先网络不同的 IP 地址。其结果可能是要创建多个局域网，各个局域网都有其自己的路由器和 C 类网络地址。

随着各个局域网的增加，管理成了一件很困难的工作。每次安装新网络时，系统管理员就向网络信息中心申请一个新的网络号，然后将该网络号公布；而且当把机器从一个局域网上移到另一个局域网上时，必须更改 IP 地址，又需要修改其配置文件并再次公布其 IP 地址。解决这个问题的办法是：在网络内部分成多个组，但对外仍是一个单独网络，这样的分组叫做子网。

一个被子网化的 IP 地址实际包含 3 部分：网络号、子网号、主机号。其中子网号和主机号是由原先 IP 地址的主机地址部分分割成两部分得到的。因此，用户分子网的能力依赖于被子网化的 IP 地址类型。IP 地址中主机地址位数越多，就能划分更多的子网和主机。然而，子网减少了能被寻址主机的数量，实际上是把主机地址的一部分用于子网号。子网由伪 IP 地址（即"子网掩码"）标识。

划分子网以后，每个子网看起来就像一个独立的网络。对于远程的网络而言，它们不知道这种子网的划分。在单位网络内部，IP 软件识别所有以子网作为目的地的地址，将 IP 分组通过网关从一个子网传送到另一个子网。

（2）IP 地址转换

前面介绍的 IP 地址是不能直接用来进行通信的，这是因为有以下的因素：

① IP 地址中的主机地址只是主机在网络中的编号（逻辑地址）。若将网络层中传送的数据报交给目的主机，必须知道该主机的物理地址，所以，必须在 IP 地址和主机的物理地址之间进行转换。

② 用户不愿意使用难以记忆的主机号码，而愿意使用易于记忆的主机名字（域名），因此也需要在主机名字和 IP 地址之间进行转换。

对于小型网络，可以使用 TCP/IP 体系提供的 HOSTS 文件来进行从主机域名到 IP 地址的转换。HOSTS 上有许多主机名字到 IP 地址的映射，供主叫主机使用。

对于大型网络，则可在网络的几个地方放置域名系统（DNS）服务器，分层次存放主机域名到 IP 地址转换的映射表。

IP 地址到物理地址的转换由地址解析协议（ARP）来完成。由于 IP 地址是 32 位，而局域网的物理地址（即 MAC 地址）是 48 位，因此它们之间不是简单的转换关系。此外，在一个网络上经常有新的计算机加入进来，或撤走一些计算机，更换计算机的网卡也会使其物理地址改变。可见，在计算机中应当存放一个从 IP 地址到物理地址的转换表，并且能够经常动态更新。地址转换协议（ARP）很好地解决了这些问题。

（3）IP 路由表

在同一个子网上使用 IP 协议通信时，利用地址解析协议（ARP）得到对方的 MAC 地址，然后利用 MAC 地址把要传送的 IP 数据报进行封装，交给数据链路层发送。若主机在不同的子网上，则数据报必须经过路由器转发，选择路径，确定应该向哪一个结点发送。上述工作都是根据 IP 路由表的内容来完成的。主机和路由器都维护着各自的路由表，其中表的格式大体相同。

路由表中至少有目的地址、掩码、网关以及接口名称等项。目的地址和掩码是整个表的关键字，唯一地确定到某目的地的路由。网关表示下一站路由器的地址，而接口名字则指出应该向本机的哪个网络接口进行转发。

7．IPv6 协议

在开发 IPv4 时，32 位的 IP 地址似乎能够满足因特网的需要。但是，随着因特网的增长，32 位的 IP 地址存在着空间严重不足的问题。另外，由于 IPv4 不能提供网络安全，也不能实施复杂的路由选项，所以应用也受到了限制。同时，IPv4 除了提供广播和多点传送编址外，并不具备多个选项来处理多种不同的多媒体应用程序，如视频流或视频会议等。

为适应 IP 的发展，IETF 开始了 IPng（下一代互联网）的初步开发。1996 年，IETF 公布了一种称为 IPv6 的新标准，并在 RFCl883 中得到定义。IPv6 是从 IPv4 扩展而来，使得应用程序和网络设备可以处理新出现的要求。目前，IPv4 仍应用在全世界的绝大多数网络中，但 IPv6 的应用已经开始。

除具有 IPv4 的所有功能外，IPv6 还增加了一些优秀的功能，其主要特征是：

① 128 位编址能力，扩展地址和路由的能力。

每个地址占用 16 个字节，4 倍于一个 IPv4 的地址。其中，每 16 位为一组，写成十六进制数，并用冒号分隔每一组。

例如：69DC:8864:FFFF:FFFF:0:1280:8C0A:FFFF

② IP 头中更有效地应用和选项扩展。

③ 简化了分组头格式，删除了一些 IPv4 分组头中字段或设置为可选，以减少分组的开销。

④ 用于服务质量要求的流标志。

⑤ 不允许有数据报分段。

⑥ 内嵌式的授权和加密安全。

⑦ 一个单独的地址对应着多个接口。

⑧ 地址自动配置和 CIDR（无类型域间路由）编址。

⑨ 可将新的 IP 扩展的头用于特殊需要，包括用于更多的路由技术和安全选项中。

⑩ 支持资源预定，并允许路由器将每一个数据报与一个给定的资源分配相联系。

8. 传输控制协议（TCP）

TCP 传送层协议处于应用层和网络层之间，实现端到端的通信，是端服务协议。

发送方和接收方 TCP 实体以报文段的形式交换数据。一个报文段包括一个固定的 20B 的头（加上一个可选部分），后面是若干字节的数据（允许没有数据，即 0 字节数据）。TCP 软件决定报文段的大小。可将几次写入的数据归并到一个报文段中或是将一次写入的报文段分为多个报文段。对报文段的大小有以下两个限制条件。

第一，每个报文段（包括 TCP 头在内）必须适合 IP 协议和载荷能力，不能超过 65 535B。

第二，每个网络都存在最大传送单位 MTU（most transport unit），要求每个报文段必须适合 MTU，MTU 一般为数千字节。

如果一个报文段较大，路由器将其分解为多个报文段。每个新的报文段都有自己的 TCP 头和 IP 头，所以通过路由器对报文段进行分解会增加系统的总开销。

TCP 并不对高层协议的数据产生影响。它将高层的协议数据看成是不间断的数据流，因此，对这些数据的所有处理工作都是由高层协议进行的。但 TCP 仍试图将这些数据流分隔成一些不连续的单元，以便以独立的报文段形式进行发送和接收。

图 2-4 所示表明了从发送方的高层协议通过 TCP 到达接收方的高层协议的数据传送。

TCP/IP 报文段的传送过程说明如下：

① 发送方（源）的高层协议发出一个数据流给它的 TCP 实体进行传送。

② TCP 将数据流分成段。可提供的传送措施包括：全双工式的定时重传、顺序传递、安全性指定和优先级指定、流量控制、错误检测等。

③ IP 对这些报文段执行其服务过程，包括创建 IP 分组、数据报分割等，并在数据报通过数据链路层和物理层后经过网络传给接收方的 IP。

④ 接收方的 IP 在可能采取校验和重组分段的工作后,将数据报变成段的形式送给接收方的 TCP。

⑤ 接收方的 TCP 完成自己的服务,将报文段恢复成原来的数据流形式,送给接收方的高层协议。

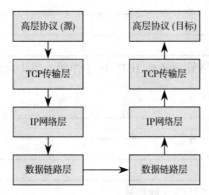

图 2-4　TCP/IP 报文段的传送过程

所有的网络通信都可以看做是进程之间的通信。进程在调用 TCP 时,通过作为参数的数据缓冲区将数据送出。TCP 从该数据缓冲区取出数据并分成段,然后调用 IP 模块,将这些段依次送往目标站点的 TCP。接收方 IP 在收到的段中将数据取出,装入供接收用的缓冲区,并通知接收方的用户。发送方 TCP 在段中插入了为保证可靠传送而必需的控制信息,所以接收方在收到段时要将这些控制信息除去,取出真正的数据。

TCP 一般作为操作系统内部的一个模块安装。TCP 的用户接口通过对 TCP 连接的打开(open)、关闭(close)、数据发送(send)、接收(receive)或调用连接的状态信息来实现。实际上,这些操作与文件的打开、关闭、写入、读出十分相似。

2.1.4　主要术语

确保自己理解以下术语:

FTP	TCP	网络管理软件
IP	TFTP	网络管理体系结构
DNS	UDP	网络管理系统
IPv6	网络管理逻辑模型	网络管理协议
SNMP	网络管理模式	

2.1.5　实训与思考:网络管理体系结构

1. 实训目的

学习网络管理体系结构的基础知识,熟悉网络管理的基本模型和网络管理模式,了解常用的网络管理协议。

2. 工具/准备工作

在开始本实训之前,请回顾教科书的相关内容。

需要准备一台带有浏览器，能够访问因特网的计算机。

3．实训内容与步骤

① 请分析：从逻辑意义上来讲，网络管理系统包括哪几个部分？

_____

_____

_____

② 请叙述：无论 OSI 网络管理还是 IETF 网络管理，都认为是现代计算机网络管理系统的基本要素有哪些？

_____

_____

_____

③ 请分别简单介绍网络管理的 3 种模式。

a．集中式网络管理模式：_____

_____

_____

它适合于什么网络环境？

_____

_____

b．分布式网络管理模式：_____

_____

_____

它适合于什么网络环境？

_____

_____

c．混合管理模式：_____

_____

_____

④ 请分别简单介绍网络管理软件的 3 个部分。

a．用户接口软件：_____

_____

_____

b．管理专用软件：_____

_____

_____

c．管理支持软件：_____

_____

_____

⑤ 请简单描述 SNMP。SNMP 的基本组成包括哪些成分？

_____

_____

_____

⑥ 请分析：FTP 的基本功能是什么？如何使用匿名 FTP 登录？

_____

_____

_____

⑦ 请分析：网络中为什么要有冗余设备？

_____

_____

_____

_____

4. 实训总结

_____

_____

_____

_____

5. 实训评价（教师）

_____

_____

2.1.6 阅读与思考：思科——通往梦想的金桥

从互联网诞生之初，思科系统公司（简称 Cisco 或 "思科"）就一直处于网络经济的核心，并引领着网络技术和应用的潮流。1984 年 12 月，思科公司在美国硅谷成立。当思科的两位创始人 Leonard Bosack 和 Sandy Lerner 在斯坦福大学里用一种完全创新的技术，通过计算机隔着校园聊天的时候，没人能想到，这种技术竟改变了整个世界；1986 年，思科第一台多协议路由器面市；1993 年，世界上出现一个由 1000 台思科路由器连成的互连网络。由此，伴随着互联网迅猛发展的浪潮，思科公司也扬帆起锚，驶入实践沟通理想的新航道。

今天，网络正在成为信息技术和几乎所有通信方式的代名词，思科公司已经成为全球网络和通信领域公认的领先厂商，其提供的解决方案构成了世界各地成千上万的公司、大学、企业和政府部门的信息通信基础设施，用户遍及电信、金融、制造、物流、零售等行业以及政府部门和教育科研机构等。思科公司也是建立网络的中坚力量，现在，互联网上 70% 的流量经由思科产品传递。目前，思科公司在全球拥有 5 万多名雇员，2006 财年的营业额超过 285 亿美元。思科统一通信无缝融合了语音、视频、数据和移动，实现 "四网合一" 的通信，而思科网真技术更将 "传送真实、再现真实" 的理念带入现实，让人们体验到亲临实境的真切沟通。

随着时代的进步，思科不断推动着商业的发展，与此同时，思科的品牌形象和标志也在不断更新。思科（Cisco）的名字取自旧金山（San Francisco），那里有座闻名世界的金门大桥。过去 20 多年中，思科公司曾采用过 4 个不同版本的标识，始终将金门大桥作为自己的形象。从硅谷一家锐意创新的小公司，到今天网络通信领域的巨人，思科见证着网络经济的沿革变迁，引领着层出不穷的应用和技术的演进步伐。思科就好像连接世界的"金桥"，让世界各地的网络紧密联结、畅通无阻。

通过将更多的智能融入到网络平台之中，以及在整个网络范围内实现虚拟化，网络能够有效地扩展，实现越来越多的功能和特性，并带来深远的影响。电信运营商将按照下一代 IP 网络的理念构建基础设施，开拓未来通信服务的空间；大型企业将利用服务导向的网络架构作为开展业务的平台；为数众多的中小企业则将根据自身不同发展阶段的业务需要，灵活选择通信的架构。作为网络通信领域的领导者，思科利用其敏锐的洞察力、丰富的行业经验和先进的技术，帮助各种组织、政府和企业把握信息化建设的方向，并将网络应用转化为战略型资产，充分挖掘网络的能量，获得竞争的优势。

站在新网络时代的起跑线上，思科肩负着重大的使命，致力于在无数的企业和个人之间构筑畅通无阻的"桥梁"。在这里，创新的思想火花被全世界分享，网络应用相互交织创造着新的体验。网络重新书写着以人为本的价值，开辟了通向梦想的无限可能性！

思科公司能始终在强手如林的市场竞争中脱颖而出，屹立于网络通信领域变革的潮头，与公司强大的企业凝聚力、以客户为中心的服务宗旨和精诚合作、锐意创新的企业文化是密不可分的。

资料来源： 思科中国网站（http://www..cisco.com/web/CN/index.html），本处有删改。

请分析： 访问浏览思科中国网站，了解思科产品及其成就，并简单叙述你的感想。

2.2　IP 地址分配与域名管理

这一节，我们继续介绍常用的网络管理协议，并介绍 IP 地址分配与域名管理等内容。

2.2.1　常用网络管理协议（二）

上一节，已经介绍了简单网络管理协议（SNMP）等网络管理协议，这一节，我们继续介绍远程登录协议 Telnet 等其他网络管理协议。

1. 远程登录协议（TELNET protocol）

远程登录（remote log-in）起源于 UNIX，最初只能工作在 UNIX 系统之间，现在可以在其他操作系统上运行。Telnet 起源于 1969 年的 ARPANET，是一个简单的远程终端协议，也是因特网上应用最早、最广泛的功能之一。用户可以先登录（注册）到一台主机，然后再通过网络远程登录到任何其他一台网络主机上。Telnet 能把用户的按键操作传到远地主机，同时也能把远地主机的输出通过 TCP 连接返回到用户屏幕。这种服务是透明的，用户感觉好像在使用本地的键盘和显示器一样。

在 TCP/IP 网络上，几乎每个 TCP/IP 的实现都提供 Telnet 标准的远程登录功能。它能够运行在不同操作系统的主机之间。Telnet 通过客户进程和服务器进程之间的选项协商机制，从而确定通信双方可以提供的功能特性。

Telnet 使用客户机/服务器（C/S）模式，在本地系统运行 Telnet 客户进程，而在远地主机上运行 Telnet 服务器进程。Telnet 与文件传送协议（FTP）的情况相似，服务器中的主进程等待新的请求，并产生从属进程来处理每一个连接。图 2-5 所示为一个 Telnet 客户和服务器的典型连接。

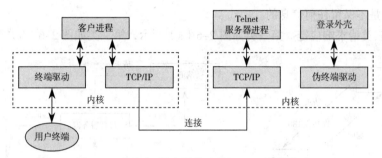

图 2-5　客户机/服务器模式的 Telnet 连接图示

在图 2-5 中，需要考虑以下要点：

① Telnet 客户进程同时与终端用户和 TCP/IP 协议模块进行交互。通常所输入的任何信息的传送都通过 TCP 连接，连接的任何返回信息都输出到终端上。

② Telnet 服务器进程经常要和一种称为伪终端的设备打交道。这就使得对于登录外壳（shell）进程来讲，它是被 Telnet 服务器进程直接调用的，而且任何运行在登录外壳进程处的程序都感觉是直接和一个终端进行交互。对于像全屏编辑器这样的应用来讲，就像直接在和终端打交道一样。实际上，如何对服务器进程的登录外壳进程进行处理，使得它能直接和终端交互，这是编写远程登录服务器进程程序的难题。

③ 由于客户进程必须多次和服务器进程进行通信，反之亦然，这就必然需要某些方法，来描述在连接上传送的命令和用户数据。

④ 在图 2-5 中，用虚线框把终端驱动进程和伪终端驱动进程框了起来。在 TCP/IP 实现中，虚线框的内容一般是操作系统内核的一部分。Telnet 客户进程和服务器进程一般只属于用户应用程序。

2. 简单邮件传送协议（SMTP）

SMTP 是在 MTA（message transfer agent，报文传送代理）之间传递邮件的协议，UA（user agent，用户代理）向 MTA 发送邮件也使用 SMTP。SMTP 使用的端口是 25，接收端在 TCP 的 25 号端口等待发送端送来的 E-mail，发送端向接收方（即服务器）发出连接请求，一旦连接成功，即进行邮件信息交换，邮件传递结束后释放连接。

3. 邮件读取协议（POP）

UA（或 MTA）向 MTA 发送邮件时使用 SMTP。但是，在服务器/服务器环境下，UA 到 MTA 取（retrieve）邮件则通过 POP（post office protocol）实现。目前常用的是第三版的 POP，简称 POP3。与 SMTP 相似，服务器向服务器发送命令，服务器做出响应。POP3 服务器使用的端口号是 110。

4．超文本传送协议（HTTP）

（1）超文本传送协议 HTTP

HTTP（hyper text transfer protocol，超文本传送协议）是用于 WWW 客户机和服务器之间进行信息传送的协议，它是一种请求响应类型的协议。客户机向服务器发送请求，服务器对这个请求作出回答。在 HTTP 0.9 和 HTTP 1.0 中，通常不同的请求使用不同的连接。HTTP 1.1 引入持续连接作为默认的行为，这时，客户机和服务器保持已经建立的连接，可多次交换请求响应信息，直到有一方明确中止这个连接。即使有持续连接，HTTP 仍然是无状态的协议，服务器在不同的请求之间是不保留任何信息的。

HTTP 有三类请求响应链。第一类如图 2-6（a）所示，第二类如图 2-6（b）所示。

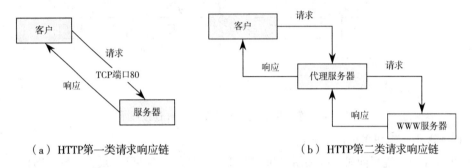

（a）HTTP第一类请求响应链　　　　　　　　（b）HTTP第二类请求响应链

图 2-6　HTTP 请求-响应链

第三类和第二类相似，也有一个中间结点，该结点称为隧道。隧道和代理不同，隧道是一个用户向 WWW 服务器发送请求以及从服务器接收响应的通道，它不执行其他任何功能（如代理的缓存功能、用户鉴别功能等），隧道技术常用于连接非 TCP/IP 网络。代理和隧道可以是多重的，即在客户机到 WWW 服务器之间可以有多个代理和隧道。

HTTP 由两个集合组成：从浏览器到服务器的请求集和从服务器到浏览器的应答集。所有较新的 HTTP 版本都支持两种请求：简单请求和完全请求。简单请求只是一个声明所需网页的 GET（请求读一个网页）行，而没有协议版本。应答仅是原始的网页，没有头部、MIME[①]、编码。

尽管设计 HTTP 是为 WWW 使用的，但考虑到今后的面向对象应用，特意将它制定得具有通用性。出于这个原因，完全请求的第一个词，只是在 WWW 网页（或通过常用的对象）上执行的简单方法（命令）的名字。名字是区别大小写的。

（2）统一资源定位地址（URL）

为了标识分布在整个因特网上的 WWW 文档，WWW 使用 URL（uniform resources locator）来显示 WWW 上的各种文档，并使每一个文档在整个因特网的范围内具有唯一的标识符 URL。

URL 的定义如下：URL 是对能从因特网上得到的资源的位置和访问方法的一种简洁的表示。URL 给资源的位置提供一种抽象的识别方法，并用这种方法给资源定位。只要能够对资源定位，系统就可以对资源进行各种操作，如存取、更新、替换和查找其属性。

上述资源是指在因特网上可以被访问的任何对象，包括文件目录、文件、文档、声音、图

[①] MIME（multipurpose internet mail extensions，多用途互联网邮件扩展）是一个互联网标准，它扩展了电子邮件标准，使其能够支持非 ASCII 字符、二进制格式附件等多种格式的邮件消息。

像等，以及与因特网相连的任何形式的数据。资源还包括电子邮件的地址和 USENET 新闻组，或 USENET 新闻组中的报文。

URL 的形式通常如下：

`<URL 访问方式>://<主机>:<端口>/<路径>`

`例如: http://www.zucc.edu.cn/zs/index.htm`

5．因特网控制消息协议（ICMP）

IP、ICMP、IGMP、ARP 和 RARP 等都属于网络层的控制协议。

如果一个网关不能为 IP 分组选择路由，或者不能递交 IP 分组，或者这个网关测试到某种不正常状态，例如，网络拥挤影响到 IP 分组的传递等，那么就需要使用因特网控制报文协议（ICMP）来通知源发主机采取措施，避免或纠正这类问题。

ICMP 是互联网协议（IP）的一部分，是在网络层中与 IP 一起使用的协议，但 ICMP 是通过 IP 来发送的。通常由某个监测到 IP 分组中错误的站点产生。从技术上说，ICMP 是一种差错报告机制，这种机制为网关或目标主机提供一种方法，使它们在遇到差错时能把差错报告给原始报源。ICMP 报文有两种：一种是错误报文，另一种是查询报文。

6．因特网组管理协议（IGMP）

TCP/IP 传送形式有 3 种：单目传送、广播传送和多目传送（组播）。单目传送是一对一的，广播传送是一对多的。组内广播也是一对多的，但组员往往不是全部成员，因此，可以说组内广播是一种介于单目与广播传送之间的传送方式，称为多目传送，也称组播。

对于一个组内广播应用来说，假如用单目传送实现，则采用端到端的方式完成，如果小组内有 n 个成员，组内广播需要 $n-1$ 次端到端传送，组外对组内广播需要 n 次端到端传送；假如用广播方式实现，则会有大量主机收到与自己无关的数据，造成主机资源和网络资源的浪费。因此，IP 协议对其地址模式进行扩充，引入多目编址机制以解决组内广播应用的需要。

IP 协议引入组播之后，有些物理网络技术开始支持多目传送，如以太网技术。当多目跨越多个物理网络时，便存在多目组的寻径问题。传统的网关是针对端到端设计的，不能完成多目寻径操作，于是多目路由器用来完成多目数据报的转发工作。

IP 采用 D 类地址支持多点传送。每个 D 类地址代表一组主机。共有 28 位可用来标识小组。当一个进程向一个 D 类地址发送分组信息时，尽最大努力将信息送给小组成员，有些成员可能收不到这个分组。

因特网支持两类组地址：永久组地址和临时组地址。永久组地址总是存在而且不必创建，每个永久组有一个永久组地址。永久组地址的一些例子如表 2-1 所示。

表 2-1 永久组地址

永久组地址	描述
224.0.0.1	局域网上的所有系统
224.0.0.2	局域网上的所有路由器
224.0.0.5	局域网上的所有 OSPF（开放最短路径优先）路由器
224.0.0.6	局域网上的所有指定 OSPF 路由器

临时组必须先创建后使用，一个进程可以要求其主机加入或脱离特定的组。当主机上的最后一个进程脱离某个组后，该组就不再在这台主机中出现。每个主机都要记录它当前的进程属

于哪个组。

组播路由器可以是普通的路由器。各个多点播送路由器周期性地发送一个硬件多点播送信息给局域网上的主机（目的地址为 224.0.0.1），要求它们报告其进程当前所属的是哪一组，各主机将选择的 D 类地址返回。

多目路由器和参与组播的主机之间交换信息的协议称为因特网组管理协议，简称为 IGMP 协议。IGMP 提供一种动态参与和离开多点传送组的方法。它让一个物理网络上的所有系统知道主机当前所在的多播组。多播路由器需要这些信息以便知道多播数据报应该向哪些接口转发。

多播是一种将报文发往多个接收者的通信方式。在许多应用中，它比广播更好，因为多播降低了不参与通信的主机的负担。简单的主机成员报告协议是多播的基本模块。在一个局域网中或跨越邻近局域网的多播需要使用这些技术。广播通常局限在单个局域网中。

7. 地址解析协议（ARP）

ARP 用来将 IP 地址转换成物理网络地址。考虑两台计算机 A 和 B 共享一个物理网络的情况。每台计算机分别有一个 IP 地址 IA 和 IB，同时有一个物理地址 PA 和 PB。设计 IP 地址的目的是隐蔽低层的物理网络，允许高层程序只用 IP 地址工作。但是不管使用什么样的硬件网络技术，最终通信总是由物理网络实现的。IP 模块建立了 IF 分组，并且准备送给以太网驱动程序之前，必须确定目的地主机的以太网地址。

于是就提出这样一个问题：假设计算机 A 要通过物理网络向计算机 B 发送一个 IP 分组，A 只知道 B 的 IP 地址，如何把这个 IP 地址变成 B 的物理地址 PB 呢？TCP/IP 协议采用一个协议，解决了具有广播能力的物理网络的地址转换问题，这就是 ARP 的作用。

从 IP 地址到物理网络地址的转换是通过查表实现的，ARP 表放在内存储器中，其中的登录项是在第一次需要使用而进行查询时通过 ARP 协议自动填写的。

当 ARP 解析一个 IP 地址时，它搜索 ARP 缓存和 ARP 表进行匹配。如果找到了，ARP 就把物理地址返回给提供 IP 地址的应用，如果 IP 模块在 ARP 表中找不到某一目标 IP 地址的登录项，就使用广播以太网地址发一个 ARP 请求分组给网上每一台计算机。网上所有计算机的以太网接口收到这个广播以太网帧后，以太网驱动程序检查帧的类型字段，将相应的 ARP 分组送给 ARP 模块。

若在 ARP 表中不能找到 IP 地址，则发出一个 ARP 请求分组。收到广播的每个 ARP 模块检查请求分组中的目标 IP 地址，当该地址和自己的 IP 地址相同时，就直接发一个响应分组返送给 ARP 命令的发送端。

8. 反向地址解析协议（RARP）

ARP 协议有一个很大的缺陷：假如一个设备不知道自己的 IP 地址，就没有办法产生 ARP 请求和 ARP 应答，网络上的无盘工作站就是这种情况。无盘工作站启动时，只知道自己的网络接口的 MAC 地址，不知道自己的 IP 地址。一个简单的解决办法是使用反向地址解析协议（RARP）获取自己的 IP 地址，RARP 以与 ARP 相反的方式工作。

RARP 实现 MAC 地址到 IP 地址的转换。RARP 允许网上站点广播一个 RARP 请求分组，将自己的硬件地址同时填写在分组的发送方硬件地址段和目标硬件地址段中。网上的所有机器都收到这一请求，但只有那些被授权提供 RARP 服务的计算机才处理这个请求，称这样的机器为 RARP 服务器，该服务器对请求的回答是填写目标 IP 地址段，将分组类型由请求改为响应，并且将响应分组直接发送给发出请求的机器。请求方机器从所有的 RARP 服务器接收回答。这一切都只在系统开始启动时发生。RARP 此后不再运行，除非该无盘设备重设置或关掉后重新启动。

9. 公共管理信息协议（CMIP）

ISO 制定的公共管理信息协议主要是针对 OSI 七层协议模型的传送环境而设计的。在网络管理过程中，CMIP 不通过轮询而是通过事件报告进行工作，网络中的各个监测设施在发现被检测设备的状态和参数发生变化后，及时向管理进程进行事件报告。管理进程先对事件进行分类，根据事件发生时对网络服务影响的大小来划分事件的严重等级，再产生相应的故障处理方案。

CMIP 与 SNMP 这两种管理协议各有所长。SNMP 是因特网组织用来管理 TCP/IP 互联网和以太网的，由于实现、理解和排错很简单，所以受到很多产品的广泛支持，但是安全性较差。CMIP 是一个更为有效的网络管理协议。一方面，CMIP 采用了报告机制，具有及时性的特点；另一方面，CMIP 把更多的工作交给管理者去做，减轻了终端用户的工作负担。此外，CMIP 建立了安全管理机制，提供授权、访问控制、安全日志等功能。但是，由于 CMIP 涉及面太广，大而全，所以实施起来比较复杂且花费较高。

2.2.2　IP 地址分配

在设计 IP 地址分配方案之前，应综合考虑以下几个问题：

① 是否将局域网连入因特网。

② 是否将局域网划分为若干网段以方便网络管理。

③ 是采用静态 IP 地址分配还是动态 IP 地址分配。

如果不准备将局域网连到因特网上，可用 RFC 1918 中定义的非因特网连接的网络地址，称为"专用因特网地址分配"。RFC 1918 规定了不连入因特网的 IP 地址分配指导原则。在因特网地址授权机构（IANA）控制 IP 地址分配方案中，留出了三类网络号，给不连到因特网上的专用网使用，分别用于 A、B 和 C 类网络：

① A 类保留地址：10.0.0.0～10.255.255.255；

② B 类保留地址：172.16.0.0～172.31.255.255；

③ C 类保留地址：192.168.0.0～192.168.255.255。

IANA 保证这些 IP 地址不分配给任何用户，即这些 IP 地址是私有 IP 地址，网上的任何人都可以自由地选择这些 IP 地址作为自己的网络地址。

1. 地址分配策略

IP 地址分配有两种策略：静态地址分配策略和动态地址分配策略。

所谓静态 IP 地址分配策略，指的是给每一个连入网络的用户固定分配一个 IP 地址，该用户每次上网都是使用这个地址，系统在给该用户分配 IP 地址的同时，还可以给该用户分配一个域名。使用静态 IP 地址分配策略分配的 IP 地址，是一台终端计算机专用的 IP 地址，无论该用户是否上网，分配给它的 IP 地址是不能再分配给其他用户使用的。

而动态 IP 地址分配策略的基本思想是，事先并不给上网的用户分配 IP 地址，这类用户上网时自动给其分配一个 IP 地址。该用户下网时，所用的 IP 地址自动释放，可再次分配给其他用户使用。使用动态 IP 地址分配策略的用户只有临时 IP 地址而无域名。通常，使用电话拨号上网的用户大都使用动态 IP 地址分配策略获得 IP 地址。

2. 静态 IP 地址分配

使用静态 IP 地址分配可以对各部门进行合理的 IP 地址规划，能够在第三层上方便地跟踪和管理网络，当然，通过加强对 MAC 地址的管理，同样也会有效地解决这一问题。

静态 IP 地址分配通常利用域名服务器 DNS 进行，并为每一个 IP 地址（每个 IP 地址对应一个用户）配置一个相关的域名。

实际上，在 DNS 服务器中建立有一张 IP 地址与域名映射表，该表中除了有 IP 地址和域名以外，还有与用户相关的其他信息，比如，在 Windows XP 服务器上还要为用户建立组名、用户名、用户标识、用户口令以及用户上网操作权限等信息。

3．动态 IP 地址分配

在因特网和内联网上使用 TCP/IP 时，每台主机必须具有独立的 IP 地址，才能与网络上的其他主机进行通信。随着网络应用的日益推广，网络客户急剧膨胀。在这种情况下，如果再使用静态 IP 地址分配，IP 地址的冲突就会相继而来。例如在客户机上会频繁出现地址冲突的提示，这样的问题有时并不能及时发现，只有在相互冲突的网络客户同时都在开机状态时才显露出问题，所以具有一定的隐蔽性。

在接到 IP 地址冲突的报告后，首先要确定冲突发生的 VLAN（虚拟局域网）。通过 IP 规划的 VLAN 定义和冲突的 IP 地址，找到冲突地址所在的网段。这对成功地找到网卡 MAC 地址很关键，因为有些网络命令不能跨网段存取。

使用动态 IP 地址分配（采用 DHCP）的最大优点是客户端网络的配置非常简单，在没有网络管理员帮助和干预的情况下，用户自己便可以对网络进行连接设置。但是，因为 IP 地址是动态分配的，网络管理员不能从 IP 地址上鉴定客户的身份，相应的 IP 层管理将失去作用，而且使用动态 IP 地址分配需要设置额外的 DHCP 服务器。

DHCP 可使计算机通过一个报文获取全部信息，允许计算机快速、动态地获取 IP 地址。为使用 DHCP 的动态地址分配机制，网络管理员必须配置 DHCP 服务器，使其能提供一组 IP 地址。任何时候，一旦有新的计算机连到网络上，该计算机就与服务器联系，申请一个 IP 地址。服务器收到用户的申请后，自动从管理员指定的动态 IP 地址范围中找到一个空闲的 IP 地址，并将其分配给该计算机。

动态地址分配与静态地址分配完全不同，静态地址分配的 IP 地址与用户终端是严格一一对应的，而动态地址分配却不存在这种映射关系，并且，服务器事先并不知道客户的身份；静态地址分配为每台主机分配的 IP 地址是永久性的，而动态地址分配的 IP 地址是临时性的。一个用户使用动态地址分配策略分配得到一个 IP 地址后，一旦下线，则相应 IP 地址自动释放，以备其他用户使用。

2.2.3　IP 地址与域名管理

每一台上网的计算机上都分配一个 IP 地址，但 IP 地址是一个 32 位长的数字编码，难以记忆和识别，为此，引入了域名机制，即为每一个 IP 地址都另外取一个相应的便于记忆和识别的名字，这个名字就是域名。

有了域名之后，我们要访问一台目标计算机，既可以使用其 IP 地址，也可以使用其域名，比如，我们要访问浙江大学城市学院网站，可以使用其 IP 地址 211.90.238.141，也可以使用其域名 www.zucc.edu.cn。但是，在网络通信中，系统只能识别终端计算机的 IP 地址，如何将一台计算机的域名转换成对应的 IP 地址，这就是"IP 地址与域名管理"的问题。

在现代网络系统中，通常用一台被称为 DNS 服务器的主机来管理 IP 地址和域名。DNS 中建立了一张 IP 地址与域名的对应表，在需要进行域名转换时，查询这张 DNS 表即可。

1. 集中管理模式

我们知道，由于一般局域网的网络覆盖范围有限，连入的计算机数量也有限，因此，用户 IP 地址分配、用户权限设置以及 IP 地址和域名管理等都可集中在一台主机上进行（如 Windows Server 2003），这就是典型的集中管理模式。

集中管理模式实际上是在服务器上建立一张用户登记表，该表中有用户类型（指明该用户是"管理员"还是一般"客户"）、用户名、IP 地址、域名以及对网络服务器的访问权限等项目，每个连接上网的用户要访问服务器或与其他用户通信时，都要先查询这张表，然后再进行相应的操作。集中管理模式的最大优点在于，能保证 IP 地址及域名的建立、维护和管理的方便性和使用的高效性。

2. 分布管理模式

集中管理模式只适合于局域网的 IP 地址与域名管理，对于广域网，由于其网络覆盖的地理范围很广，连网的计算机台数甚至上亿，在这种情形下，若仍使用一台计算机来存放 IP 地址及域名，可能带来如下 3 个无法解决的问题：

① 存储容量问题。若将全世界数十亿个用户的 IP 地址、域名及相关信息集中存放在一台计算机上，其数据量相当庞大，一台计算机的存储容量显然是不够的。

② 网络运行效率问题。全世界的用户都要集中到一台中心主机上去查询通信双方的 IP 地址和域名，会造成严重的线路拥塞、域名服务器不能响应，从而会导致网络瘫痪。

③ IP 地址与域名的建立、维护，域名与网络的管理问题。如此庞大的数据量，在一台计算机上建立和修改都是难以完成的，且会给域名和网络的维护和管理带来混乱。

所以，对于广域网，要采用分布管理模式进行域名的管理与服务。所谓分布管理，是将网上的 IP 地址与域名分布存放在地域上不同（不同单位、不同机构、不同地区甚至不同国家）的主机上，在结构上呈树形分级拓扑结构。

例如在因特网的域名系统中，共分为 5 级管理模式，即根域、地理域、机构域、主机域及分机域，每一级都设有一个 DNS。根域设在美国，根域名服务器只负责管理国家和地区域名；而各个国家和地区的下一级域名（如金融、电信、教育、科技等机构性域名），则由各个国家及地区的域名服务器进行管理；机构性域名服务器负责管理其下一级域名：主机域名；主机域名服务器负责管理其下一级的分机域名。

2.2.4　主要术语

确保自己理解以下术语：

IP 地址	动态 IP 地址分配	静态 IP 地址
IP 地址分配	分布管理模式	静态 IP 地址分配
集中管理模式	域名管理	动态 IP 地址

2.2.5　实训与思考：网管协议与 IP 地址分配

1. 实训目的

① 继续了解和熟悉常用的网络管理协议。

② 学习 IP 地址分配与域名管理知识。

③ 熟悉网络管理体系结构知识，熟悉网络管理的基本模型和网络管理模式。

2．工具/准备工作

在开始本实训之前，请回顾教科书的相关内容。

需要准备一台带有浏览器，能够访问因特网的计算机。

3．实训内容与步骤

（1）概念理解

① 保留 IP 地址有什么用途？

_____

_____

_____

② 试述静态地址分配策略与动态地址分配策略。

_____

_____

_____

③ 在服务器上，如何实现静态地址分配？

_____

_____

_____

④ 动态 IP 地址分配主要使用什么协议？

_____

_____

_____

⑤ 集中式（IP 地址与域名）管理的主要优点是什么？

_____

_____

_____

⑥ 实现分布式（IP 地址与域名）管理的基本技术手段是什么？

_____

_____

_____

（2）IP 地址分配

① 静态 IP 地址分配。下面，我们以 Windows XP Professional 操作系统为例，在用户端使用下述步骤进行静态 IP 地址的配置。

步骤 1：在 Windows 中选择"开始"|"连接到"|"显示所有连接"命令，在打开的"网络连接"窗口中双击"本地连接"图标，弹出"本地连接属性"对话框，如图 2-7 所示。

步骤 2：在"此连接使用下列项目"列表框中选择"Internet 协议（TCP/IP）"选项，单击"属性"按钮，弹出"Internet 协议（TCP/IP）属性"对话框，如图 2-8 所示。

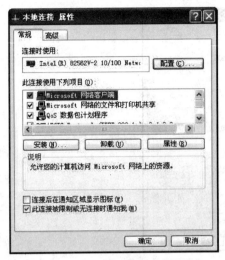
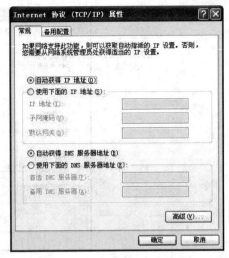

图 2-7　"本地连接属性"对话框　　　　图 2-8　"Internet 协议（TCP/IP）属性"对话框

步骤 3：在图 2-8 中，首先选择"使用下面的 IP 地址"单选按钮，并填入固定的 IP 地址、子网掩码和默认网关地址，然后再选择"使用下面的 DNS 服务器地址"单选按钮，并在"首选 DNS 服务器地址"栏中填入相应的服务器的 IP 地址。单击"确定"按钮，用户终端 IP 地址配置完毕。

使用静态 IP 地址分配策略，为每一计算机配置一个固定的 IP 地址，这对于网络管理和维护、用户之间的信息交换、虚网划分与管理、域名配置、路由器及防火墙的设置都带来极大的方便。

但是，这种分配策略也有其致命的弱点。首先，必须保证 IP 地址有足够的空间，如果本单位连入网络的计算机台数比 IP 地址多，就不能使用静态 IP 地址分配，因为在这种情形下，不可能为每台计算机配置一个 IP 地址，只能使用动态 IP 地址分配策略进行地址分配。其次，如果用户计算机经常移动，甚至要从一个网段移到另一个网段，这种情形也不能使用静态 IP 地址分配，必须使用动态 IP 地址分配。

② 动态 IP 地址分配。下面，我们在用户端通过下述步骤进行动态 IP 地址配置。

步骤 1：在图 2-8 所示对话框中选择"自动获得 IP 地址"单选按钮。

步骤 2：在图 2-8 中继续单击"高级"按钮，得到如图 2-9 所示的对话框。

从图 2-9 可看出，动态主机协议 DHCP 已被启用，即说明动态 IP 地址设置完毕。单击"确定"按钮即可。

步骤 3：继续单击"确定"按钮等退出设置操作。

（3）IP 地址分配应用实例

假设某个局域网络系统中，有一台主服务器、一台备份服务器、一台通信服务器、一台 DNS 服务器、一台邮件服务器、一台 WWW 服务器、一台路由器、一台三层交换机、4 台 S3026 两层交换机（24 口）、120 台工作站计算机（其中 24 台为拨号上网终端）。

设该局域网有一个 C 类地址段，IP 地址为 210.40.178.1～210.40.178.254，我们为每一台服务器（主服务器、备份服务器、DNS 和 WWW 服务器等）都分配一个 IP 地址，为每一台网络连接设备（路由器和交换机）也分配一个 IP 地址，并预留 10 个 IP 地址作为动态分配之用。IP 地址分配如表 2-2 所示。

图 2-9 "高级 TCP/IP 设置"对话框

表 2-2 典型局域网的 IP 地址分配表

设 备	IP 地 址
主服务器	210.40.178.1
备份服务器	210.40.178.2
DNS 服务器	210.40.178.3
WWW 服务器	210.40.178.4
邮件服务器	210.40.178.5
通信服务器	210.40.178.6
路由器	210.40.178.21
三层交换机	210.40.178.22
第一台交换机	210.40.178.30
第一台交换机连接的 24 个工作站	210.40.178.31~210.40.178.54
第二台交换机	210.40.178.60
第二台交换机连接的 24 个工作站	210.40.178.61~210.40.178.84
第三台交换机	210.40.178.90
第三台交换机连接的 24 个工作站	210.40.178.91~210.40.178.114
第四台交换机	210.40.178.120
第四台交换机连接的 24 个工作站	210.40.178.121~210.40.178.144
动态分配地址（10 个）	210.40.178.150~210.40.178.159
备用地址	210.40.178.7~210.40.178.20 210.40.178.160~210.40.178.254

练习：

① 请利用绘图工具软件（例如 Visio）画出该网络的拓扑结构图，并打印该拓扑图粘贴在下面。

② 请思考该如何完成本应用实例的设置操作，并与你的同学讨论你的设置方案。

请记录：上述实训操作能够顺利完成吗？如果不能，请分析原因。

4．实训总结

5．单元学习评价

① 你认为本单元最有价值的内容是：

② 下列问题我需要进一步地了解或得到帮助：

③ 为使学习更有效，你对本单元的教学有何建议？

6．实训评价（教师）

2.2.6　阅读与思考：中国的华为

华为技术（"华为"，见图 2-10）是全球领先的电信网络解决方案供应商，致力于向客户提供创新的满足其需求的产品、服务和解决方案，为客户创造长期的价值和潜在的增长。华为产品和解决方案涵盖移动、核心网、网络、电信增值业务和终端等领域。

图 2-10　华为 Logo

华为持续提升围绕客户需求进行创新的能力，长期坚持不少于销售收入 10%的研发投入，并坚持将研发投入的 10%用于预研，对新技术、新领域进行持续不断的研究和跟踪。目前，华为在 FMC、IMS、WiMAX、IPTV 等新技术和新应用领域，都已经成功推出了解决方案。

华为主动应对未来网络融合和业务转型的趋势，从业务与应用层、核心层、承载层、接入层到终端，提供全网端到端的解决方案，全面构筑面向未来网络融合的独特优势。

华为在瑞典斯德哥尔摩、美国达拉斯及硅谷、印度班加罗尔、俄罗斯莫斯科，以及中国的深圳、上海、北京、南京、西安、成都和武汉等地设立了研发机构，通过跨文化团队合作，实施全球异步研发战略。印度所、南京所、中央软件部和上海研究所通过 CMM5 级国际认证，表明华为的软件过程管理与质量控制已达到业界先进水平。

　　华为 61000 多名员工中的 48%从事研发工作。截至 2006 年底，华为已累计申请专利超过 19000 件，连续数年成为中国申请专利最多的单位。

　　华为在全球建立了 100 多个分支机构，营销及服务网络遍及全球，能够为客户提供快速、优质的服务。目前，华为的产品和解决方案已经应用于全球 100 多个国家，以及 31 个全球前 50 强的运营商，服务全球超过 10 亿用户。

　　华为新的企业标识在保持原有标识蓬勃向上、积极进取的基础上，更加聚焦、创新、稳健、和谐，充分体现了华为将继续保持积极进取的精神，通过持续的创新，支持客户实现网络转型并不断推出有竞争力的业务；华为将更加国际化、职业化，更加聚焦客户，和华为的客户及合作伙伴一道，创造一种和谐的商业环境实现自身的稳健成长。

　　华为新的企业标识是公司核心理念的延伸：

　　（1）聚焦：新标识更加聚焦底部的核心，体现出华为坚持以客户需求为导向，持续为客户创造长期价值的核心理念。

　　（2）创新：新标识灵动活泼，更加具有时代感，表明华为将继续以积极进取的心态，持续围绕客户需求进行创新，为客户提供有竞争力的产品与解决方案，共同面对未来的机遇与挑战。

　　（3）稳健：新标识饱满大方，表达了华为将更稳健地发展，更加国际化、职业化。

　　（4）和谐：新标识在保持整体对称的同时，加入了光影元素，显得更为和谐，表明华为将坚持开放合作，构建和谐商业环境，实现自身健康成长。

　　资料来源：华为网站（http://www.huawei.com/cn/），此处有删改。

　　请分析：请访问浏览华为网站，了解华为产品及其成就，了解华为的人才需求状况，并简单叙述你的感想。

第**3**章

计算机网络的发展特点是规模不断扩大，复杂性不断增加，异构性越来越高。一个网络往往由若干个大大小小的子网组成，集成了多种网络系统（NOS）平台，并且包括了不同厂家、公司的网络设备和通信设备等。同时，网络中还有许多网络软件提供各种服务。随着用户对网络性能要求的提高，如果没有一个高效的管理系统对网络系统进行管理，那么就很难保证向用户提供令人满意的服务。

3.1　网络通信管理基础

作为一种重要技术，网络通信管理对网络的发展有着很大的影响，并已成为现代信息网络中最重要的问题之一。

3.1.1　数据通信基础

所谓通信，是指将信息从一个地方传送到另一个地方的过程，而用来实现通信过程的系统称为通信系统，其基本构成如图 3-1 所示。

图 3-1　通信系统的基本构成

其中，通信系统的三要素为信源、通信介质和信宿。

1. 模拟通信系统和数字通信系统

在通信过程中，采用离散的电信号表示的数据称为数字数据，而采用连续电波表示的数据称为模拟数据。

（1）模拟通信系统

模拟通信系统指两台数据终端设备之间传送的信号为模拟信号的数据通信系统。典型的模拟通信系统是以电话线为传送介质的通信系统，如图 3-2 所示。

图 3-2　模拟通信系统结构图

（2）数字通信系统

数字通信系统是指处于数据终端设备（DTC）之间的信号为数字信号的数据通信系统。数字通信系统的通信模型有 4 种，如图 3-3 所示。

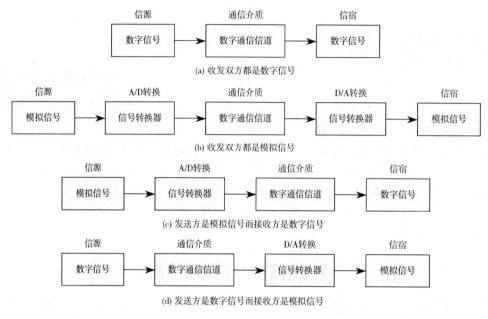

图 3-3 通信模型

模拟通信系统通过信道的信号频谱较窄，抗干扰能力差；而数字通信系统通过信道的信号频谱较宽，抗干扰性强，是数据通信中普遍采用的通信方式。

2. 数据通信的基本原理

在网络通信过程中需要重点解决的问题是：

① 信息表示方法，即信息的编码方法；

② 如何有效地保证信息正确无误码地传送，即妥善解决通信双方发送和接收的同步；

③ 当传送的信息有错时，如何控制、纠错和检验；

④ 如何解决高效地利用通信线路传送信息，即多路复用。

（1）信息交换代码

网络数据通信中所指的信息通常又称报文，它由数据信息、控制信息、收发双方的地址信息和检验码组成。

早期的通信技术是基于五单位的 Baudot 码进行的，即用 5 位二进行制表示 1 位数字、字母或符号，这种 Baudot 代码被普遍用于电报通信。

七单位代码有两种，均由 ISO（国际标准化组织）和国际电报电话咨询委员会 CCITT 提出，一种是 CCITT 七单位字母代码编码，另一种是美国信息交换标准码 ASCII 码。CCITT 码与 ASCII 码十分接近，除个别字符的编码有所区别以外，大多数字符的代码是一样的。CCITT 码在早期的通信中用得较多，在现代通信中普遍使用的是 ASCII 码。

CCITT 码、ASCII 码与 Baudot 码的区别在于：Baudot 代码中一个编码可表示两个符号，一个是字母符号，一个是数字和标点符号；而 CCITT 和 ASCII 码则是一个编码唯一地表示一个符号。

（2）数据传送方式

① 基带传送。基带是指调制前原始信号所占用的频带，它是原始信号所固有的基本频带，在信道中直接传送基带信号称为基带传送（未经调制的原始信号称为基带信号）。进行基带传送的系统称为基带传送系统。局域网中的通信大都采用的是基带传送，但也可采用频带传送。

② 频带传送。将基带信号经调制变换后进行传送的过程称为频带传送。如远程拨号网络，收发双方都通过 modem 将信号进行调制或解调，信号是以模拟信号在公用电话线上传送的。

③ 宽带传送。早期的宽带是指比音频带宽（14.4Kb）更宽的频带，信号用宽带进行的传送称为宽带传送，这样的系统称宽带传送系统。在现代网络通信系统中，宽带是指 100Mbit/s 以上带宽的频带。

（3）同步传送与异步传送

① 同步传送。即采用按位同步的同步技术进行信息传送，在同步传送过程中，每个数据位之间都有一个固定的时间间隔，这个时间间隔由通信系统中心的数字时钟确定。在同步传送过程中，不要求每一个字符都有起始位和结束位，而是若干个字符共用一个起始位和一个结束位，即在一个起始位和一个结束位之间可传送若干个字符。在通信过程中，要求接收端和发送端的数据序列在时间上必须取得同步。

② 异步传送。又称异步通信，采用的是群同步技术进行信息传送。

异步传送的原理是：将信息分成若干等长的小组（"群"），每次传送一个"群"的信息码，具体过程是，每一"群"为 8 个或 5 个信息位，每个"群"前面放一个起始码，后面放一个停止码，一般来说，起始码是 1 比特，通常为 0，而停止码为 1～2 比特，通常用"1"表示，当无数据发送时，就连续地发送 1 码，接收端收到第 1 个 0 后，就开始接收数据。

同步传送与异步传送的区别在于：前者要求时间同步，而后者不要求时间同步。

（4）多路复用技术

多路复用技术是指多个用户同时使用一条通信线路收发数据的技术，通常有频分复用技术、时分复用技术以及波分复用技术。

3．网络通信技术

数据从信源端发送，到被信宿接收的整个过程称为网络的通信过程。数据通信过程通常包括 5 个阶段，分别是：

① 建立通信线路；

② 建立数据传送链路；

③ 数据传送；

④ 数据传送结束；

⑤ 拆线。

无论是早期的无线电通信方式还是现代的网络通信方式，都有单工通信方式、半双工通信方式和全双工通信方式 3 种：

① 单工通信：指传送的信息始终只有一个方向的通信方式，如广播、会议通知等。

② 半双工通信：通信双方都可收发信息，但同一时刻只能有一方传送信息，当一方在传送信息时，另一方只能接收信息，如对讲机、基带以太网络的信息交换等。

③ 全双工通信：两个端点可以同时进行收发信息，如电话机、实时聊天等。

数据传送方式主要有：

　　a. 并行数据传送：速度快，可同时传 8 位、16 位或 24 位，但成本高，只适应短距离传送。

　　b. 串行数据传送：只能一位一位地传送，速度慢，但成本低，普遍用于网络远距离通信。

　　并行数据传送一般只应用于计算机内部及其外围设备（如打印机、移动磁盘）的连接，串行数据传送一般应用于计算机与计算机之间的远程连接。

3.1.2　路由管理

　　路由器可将数据包从一个数据链路中继到另一个数据链路。为了中转数据包，路由器使用了两个基本功能，即路由选择和数据交换。

　　数据交换功能能让路由器从一个接口接收数据包并将其转发到下一个接口。路由选择功能使路由器能选择最佳的接口（路径）来转发数据包。地址的结点部分是指路由器上的一个特定的端口，该端口通向那个毗邻路由器。

　　当一台主机需要向位于不同网络的目的地发送数据包时，路由器从一个接口接收数据链路帧，接着，网络层检查其包头决定目的网络，然后查看路由表。路由表把网络与输出接口联系起来。原始帧被剥开并丢失。数据包再次封装进所选接口的数据链路帧，并放进发送到该路径的下一跳的队列中。当数据包每次通过另一个路由器切换时都会发生这个过程。当数据包到达连接包含目的主机的网络路由时，数据包再次被用目的局域网的数据链路帧类型封装，并发送到目的主机。

1. 静态路由策略

　　静态路由是最简单形式的路由，是对路由器直接控制通信的路径用手工进行配置。换一种说法就是，静态路由表只能由网络管理员手工进行配置，无论何时，当网络拓扑发生变化需要改变路由表时，网络管理员都必须手动更新静态路由表。

　　有两种方法来处理静态路由：

　　① 建立定义哪些网络块应该被路由穿过某个接口的路由表。例如，有一台与 A、B、C 三家 ISP 相连接的路由器，可以配置成去往 10.10.0.1 的流量通过 ISP 的 A 接口，而将送往 10.100.0.1 的流量路由穿过 ISP 的 B 接口等。

　　② 为路由器创建网关。该网关可以配置成所有流量均通过它，或者将该网关和其他静态路由相结合使用，以便其只在目的地 IP 地址没有静态路由时使用。

　　静态路由接口和网关都需要直接连接到路由器，如果路由器不能到达接口，它将丢弃该数据包。

　　采用静态路由技术能有效地阻止攻击，能防止有害信息损害路由表，但也会带来一些问题，例如，网络在只有一台默认路由器时更容易受到 DoS（拒绝服务）攻击。如果连向不同的骨干网并且使用动态路由协议以最佳路径路由流量，攻击者发起的大型攻击会更加困难，因为进出网络有多条通道。但若攻击者具有淹没网络的足够带宽，即使有多条连接其作用也没有多大意义。从这点上说，采用具有安全防范措施的动态路由协议比静态路由协议会更加安全。

2. 动态路由策略

　　动态路由的主要技术是其路由表为动态的，在动态路由协议下工作。动态路由在网络运行过程中能自动生成和更新，除了涉及少量的手工干预外，动态路由协议能提供更好的性能，因为数据可经过最佳路径进行传送。

　　动态路由协议启动后，路由表会通过路由进程自动更新，这种更新发生在从网络上收到新消息的时候。在路由器间相互交换动态路由表的变更，这也是路由器更新路由的一部分。

动态路由协议有下述两大功能：

① 维持路由表；

② 定时发布路由更新给其他路由器。

动态路由协议依靠路由协议来共享认识。路由选择协议定义了一整套规则，路由器用它来与相邻路由器通信。例如，一个路由器是这样描述的：

① 更新如何被发送；

② 更新中包括发哪些内容；

③ 何时发送数据；

④ 如何定位更新的接收。

3. 网络路由选择

网络的路由选择是由路由选择协议完成的，网络路由选择技术中主要有两种路由选择协议，即被动路由协议（routed protocol）与路由选择协议（routing protocol）。

① 被动路由协议：任何网络协议在其网络层地址提供足够的信息，使得数据包能基于地址方案把数据包从一台主机送到另一台主机。被动路由协议定义了数据包内这部分区域的格式和用法。数据包通常从一个端系统传送到另一个端系统。IP 是被动路由协议的一个例子。

② 路由选择协议：是一种通过提供共享路由信息的机制来支持被动路由协议的协议。路由选择协议的消息在路由器之间传递，它允许通过路由器间的通信来更新和维护路由表。

3.1.3　拥塞控制与流量控制

当加载到某个网络上的载荷超过其处理能力时，就会出现网络拥塞现象。应用物理层的分组保持规则就可以控制拥塞现象，即只有当一个旧的分组被发送出去后，再向网络注入新的分组。TCP 试图通过动态地控制滑动窗口的大小来达到这一目的。

1. 拥塞控制技术

网络传送造成分组丢失一般有两个原因：一是由于传送线路上的噪声干扰；另一个是拥塞的路由器丢失了分组。目前大多数长距离的主干线都是光纤传送，由于传送错误而造成分组丢失的情况相对较少，由此，因特网上发生的超时现象大多数都是由于拥塞造成的。因此，因特网上所有的 TCP 算法都假设分组传送超时是由拥塞造成的，并且以监控定时器超时作为出现问题的信号。

当数据从一个大的管道向一个较小的管道（如一个高速局域网和一个低速的广域网）发送数据时便会发生拥塞。当多个输入流到达一个路由器，而路由器的输出流小于这些输入流的总和时也会发生拥塞。

（1）慢启动算法

因特网上存在着网络容量和接收方容量这两个潜在问题，它们需要分别进行处理。为此，每个发送方均保持两个窗口：接收方承认的窗口和拥塞窗口。每个窗口都反映出发送方可以传送的字节数。取两个窗口的最小值作为可以发送的字节数。这样，有效窗口便是发送方和接收方分别认为合适的窗口中最小的一个窗口。

当建立连接时，发送方将拥塞窗口大小初始化为该连接所有最大报文段的长度值，并随后发送一个最大长度的报文段。如果该报文段在定时器超时之前得到了确认，那么发送方在原拥塞窗口的基础上再增加一个报文段的字节值，使其为两倍最大报文段的大小，然后发送。当这些报文段中的每一个都被确认后，拥塞窗口大小就再增加一个最大报文段的长度。

当拥塞窗口是 n 个报文段的大小时，如果发送的所有 n 个报文段都被及时确认，那么将拥塞窗口大小增加 n 个报文段所对应的字节数目。

拥塞窗口保持指数规律增大，直到数据传送超时或者达到接收方设定的窗口大小。也就是说，如果发送的数据长度序列，如 1024、2048 和 4096 字节都能正常工作，但发送 8192 字节数据时出现定时器超时，那么拥塞窗口应设置为 4096 以避免出现拥塞。只要拥塞窗口保持为 4096 字节，便不会再发送超过该长度的数据量，无论接收方赋予多大的窗口空间亦是如此。这种算法是以指数规律增加的，通常称为慢启动算法，所有的 TCP 实现都必须支持这种算法。

（2）拥塞避免算法

慢启动算法不能解决的问题是：数据传送达到中间路由器的极限时，分组将被丢弃。拥塞避免算法是处理丢失分组的最佳方法之一。该算法假定由于分组受到损坏引起的丢失是极少的，因此，分组丢失就表明在源主机和目的主机之间的某处网络上发生了拥塞。

拥塞避免算法和慢启动算法是目的不同、相互独立的两个算法。但是，当拥塞发生时，可以调用慢启动算法来降低分组进入网络的传送速率。在实际应用中，这两个算法通常在一起实现。

（3）快速重传与快速恢复算法

如果一连串收到 3 个或 3 个以上的重复 ACK[①]，就表明有一个报文段丢失了。于是就重传丢失的数据报文段，而无需等待超时定时器溢出。这就是快速重传算法。

由于接收方只有在收到另一个相同的报文段时才产生重复的 ACK，而该报文段已经离开了网络并进入了接收方的缓存。也就是说，在收、发两端之间仍然有流动的数据，而不执行慢启动来突然减少数据流。

快速重传与快速恢复算法步骤如下：

① 当收到第 3 个重复的 ACK 时，将门限设置为当前拥塞窗口的一半，重传丢失的报文段，设置拥塞窗口为门限加上 3 倍的报文段大小；

② 每次收到另一个重复的 ACK 时，拥塞窗口增加 1 个报文段大小，并发送 1 个分组（如果新的拥塞窗口允许发送）；

③ 当下一个确认数据的 ACK 到达时，设置拥塞窗口为门限（在步骤 1）中设置的值。（这个 ACK 应该是在进行重传后的一个往返时间内对步骤 1 中重传的确认。另外，这个 ACK 也应该是对丢失的分组和收到的第 1 个重复的 ACK 之间的所有中间报文段的确认。这一步骤采用的是拥塞避免算法，因为当分组丢失时该算法能将当前的速率减半。

2．流量控制技术

在数据链路层及高层协议中，一个最重要的控制技术就是流量控制技术。所谓流量控制，就是如何处理发送方的发送能力比接收方的接收能力大的问题，即是当发送方是在一个相对快速或负载较轻的计算机上运行，而接收方是在一个相对慢速或负载较重的机器上运行时。如果发送方不断地高速将数据帧发出，最终会"淹没"接收方，即使传送过程毫无差错，但到某一时刻，接收方将无能力处理刚收到的帧，就会发生信息"丢失"的现象，因此，我们必须采取

---

① ACK：（acknowledge character，确认字符）在数据通信传送中，接收站给发送站的一种传送控制字符。它表示确认发来的数据已经接受无误。

有效的技术与措施来防止这种丢失帧的情况发生。

最常见的方法是引入流量控制来限制发送方发出的数据流量，使其发送速率不超过接收方处理的速率。这种限制流量需要某种反馈机制，使发送方了解接收方的处理速度是否能够跟上发送方发送帧的速度。

3.1.4　数据交换技术

现代网络的通信是一种分组交换技术的通信，主要有两种，即电路交换技术和存储转发技术。

1．电路交换技术

电路交换又称线路交换，是一种直接交换技术，包括空分线路交换、时分线路交换。电路交换技术在多个输入线和多个输出线之间直接形成传送信息的物理链路。

① 空分交换。空分交换是一种早期的电话交换技术，电话交换机上由若干条横向排列的线缆和若干条纵向排列的线缆交叉组成，每一条横线和每一条纵线之间都有一个连接开关，要想两个用户通信，就用这两个用户所对应的开关进行连接。

② 时分交换。时分交换是时分复用技术在数据交换中的利用。在时分交换中，每隔一定的时间（如 1ms）自动接通某两用户。如第 1ms 接通 A 用户和 F 用户，第 2ms 接通 A 用户和 G 用户，第 3ms 接通 A 用户和 H 用户，第 4ms 接通 A 用户和 I 用户，第 5ms 接通 B 用户和 F 用户，第 6ms 接通 B 用户和 G 用户，等等。

值得注意的是，时分交换只适用于数据交换通信，不能作为语音交换通信。

2．存储转发技术

电路交换是一种较早的交换技术，在现代计算机网络通信中，一般采用存储转发技术，很少使用电路交换。

通常，从数据源到目的地要进行多级转发，即要通过多个交换机进行传递，每经过一个交换机或路由器称为一"跳"，每一"跳"都有自己的缓冲区。

存储转发技术的数据交换原理是：每一个交换机中都有一个缓冲区，先将要传递的分组信息存放在该缓冲区中，当线路空闲时由交换机将分组信息传送到下一"跳"的缓冲区中。

存储转发技术包括报文交换、分组交换，其特点是可靠性高，可采用差错控制技术和重发措施，并可使用不同的线路进行重发。

① 报文交换（message switching）。从逻辑意义上讲，一个完整的数据段称为一个报文，一个报文可以是一个数据、一条记录或一个文件，一个报文通常为数千字节，其构成为报头+正文。

报文交换就是以报头加正文的形式进行数据交换，其优点是线路利用率高，而缺点是时延过长。

② 分组交换（packet switching）。又称包交换，是一种特殊的报文传送方式。其基本思想是，将需要在通信网络中传送的信息分割成一块块较小的信息单位，每块信息再加上信息交换时所需要的呼叫控制信号（如分组序号、发送端地址、接收端地址等）和差错控制信号（如奇偶检验位等）。每一个分组信息就是一个"包"，"包交换"的概念即由此而来。

分组信息先存入与发送端主机相连的交换设备的缓冲区中。系统根据分组信息中的目的地址，利用数据传送的路径算法确定分组传送的路径。就这样，分组被一步步地传下去，直到目标计算机接收为止。

在网络通信过程中，分组信息是作为一个独立体进行交换的。在信息传送过程中，分组与分组之间不存在任何联系，各分组信息可以断续地传送，也可经由不同的路径进行传送。分组信息到达目的地后，由接收处理机将它们按原来的顺序装配起来。

3．ATM 交换技术

就目前而言，通信网上的传送方式可分为同步传送方式（STM）和异步传送方式（ATM）两种。如 ISDN（综合服务数字网）用户线路上的 2B＋D 方式，以及数字电话网中的数字复用等均属于同步传送方式，其特点是在由 n 路原始信号复合成的时分复用信号中，各路原始信号都是按一定时间间隔周期性出现，所以只要根据时间就可以确定现在是哪一路的原始信号。而异步传送方式的各路原始信号是不按时间间隔周期性地出现的，因而需要另外附加一个标志来表明某一段信息属于哪一段原始信号。例如采用在信元前附加信头的标志就是异步传送方式。

异步传送模式 ATM 是一种面向连接的高速交换和多路复用技术，它综合了分组交换和线路交换的优点。ATM 是专用于宽带 ISDN 的通信标准，对局域网和广域网来说都是一种高效的连网方案。ATM 使用一对高速的专用交换器，通过光纤直接连接到计算机上（一个交换器用于发送，一个交换器用于接收）。ATM 支持在一个网路上同时传送声音、数据、视频，其速率在 155.52Mbit/s 的数量级上。

在异步传送过程中，每个信息字符（或信息字、信息块）都具有自己的开始标志和结束标志，字符中的各个位是同步的，但字符与字符之间的间隔是不定长的。

在同步传送过程中，每个比特信号出现的时间与固定的时间有关，发送设备和接收设备都以同一个频率连续地工作，而且保持一定的位相关系，即时间同步关系。

3.1.5　主要术语

确保自己理解以下术语：

ATM 交换技术	路由器	同步传送
存储转发技术	模拟通信系统	网络路由选择
电路交换技术	数据传送方式	网络通信技术
动态路由策略	数据交换技术	信息交换代码
静态路由策略	数字通信系统	异步传送
流量控制	通信	拥塞控制
路由管理	通信系统	

3.1.6　实训与思考：网络通信管理与测试

1．实训目的

① 学习和熟悉网络通信管理的相关概念和知识。

② 通过因特网搜索与浏览，了解网络环境中主流的网络通信测试技术网站，尝试通过专业网站的辅助与支持来学习和开展网络通信管理应用实践。

2．工具/准备工作

在开始本实训之前，请回顾教科书的相关内容。

需要准备一台带有浏览器，能够访问因特网的计算机。

3．实训内容与步骤

（1）概念理解

① 数据通信系统由哪几个部分组成？

答：＿＿＿＿＿＿＿＿＿＿＿＿＿＿＿＿＿＿＿＿＿＿＿＿＿＿＿＿＿＿＿＿＿

＿＿＿＿＿＿＿＿＿＿＿＿＿＿＿＿＿＿＿＿＿＿＿＿＿＿＿＿＿＿＿＿＿＿＿＿

＿＿＿＿＿＿＿＿＿＿＿＿＿＿＿＿＿＿＿＿＿＿＿＿＿＿＿＿＿＿＿＿＿＿＿＿

② 网络通信分为数字信号通信和模拟信号通信两种，各有什么用途？

答：＿＿＿＿＿＿＿＿＿＿＿＿＿＿＿＿＿＿＿＿＿＿＿＿＿＿＿＿＿＿＿＿＿

＿＿＿＿＿＿＿＿＿＿＿＿＿＿＿＿＿＿＿＿＿＿＿＿＿＿＿＿＿＿＿＿＿＿＿＿

＿＿＿＿＿＿＿＿＿＿＿＿＿＿＿＿＿＿＿＿＿＿＿＿＿＿＿＿＿＿＿＿＿＿＿＿

③ 什么是同步传送？什么是异步传送？二者有什么区别？

答：＿＿＿＿＿＿＿＿＿＿＿＿＿＿＿＿＿＿＿＿＿＿＿＿＿＿＿＿＿＿＿＿＿

＿＿＿＿＿＿＿＿＿＿＿＿＿＿＿＿＿＿＿＿＿＿＿＿＿＿＿＿＿＿＿＿＿＿＿＿

＿＿＿＿＿＿＿＿＿＿＿＿＿＿＿＿＿＿＿＿＿＿＿＿＿＿＿＿＿＿＿＿＿＿＿＿

④ 数据的通信过程通常包括哪几个阶段？

答：＿＿＿＿＿＿＿＿＿＿＿＿＿＿＿＿＿＿＿＿＿＿＿＿＿＿＿＿＿＿＿＿＿

＿＿＿＿＿＿＿＿＿＿＿＿＿＿＿＿＿＿＿＿＿＿＿＿＿＿＿＿＿＿＿＿＿＿＿＿

＿＿＿＿＿＿＿＿＿＿＿＿＿＿＿＿＿＿＿＿＿＿＿＿＿＿＿＿＿＿＿＿＿＿＿＿

⑤ 网络通信方式有哪几种？

答：＿＿＿＿＿＿＿＿＿＿＿＿＿＿＿＿＿＿＿＿＿＿＿＿＿＿＿＿＿＿＿＿＿

＿＿＿＿＿＿＿＿＿＿＿＿＿＿＿＿＿＿＿＿＿＿＿＿＿＿＿＿＿＿＿＿＿＿＿＿

＿＿＿＿＿＿＿＿＿＿＿＿＿＿＿＿＿＿＿＿＿＿＿＿＿＿＿＿＿＿＿＿＿＿＿＿

⑥ 路由策略有哪几种？

答：＿＿＿＿＿＿＿＿＿＿＿＿＿＿＿＿＿＿＿＿＿＿＿＿＿＿＿＿＿＿＿＿＿

＿＿＿＿＿＿＿＿＿＿＿＿＿＿＿＿＿＿＿＿＿＿＿＿＿＿＿＿＿＿＿＿＿＿＿＿

＿＿＿＿＿＿＿＿＿＿＿＿＿＿＿＿＿＿＿＿＿＿＿＿＿＿＿＿＿＿＿＿＿＿＿＿

⑦ 在现代网络中，数据交换技术有哪两种？

答：＿＿＿＿＿＿＿＿＿＿＿＿＿＿＿＿＿＿＿＿＿＿＿＿＿＿＿＿＿＿＿＿＿

＿＿＿＿＿＿＿＿＿＿＿＿＿＿＿＿＿＿＿＿＿＿＿＿＿＿＿＿＿＿＿＿＿＿＿＿

＿＿＿＿＿＿＿＿＿＿＿＿＿＿＿＿＿＿＿＿＿＿＿＿＿＿＿＿＿＿＿＿＿＿＿＿

（2）上网搜索和浏览

看看哪些网站在做着网络测试的技术支持工作？在本次搜索中，建议使用的关键词是：网络测试、网络测试技术、网络测试软件。请在表 3-1 中记录搜索结果。

提示：

一些网络测试技术专业网站的例子包括：

http://www.anheng.com.cn/（安恒公司——网络健康专家）

http://www.enet.com.cn/（硅谷动力——中国 IT 信息与商务门户）

http://www.fluke.com.cn/（美国福禄克（中国）公司）

表 3-1　网络测试技术专业网站实训记录

网站名称	网　　址	主要内容描述

请记录：在本实训中你感觉比较重要的两个网络测试技术专业网站是：

① 网站名称：_____

② 网站名称：_____

（3）关于 ping 命令

ping 命令是 Windows 操作系统中集成的一个专门用于 TCP/IP 协议的探测工具。只要是应用 TCP/IP 协议的局域或广域网络，当客户端与客户端之间无法正常进行访问或者网络工作出现各种不稳定的情况时，都可以先试用 ping 命令来确认并排除问题。ping 命令从测试端向接收端发送一个或几个数据包，接收端收到该数据包后，及时将包传回，以此来确认网络延迟。

利用 ping 命令对网络的连通性进行测试，一般有 5 个步骤：

① 使用 ipconfig /all 观察本地网络设置是否正确；

② ping 127.0.0.1，127.0.0.1 为回送地址，ping 回送地址是为了检查本地的 TCP/IP 协议有没有设置好；

③ ping 本机 IP 地址，这样是为了检查本机的 IP 地址是否设置有误、网卡是否正常工作；

④ ping 本网网关或本网 IP 地址，这样是为了检查硬件设备是否有问题，也可以检查本机与本地网络连接是否正常；（在非局域网中这一步骤可以忽略）

⑤ ping 远程 IP 地址，这主要是检查本网或本机与外部的连接是否正常。

（4）用 ping 命令进行网络延迟测试

网络延迟是指信息从网络的发送端到接收端所耗费的时间。常用的网络延迟测试技术中，最简单的就是用 ping 命令对网络延迟进行动态测试，其他技术还有利用 FLUKE 设备对网络连接线缆进行静态测试等。

请按以下步骤执行操作：

步骤 1：了解 ping 命令的语法格式。

ping 命令的语法格式是：

　　ping 目的地址 [参数 1] [参数 2] …

其中，目的地址是指被测试计算机的 IP 地址或域名。主要参数有：

－a：解析主机地址。

－n　数据：发出的测试包的个数，默认值为 4。

－l　数值：所发送缓冲区的大小。

－t：继续执行 ping 命令，直到用户按【Ctrl+C】组合键终止。

有关 ping 的其他参数，可通过在"命令提示符"窗口中运行 ping 或 ping-? 命令来查看。
ping 命令虽然简单，但实际运用起来却是作用非凡。

用 ping 命令检查网络服务器和任意一台客户端上 TCP/IP 协议的工作情况时，只要在网络中
其他任何一台计算机上 ping 该计算机的 IP 地址即可。

步骤 2：方法一　在"开始"菜单中选择"运行"命令，接着在对话框中键入以下内容。

```
ping 211.90.238.141 -t
```

（与浙江大学城市学院网站 www.zucc.edu.cn 的 IP 地址进行检查和延迟测试）

也可以是：

```
ping www.zucc.edu.cn -t
```

如果该网站的 TCP/IP 协议工作正常，就会以 DOS 屏幕方式显示相关信息。

请分析：这里，ping 命令为什么要加上"－t"参数？

_____

_____

步骤 3：方法二　在 Windows 的"开始"|"所有程序"|"附件"菜单中选择"命令提示符"
命令，打开"命令提示符"窗口。

在"命令提示符"窗口中输入命令：

```
C\> ping 211.90.238.141
```

并按【Enter】键，屏幕显示 TCP/IP 协议工作情况和延迟测试结果如图 3-4 所示。图中，times
＝××ms 就是网络延迟时间。

以上返回了 4 个测试数据包，其中：bytes=32 表示测试中发送的数据包大小是 32 个字节，
time=28ms 表示与对方主机往返一次所用的时间为 28 毫秒，TTL=48 表示当前测试使用的 TTL
（time to live）值为 48（系统默认值）。

步骤 4：在你的实训终端上执行 ping 命令，并记录你的实训操作结果。

① 你尝试进行 ping 命令进行延迟测试的网站是：_____

该网站的 IP 地址是：_____

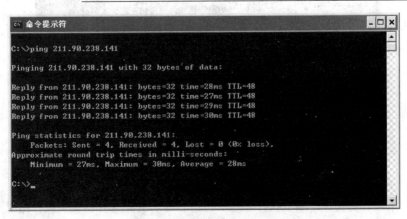

图 3-4　ping 命令测试结果

② ping 命令操作是否成功？　　　□ 成功　　　□ 不成功

如果没有成功，你分析认为其原因是什么？

_____

如果成功，延迟测试的结果是：

数据包：发送（Packets）：_____；　　接收（Received）：_____；

丢失（Lost）：_____（丢失率：_____%）。

延　迟：最小（Minimum）：_____ms；　　最大（Maximum）：_____ms；

平均（Average）：_____ms。

（5）用 ipconfig/winipcfg 命令检查 TCP/IP 配置

与 ping 命令有所区别，利用 ipconfig 和 winipcfg 命令可以查看和修改网络中 TCP/IP 协议的有关配置，如 IP 地址、网关、子网掩码等。这两个命令功能基本相同，只是 ipconfig 以 DOS 字符形式显示，而 winipcfg 则用图形界面显示。但是，在 Windows XP 下只有运行于 DOS 方式的 ipconfig 工具。

步骤 1：了解 ipconfig 命令的语法格式。

ipconfig 可运行在 Windows 的 DOS 提示符下，其命令格式为：

　　ipconfig[/参数 1][/参数 2]...

其中，all 参数显示了与 TCP/IP 协议相关的所有细节，包括主机名、结点类型、是否启用 IP 路由、网卡的物理地址、默认网关等。其他参数可在"命令提示符"窗口中键入"ipconfig /?"命令来查看。

步骤 2：ipconfig 是一款网络侦察的利器，尤其当用户网络中设置的是 DHCP（动态 IP 地址配置协议）时，利用 ipconfig 可以很方便地了解 IP 地址的实际配置情况。例如，在某客户端上运行"ipconfig /all"命令，屏幕显示该机器 TCP/IP 协议配置情况如图 3-5 所示。

图 3-5　ipconfig 命令检查结果

步骤 3：请在你的实训终端上执行 ipconfig /all 命令，并记录你的实训操作结果。

Windows IP Configuration（Windows IP 配置）

Host Name（主机名）…………………………………… ：_____

Primary Dns Suffix（主 DNS 后缀）………………… ：（略）

Node Type（结点类型）………………………………… ：_____

IP Routing Enabled（IP 路由激活）………………….. ：_____

WINS Proxy Enabled（WINS 域名解析代理激活）…… ：_____

Ethernet adapter（以太网适配器）_____ <网络名称> ：

Connection-specific DNS Suffix（连接特性 DNS 后缀）……… ：（略）

Description（说明）……… ：_____

Physical Address（物理地址）……… ：_____

Dhcp Enabled（DHCP 激活）……… ：_____

IP Address（IP 地址）………………… ：_____

Subnet Mask（子网掩码）………… ：_____

Default Gateway（默认网关）……… ：_____

DNS Servers（DNS 服务器）……… ：_____

：_____

（6）用 netstat 命令显示 TCP/IP 统计信息

netstat 命令也是运行于 Windows "命令提示符" 窗口的工具，利用该工具可以显示较为详尽的统计信息和当前 TCP/IP 网络连接的情况。当网络中没有安装其他特殊的网管软件，但要详细了解网络的整个使用状况时，就可以使用 netstat 命令。

步骤 1：了解 netstat 命令的语法格式。

Netstat [-参数 1][-参数 2]…

其中，主要参数有：

a：显示所有与该主机建立连接的端口信息。

e：显示以太网的统计信息。该参数一般与 s 参数共同使用。

n：以数字格式显示地址和端口信息。

s：显示每个协议的统计情况。这些协议主要有 TCP（transfer control protocol，传输控制协议）、UDP（user datagram protocol，用户数据报协议）、ICMP（internet control messages protocol，网间控制报文协议）和 IP（internet protocol，网际协议），其中前三种协议平时很少用到，但在进行网络性能评析时却非常有用。其他参数可在 "命令提示符" 窗口中键入 "netstat –?" 命令来查看。

另外，在 Windows 环境下还集成了一个名为 Nbtstat 的工具，此工具的功能与 netstat 命令功能基本相同，如需要，用户可通过键入 "nbtstat –?" 来查看其主要参数和使用方法。

步骤 2：如果用户想要统计当前局域网中的详细信息，可通过键入 "netstat –e –s" 来查看。为此，在某客户端的 "命令提示符" 窗口中运行 "netstat –es" 命令，屏幕显示该机器的 TCP/IP 统计信息如图 3-6 所示。

步骤 3：请在你的实训机器上执行 netstat –es 命令，并将你的实训操作结果与图 3-6 进行对照，基本一致吗？如果有不同，你理解其中的具体意义吗？

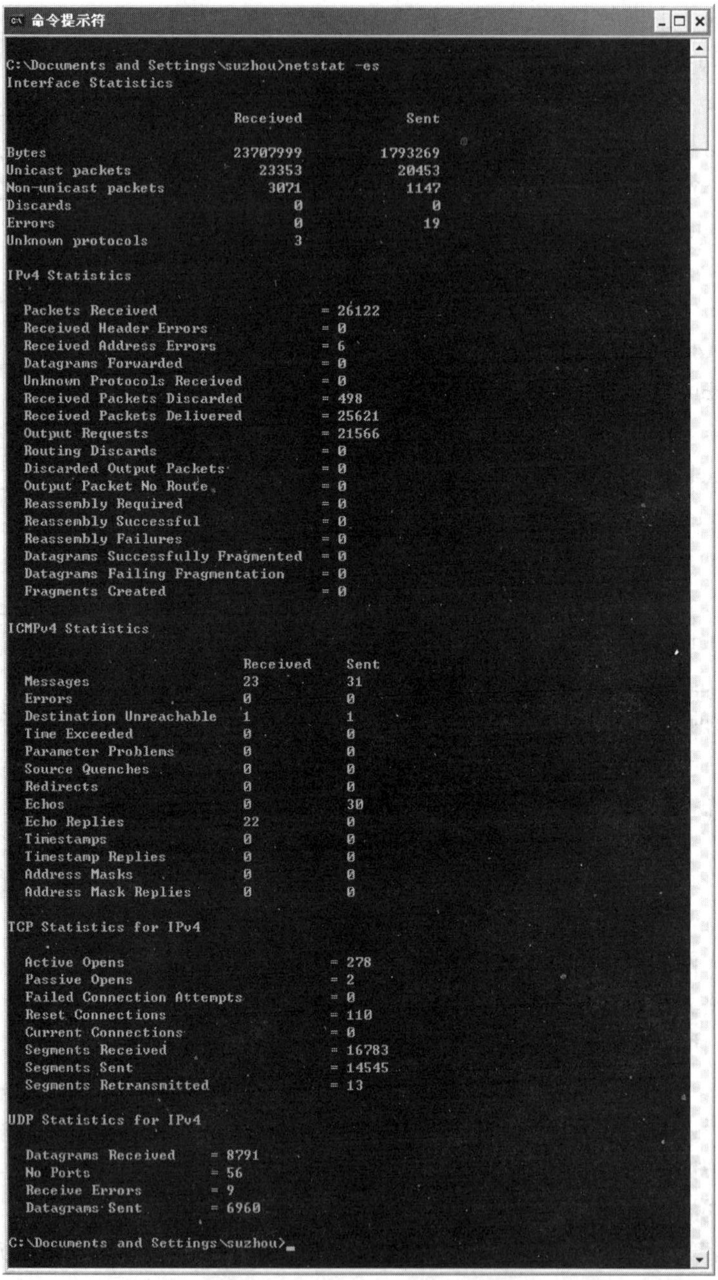

图 3-6 netstat 命令检查结果

4. 实训总结

_____

_____

_____

_____

_____

5．实训评价（教师）

3.1.7　阅读与思考：福禄克（FLUKE）公司

福禄克（FLUKE）公司是世界电子测试工具生产、分销和服务的领军者，成立于 1948 年，是世界 500 强企业丹纳赫集团的全资子公司。福禄克是一个跨国公司，总部设在美国华盛顿州的埃弗里德市，工厂分别设在美国、英国、荷兰和中国。销售和服务分公司遍布欧洲、北美、南美、亚洲和澳大利亚。福禄克公司已授权的分销商遍布世界 100 多个国家，雇员约 2400 人。

多年来，福禄克创造和发展了一个特定的技术市场，为各个工业领域提供了优质的测试和检测故障的产品，并把该市场提升到重要地位。从工业控制系统的安装调试到过程仪表的检验维护，从实验室精密测量到计算机网络的故障诊断，福禄克的产品帮助各行各业的业务高效运转和不断发展。无论是技术人员、工程师还是科研、教学人员和计算机网络维护人员，他们通过使用福禄克的产品，扩展个人能力并出色地完成工作。福禄克品牌在便携、坚固、安全、易用和严谨的质量标准方面得到高度的美誉。

福禄克公司在中国改革开放的初期 1978 年就进入中国，目前在北京、上海、广州、成都、西安都设有办事处，在更多的地区设有联络处。

福禄克公司的产品类型广泛，包括工业测试仪器、精密测试仪器、网络测试仪器、医疗测试仪器以及温度测试仪器等。伴随着中国经济的飞速发展，福禄克公司将秉承一贯创新的传统，不断发展新技术，不断开发新产品。以更加优质可靠的产品和及时周到的服务来满足广大中国用户的需求。

请分析：登录福禄克（中国）公司网站：http://www.fluke.com.cn/，更多了解该公司及其网络测试设备产品。并请简单记录你对该公司的印象。

3.2　差错控制与网络测试

所谓差错就是在数据通信中，接收端接收到的数据与发送端发出的数据出现不一致的现象。差错包括：

① 数据传送过程中有位丢失。

② 发出的位值为"0"而接收到的位值为"1"或发出的位值为"1"而接收到的位值为"0"，即发出的位值与接收到的位值不一致。

3.2.1　差错控制管理

关于差错控制的一些基本概念有以下几个：

（1）热噪声

热噪声是指影响数据在通信介质中正常传送的各种干扰因素。在网络通信中要尽量避免噪声或减少噪声对信号的影响。

数据通信中的热噪声主要包括：

① 在数据通信中，信号在物理信道上因线路本身电气特性随机产生的信号幅度、频率、相位的畸形和衰减。

② 电气信号在线路上产生反射造成的回音效应。

③ 相邻线路之间的串线干扰。

④ 大气中的闪电、电源开关的跳火、自然界磁场的变化以及电源的波动等外界因素。

热噪声分为两大类，随机热噪声和冲击热噪声。随机热噪声是通信信道上固有的，持续存在的热噪声，这种热噪声具有不固定性，所以称为随机热噪声。冲击热噪声是由外界某种原因突发产生的热噪声。

（2）差错的产生

数据传送中所产生的差错一般都是由热噪声引起的。由于热噪声会造成传送中的数据信失真，产生差错，所以在传送中要尽量减少热噪声。

（3）差错控制

差错控制是指在数据通信过程中，发现差错、检测差错，对差错进行纠正，从而把差错尽可能地限制在数据传送所允许的误差范围内所采用的技术和方法。

差错控制方法主要有：自动请求重发、向前纠错和反馈校验法。

① 自动请求重发 ARRS（automatic repeat request system），又称检错重发，它是利用编码的方法在数据接收端检测差错。当检测出差错后，设法通知发送数据端重新发送出错的交据，直到无差错为止。ARRS 的特点是：只能检测出有无误码，但不能确定出误码的准确位置。应用 ARRS 需要系统具备双向信道。

② 向前纠错 FEC（forward error correct），是利用编码方法，在接收端不仅能对接收的数据进行检测，而且当检测出错误码后能自动进行纠正。FEC 的特点是：接收端能够准确地确定错误码的位置，从而可自动进行纠错。应用 FEC 不需要反向信道，不存在重发延时问题，所以实时性强，但纠错设备比较复杂。

③ 反馈校验法 FVM（feedback verify method），是接收端将收到的信息码原封不动地发回发送端，再由发送端用反馈回来的信息码与原发信息码进行比较，如果发现错误，发送端进行重发。反馈校验的特点是：方法、原理和设备都比较简单，但需要系统提供双向信道，因为每一个信息码都至少传送两次，所以传送效率低。

（4）差错控制编码

这是差错控制的核心，其基本思想是通过对信息序列实施自种变换，使原来彼此独立、没有相关性的信息码元序列，经过变换产生某种相关性，接收方据此相关性来检查和纠正传送序列中的差错。不同的变换方法构成不同的差错控制编码。

用以实现差错控制的编码分为检错码和纠错码两种。检错码是能够自动发现错误但不能自动纠错的传送编码；纠错码是既能发现错误，又能自动纠正传送错误的编码。

① 检错编码方法。差错检测方法很多，如奇偶检验检测、水平垂直奇偶检验检测、定比检测、正反检测、循环冗余检测及海明检测等，这些方法分别采用了不同的差错控制编码技术。

② 自动纠错技术。自动纠错就是在信息接收端能自动检测错误，并能进行错误编码的定位，从而能自动进行纠错。纠错很简单，将错误码求反即可，关键是如何定位错误码的位置。

3.2.2　网络通信测试技术

随着因特网技术和网络业务的飞速发展，用户对网络资源的需求空前增长，网络也变得越来越复杂。不断增加的网络用户和网络应用导致网络负担沉重，网络设备超负荷运转，从而引起网络性能下降等各种故障。这就需要对网络各项指标进行提取与分析，对网络整体结构进行改进。因此，网络通信测试技术应运而生。发现网络瓶颈，优化网络配置，并进一步发现网络中可能存在的潜在危险，从而更加有效地进行网络性能管理，提供网络服务质量的验证和控制，对网络服务提供商的服务质量指标进行量化、比较和验证，是网络测试的主要目的。

网络测试主要包括线缆测试、网络测试等部分，如布线测试、线缆传送测试、光缆测试、组网测试、链路层测试、以太网链路流量分析、IP 测试、VLAN 测试、交换机端口流量测试和长期流量测试等。

3.2.3　主要术语

确保自己理解以下术语：

差错	检错编码方法	向前纠错
差错控制	网络测试	自动纠错技术
差错控制方法	网络通信测试技术	自动请求重发
反馈校验法	线缆测试	

3.2.4　实训与思考：网络测试设备

1．实训目的

① 进一步学习和熟悉网络通信管理的相关概念和知识。

② 学习使用 IAT 网络测试工具，了解网络测试软件工具。

③ 了解网络测试设备及其应用。

2．工具/准备工作

在开始本实训之前，请回顾教科书的相关内容。

需要准备一台带有浏览器，能够访问因特网的计算机。

3．实训内容与步骤

（1）概念理解

① 在数据通信中，差错是如何产生的？

答：_____

_____

_____

② 网络通信测试技术主要包括哪些内容？

答：_____

_____

（2）了解网络测试设备

网络测试设备涵盖了从用于现场一线维护工程师的手持式网络测试仪到复杂的分布式网络综合测试仪，从网络故障诊断到网络性能分析、覆盖网络七层的测试到网络系统的管理等各个层面，为使用者提供了非常有价值的帮助，是维护和管理网络所必需的手段。

网络测试设备包括布线测试产品、网络测试产品、无线网管理测试产品、广域网测试产品、专业网络维护工具和工业测量仪器等方面。请利用网络搜索引擎，通过"网络测试设备"等关键字，浏览丰富的网络测试设备信息。

请记录：你找到的部分相关产品信息。

① 布线测试产品：_____

_____

② 网络测试产品：_____

_____

③ 无线网管理测试产品：_____

④ 广域网测试产品：_____

⑤ 专业网络维护工具：_____

⑥ 工业测量仪器：_____

本次浏览的体会：_____

_____

（3）学习使用 IAT 网络测试工具软件

除了功能强大、产品丰富的网络测试硬件设备之外，网络测试工具软件也是网络管理员所十分关注的内容。目前常见的测试工具有 Netscantools、NetMedic、CyberKit、Internet Anywhere Toolkit 等。

下面，我们来学习 IAT（Internet Anywhere Toolkit）测试工具，由此加深对网络测试软件工具的认识。IAT 软件不大，但易于操作且功能丰富，内含 20 种测试工具，能进行各种有用又有趣的测试。

① IAT 软件的下载和安装。可以在因特网上很容易地下载到 IAT 的汉化版软件（例如 Internet Anywhere Toolkit 汉化版 3.2），这是一个共享软件。

请记录：你下载的 IAT 软件的版本是_____

IAT 的安装很简单：首先新建一个文件夹，在其中双击下载的压缩包（例如 Toolkit32.zip）进行解压缩，然后双击 Toolkit.exe 程序文件，第一次启动该程序，按照安装提示操作就可完成安装。一些汉化软件提供了长期使用该软件所需要的注册码；否则，可安全试用该软件 30 天。

② IAT 软件的启动与界面。双击 Toolkit.exe 程序文件，即可启动 IAT 软件，以其汉化版 3.2 为例，其友好的操作界面如图 3-7 所示。

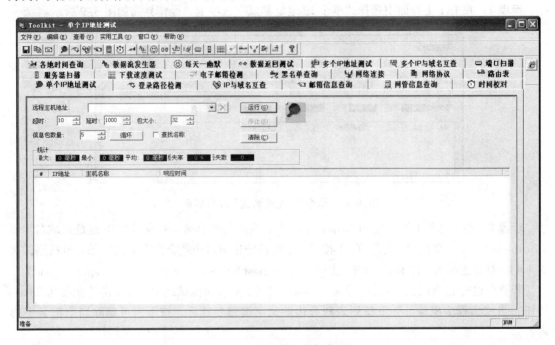

图 3-7　IAT 软件的主操作界面

窗口上部是"文件"、"编辑"、"查看"、"实用工具"等菜单，接着是 20 个选项卡（标签），每个选项卡对应一种测试工具。软件界面的中部是工具对话框，最下面是输出窗口。当要用某一种工具时，可选择其选项卡，就进入对应的工具对话框。对话框内包含着当前工具的内容与选项，可以在其文本框内进行选择和操作，操作结果会显示在输出窗口中。

选择"查看"｜"工具栏"命令，这 20 个工具还可以以快捷按钮的形式出现（见图 3-8），按下某工具的快捷按钮可打开该工具的操作界面。

图 3-8　20 个测试工具的快捷按钮

在工具栏上靠左的另外 3 个按钮分别为：

a．另存为（Save As）：将当前工具的测试结果保存为一个 txt（文本）文件。

b．复制（Copy）：选择将测试结果的某一部分复制到剪贴板中。

c．传送邮件（Send Mail）：调用电脑中默认的 E-mail 程序把测试结果发给别人。

该软件的 6 个菜单都非常简洁，"实用工具"（Utility Tools）菜单中的"定制"（Customize）命令还可以让用户在 IAT 工具栏中添加外部的测试工具。

③ 单个 IP 地址测试（ping）。ping 是一个常用而历史"悠久"的网络测试工具，它可以检测网络远端主机存在与否以及网络是否正常。其原理是通过向远端主机传送一个小数据包，经对方反馈后接收它，根据响应时间和数据丢失率，判断与对方的连接成功与否，连接效果、速

度如何。可以用这个功能来测试与 ISP 的连接质量，或者从用户的计算机登录某个网站会不会顺利等。

步骤 1：在 IAT 主界面中选择"单个 IP 地址测试"选项卡，操作界面如图 3-9 所示。

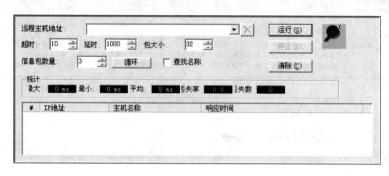

图 3-9 "单个 IP 地址测试"操作界面

步骤 2：在"远程主机地址"（Remote Host）下拉列表框中输入要检测的 IP 地址或域名（如 www.zucc.edu.cn），单击"运行"（Go）按钮，下面的输出窗口中就会出现测试结果，包括测试次数（#）、对方主机的"IP 地址"和"主机名称"（Host Name）、"响应时间"（Response Time）。

若要中途停止测试，可单击"停止"（Stop）按钮；要清除测试结果，可单击"清除"（Clear）按钮；当"远程主机地址"下拉列表框旁边的叉字按钮变红后，按下它可删除当前框条中的内容。

另外，对话框中还有一些自行改动、自行设置的项目，它们各自的含义如下：

- 超时（Timeout）——超时上限。即等待某远端主机响应的时间，单位"秒"，默认设置为 10 秒，如果在这个时间内该远端主机没有响应，就判定为超时，在输出窗口中会显示"NO REPLY"。

- 延时（Delay）——即从前一次 ping 结束到下一次 ping 开始之间的时间间隔，单位"毫秒"，默认设置为 1000 毫秒。注意，如要改变默认设定，Timeout 的值应该小于 Delay 的值，以免把延迟误判为超时。

- 包大小（Packet）——指发送的测试数据包的大小，单位"字节"。默认 32 字节。

- 信息包数量（Number of）——ping 的次数。默认设置 5 次。

- 循环（Endless）——持续。按下该按钮后，将不停地连续测试。

- 查找名称（Name Lookup）——查看域名。选中后，可以显示 IP 地址对应的域名。

下面三项反映网络的连接速度。数值越小，表示网络速度越快。

- 最大（Max）——最长时间。数据包到达远端主机再返回全程所用的最长时间，单位为"毫秒"。

- 最小（Min）——最短时间。数据包到达远端主机再返回全程所用的最短时间，单位为"毫秒"。

- 平均（Avg）——所有数据包（丢失的除外）到达远端主机后返回全程所用时间的平均值，单位为"毫秒"。

下面两项反映网络的连接质量。数值越小，表示连接质量越好，数据在传送中损失越少。

- 丢失率（Loss）——即丢失数据包与发送数据包之比。

● 丢失数（Lost）——发送出去后，未返回的数据包的数量。

上述各项，有的还会在另外的工具对话框中出现，意义是相同的。

步骤 3：对网址 www.zucc.edu.cn 进行测试，测试次数设为 3 次。测试结果大致如图 3-10 所示。

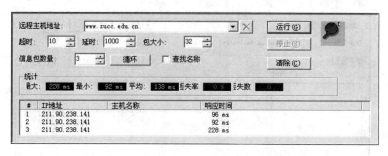

图 3-10　对 www.zucc.edu.cn 进行 ping 测试

④ 登录路径检测（Trace Route）。这个工具用于检测用户的电脑连接到远端主机所经过的路径。在网速较快的时候，可能立即登录到一个网站浏览上面的内容，但是在多数情况下，这并不是直接连接，也就是说，用户所看到的这些内容是经过网上的其他一些主机传到自己计算机上的。

步骤 1：在 IAT 主界面中选择"登录路径检测"选项卡，操作界面如图 3-11 所示。

"登录路径检测"能够测出沿途这些主机的名称和 IP 地址。具体操作方法和输出结果与 ping 比较相似，输出窗口会列出到达"远程主机地址"中指定站点所经过的各结点（服务器）。

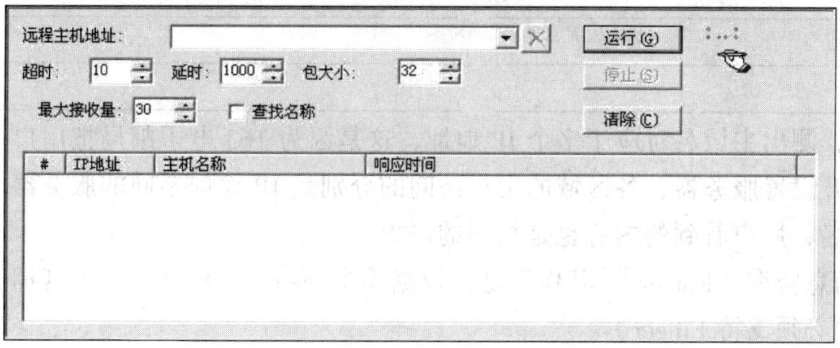

图 3-11　"登录路径检测"操作界面

另外，"登录路径检测"中有个新的选项"最大接收量"（Maximum），它表示窗口显示的结点数的上限值，这个值不能设太小，例如，如果设为 10，但是连接到某站点沿途需经过 15 台主机，就不能全部显示。当然，经过的主机越少越好。

步骤 2：设定"最大接收量"为 30，请针对如下远程主机地址进行测试并记录。

a. www.zucc.edu.cn　途径主机个数为：＿＿＿＿＿＿，响应时间：＿＿＿＿ ms。

b. www.sohu.com　途径主机个数为：＿＿＿＿＿＿，响应时间：＿＿＿＿ ms。

c. www.qq.com　途径主机个数为：＿＿＿＿＿，响应时间：＿＿＿＿ ms。

⑤ IP 与域名互查（NS Lookup）。这个工具主要用于域名和 IP 地址的互换。

步骤 1：在 IAT 主界面中选择"IP 与域名互查"选项卡，操作界面如图 3-12 所示。

步骤 2：使用方法与 ping 相似。输入一个已知 IP 地址，输出窗口就会给出对应的域名。但请注意"搜索类型"（Type of Search）应与所使用的域名服务器的对应，默认情况下，搜索类型

（Type of Search）为"Use Winsock GetHostByX Function"，意思是 IAT 会访问计算机默认的域名服务器来进行域名与 IP 地址的互换。如果要使用其他域名服务器，可以选择下拉列表中的其他搜索类型，然后在"服务器名称"（Name Server）后输入域名服务器的域名或 IP 地址。

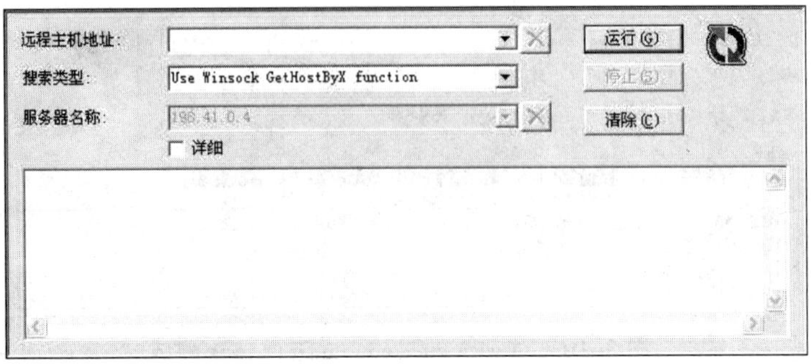

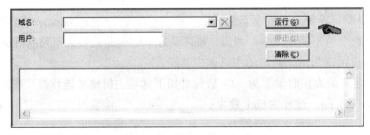

图 3-12 "IP 与域名互查"操作界面

"IP 与域名互查"界面中有一个新的选项"详细"（Verbose），选中它可以看到更详细的检测结果。在输出窗口会有下面一些显示，即：正式的域名（官方名称）Official Name、别名 Alias（s）、IP 地址 Address（es）。对于任意的一个正式域名，后两项可能有好几个。

步骤 3：请对"163 电子邮局"（www.163.com）进行测试并记录。

官方名称：_____

别名：_____

地址：_____   _____

_____   _____

_____

可以看到，测出主域名对应于多个 IP 地址，这是因为 163 电子邮局把用户按访问区域分成多个部分，分开设置服务器，各区域的用户访问的分别是 IP 地址不同的服务器，只不过它们都使用共同的域名，用户看到的内容也是相同的。

⑥ 邮箱信息查询（Finger）。其作用是：根据某个 E-mail 地址，查询其拥有者的相关信息（该邮件服务器必须支持 Finger）。

步骤 1：在 IAT 主界面中选择"邮箱信息查询"选项卡，操作界面如图 3-13 所示。

图 3-13 "邮箱信息查询"操作界面

步骤 2：在"域名"（Domain）下拉列表框中输入邮箱的域名（即邮箱地址@符号后面的部分），在"用户"文本框中输入邮箱的用户名（即邮箱地址@符号前面的部分），然后单击"运行"（Go）按钮即可。也可以不填"用户"项，直接在"域名"中输入邮箱的全称。

⑦ 时间校对（Time）。其作用是通过因特网校准用户计算机的系统时间。

步骤 1：在 IAT 主界面中选择"时间校对"选项卡，操作界面如图 3-14 所示。

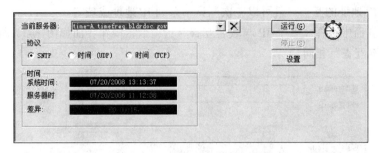

图 3-14　"时间校对"操作界面

步骤 2：从"当前服务器"的下拉列表中选择（或另外输入）一个时间服务器域名，单击"运行"（Go）按钮，IAT 将从该时间服务器上查找出用户所在时区的准确时间，同时显示用户机器的系统时间与准确时间的误差（差异 Difference），单击"设置"（Set）按钮就可校准时间。

步骤 3：请依据上述步骤，对实训所使用的计算机进行"时间校对"测试。

⑧ 各地时间查询（Daytime）。其作用是连接到一个 Daytime 服务器，让用户知道该服务器所在地当前的日期和时间。使用方法同 Time。

在 IAT 主界面中选择"各地时间查询"选项卡，操作界面如图 3-15 所示。

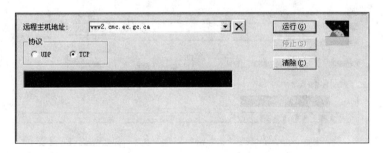

图 3-15　"各地时间查询"操作界面

⑨ 多个 IP 地址测试（Ping Scan）。此功能与 ping 相似，都是检测网络连接状况的，不同的是，该工具可以一次测试多个 IP 地址。

步骤 1：在 IAT 主界面中选择"多个 IP 地址测试"选项卡，操作界面如图 3-16 所示。

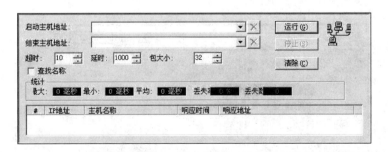

图 3-16　"多个 IP 地址测试"操作界面

步骤 2：在"启动主机地址"和"结束主机地址"栏中输入起始 IP 地址和结束 IP 地址，然后单击"运行"（Go）按钮。

⑩ 多个IP与域名互查（Name Scan）。与"IP与域名互查"相似，"多个IP与域名互换"能够实现域名与IP地址的互查，且可以一次测试一系列IP地址或域名。

在IAT主界面中选择"多个IP与域名互查"选项卡，操作界面如图3-17所示。其使用方法与"IP与域名互查"相同。

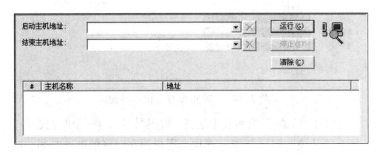

图3-17 "多个IP与域名互换"操作界面

⑪ 端口扫描（Port Scan）。该工具用来测试一些IP地址，看哪些网络服务器有效，将有效端口及通常匹配的服务器显示出来。

在IAT主界面中选择"端口扫描"选项卡，操作界面如图3-18所示。用法与Ping Scan相似。

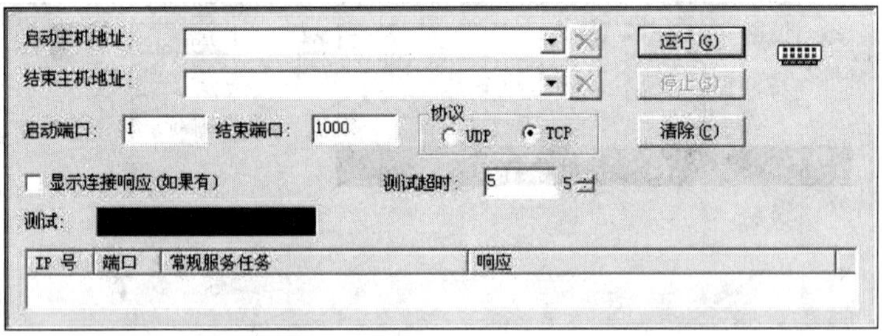

图3-18 "端口扫描"操作界面

⑫ 服务器扫描（Service Scan）。该工具可以测试多个IP地址，并测定一个网络服务器端口对各地址是否有效。它通常用于寻找网页或其他服务器。

在IAT主界面中选择"服务器扫描"选项卡，操作界面如图3-19所示。用法与Ping Scan相似。

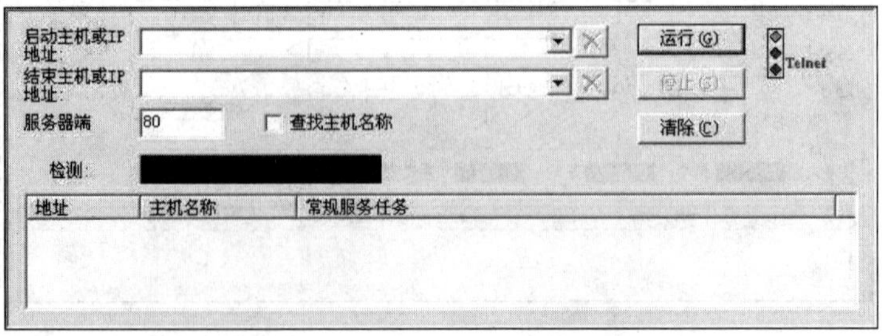

图3-19 "服务器扫描"操作界面

⑬ 下载速度测试（Throughput Test）。其作用是测试某站点的下载速度，并支持http:// 和ftp:// 两种类型的网址。可以用它来测试到哪个站点下载软件速度最快，当然也可以用这个工具测试

用户自己的主页，看看别人访问它时，是否要经过漫长等待。

在 IAT 主界面中选择"下载速度测试"选项卡，操作界面如图 3-20 所示。

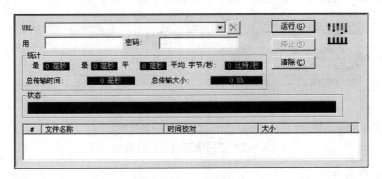

图 3-20　"下载速度测试"操作界面

"下载速度测试"的具体使用方法与 ping 近似，如果用户访问的网址不需要输入用户名与密码，那么"用户名"与"密码"这两项就不需要填写。

⑭ 电子邮箱检测（E-mail Verify）。该工具用于检测某个电子邮件信箱是否存在、可用。该工具可以测知邮件交换服务器的域名，并尝试每一个连接，看它们是否能传送邮件到这个电子信箱，以此判断该信箱是否有效。

在 IAT 主界面中选择"电子邮箱检测"选项卡，操作界面如图 3-21 所示。

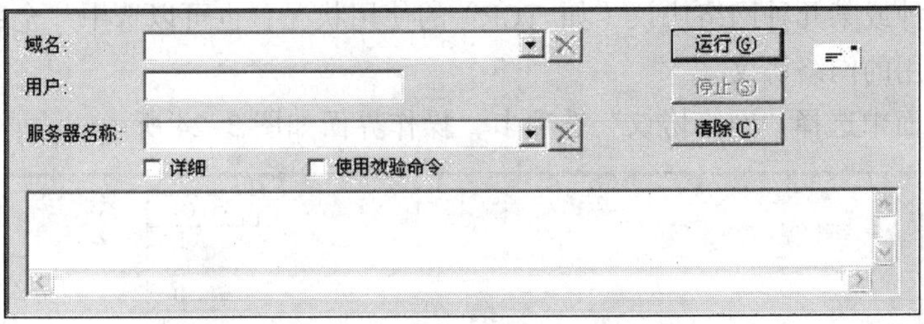

图 3-21　"电子邮箱检测"操作界面

其用法与工具"邮箱信息查询"相似，在"域名"（Domain）栏内输入邮箱地址，单击"运行"（Go）按钮即可。

⑮ 黑名单查询（Spam Block Check）。该工具用来检查用户所输入的域名或 IP 地址是否列在"黑洞"的黑名单上，因为经常会从某些地址发出大量的商业性垃圾邮件，例如广告邮件等，这样各种邮件服务器就会把这些地址列入黑名单，以后想再用这些 IP 地址向外发邮件会很困难。

在 IAT 主界面中选择"黑名单查询"选项卡，操作界面如图 3-22 所示。

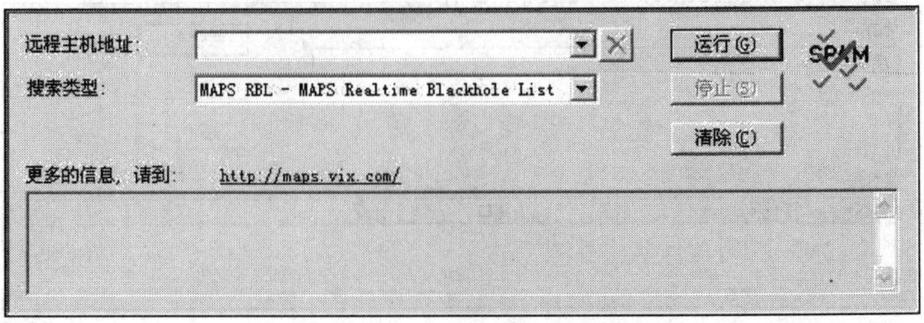

图 3-22　"黑名单查询"操作界面

⑯ 网络连接（Active Connections）。该工具用于显示出用户计算机上当前打开的所有网络连接。在 IAT 主界面中选择"网络连接"选项卡，操作界面如图 3-23 所示。

图 3-23　"网络连接"操作界面

各种显示结果表示：

- 协议（Protocol）——连接所使用的协议名称。
- 本机地址（Local Address）——本地计算机的名称或 IP 地址，以及网络连接正在使用的端口号。如果端口还没有建立，则显示为星号。
- 远程地址（Remote Address）——远程计算机的名称或 IP 地址和端口号。如果端口还没有建立，则显示为星号。
- 当前状态（Current State）——显示 TCP 连接的状态。

⑰ 网络协议（Network Statistics）。可以显示用户的计算机当前使用的各种网络协议状况。可以选择显示一种或某几种网络协议（如 TCP）的使用状况，也可以选中"全部"（ALL）复选框，显示所有使用的网络协议。

在 IAT 主界面中选择"网络协议"选项卡，操作界面如图 3-24 所示。

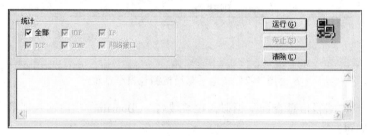

图 3-24　"网络协议"操作界面

⑱ 路由表（Route Table）。"路由表"显示了用户的机器与外部连接的状态和各种设置，如用户 IP 地址、子网掩码（Netmask）、网关（Gateway）等。

在 IAT 主界面中选择"路由表"选项卡，操作界面如图 3-25 所示。

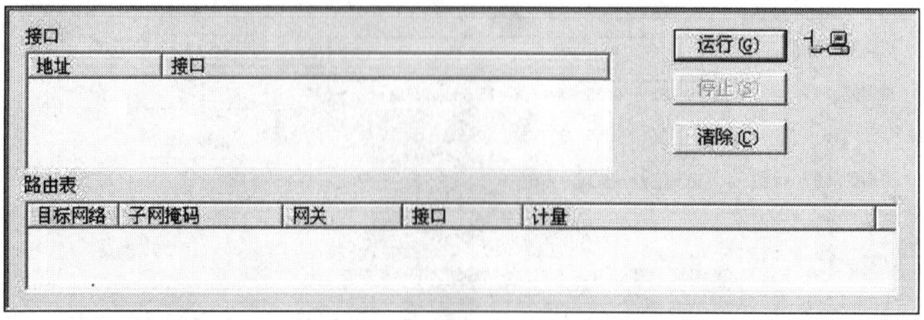

图 3-25　"路由表"操作界面

⑲ 数据返回测试（Echo Plus）。通过发送数据到服务器端口，测试数据的返回情况，主要用于调试。

在 IAT 主界面中选择"数据返回测试"选项卡，操作界面如图 3-26 所示。

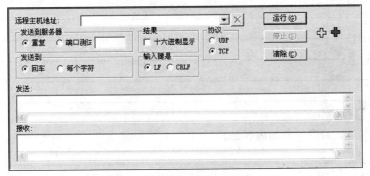

图 3-26 "数据返回测试"操作界面

⑳ 网管信息查询（Whois）。该工具作用是从网上的 Whois 数据库中，查询曾在 Whois 服务器上登记过的用户或站点的联络信息，比如查询对象的名称、E-mail 地址和电话号码等。如果用户想与某个站点的网络管理员联系，但是没有他们的相关信息时，可以试试这个工具。

在 IAT 主界面中选择"网管信息查询"选项卡，操作界面如图 3-27 所示。

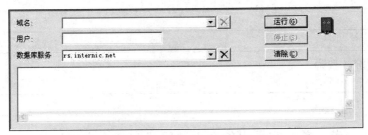

图 3-27 "网管信息查询"操作界面

中国的 Whois 服务器为 whois.cnnic.net.cn。

㉑ 数据流发生器（Character Generator）。它的作用是通过连接到一种特殊的服务器（字符发生器），为网络测试提供持续不断的数据流。

在 IAT 主界面中选择"数据流发生器"选项卡，操作界面如图 3-28 所示。

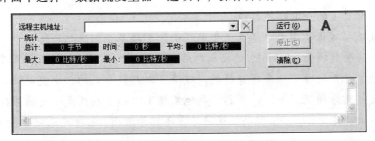

图 3-28 "数据流发生器"操作界面

至此，Internet Anywhere Toolkit 内含的主要网络工具介绍完了。把各种测试工具都试试，会觉得挺有趣的。

请记录：上述实训操作能够顺利完成吗？如果不能，请分析原因。

_____

4．实训总结

_____

_____

_____

_____

5．单元学习评价

① 你认为本单元最有价值的内容是：

_____

_____

② 我需要进一步了解下列问题：

_____

_____

③ 为使学习更有效，你对本单元的教学有何建议？

_____

_____

6．实训评价（教师）

_____

_____

3.2.5 阅读与思考：前黑客提出的个人计算机安全十大建议

"电脑与他的灵魂之间似乎有一条脐带相连。这就是为什么只要在计算机面前，他就会成为巨人的原因。"——美国联邦调查局某特工凯文·米特尼克，1964 年生于美国加州的洛杉矶。13 岁时他对计算机着迷，掌握了丰富的计算机知识和高超的操作技能，但却因为用学校的计算机闯入了其他学校的网络而被勒令离校。15 岁时，米特尼克成功入侵了"北美空中防务指挥系统"的主机，成为黑客史上的一次经典之作。

不久，他又成功破译美国太平洋电话公司在南加利福尼亚州通信网络的"改户密码"。随后，他进入了美国联邦调查局（FBI）的电脑网络，吃惊地发现 FBI 的特工们正在调查的一名电脑黑客竟然是他自己！他立即施展浑身解数，破译了联邦调查局的"中央电脑系统"密码，每天认真查阅"案情进展情况报告"，并恶作剧地将特工们的资料改成十足的罪犯。不过，特工人员最终还是将米特尼克捕获，法院将他送进了少年犯管教所，米特尼克成为世界上第一个"电脑网络少年犯"。

很快，米特尼克就获得假释。1983 年，他因非法通过 ARPA 网进入五角大楼的电脑网络而被判在青年管教所 6 个月。1988 年因为入侵数字设备公司 DEC 再度被捕。1990 年，他连续进入了世界 5 家大公司美国 SUN 微系统公司、Novell 网络公司、NEC 公司、诺基亚公司和摩托罗拉公司的网络，修改计算机中的用户资料，然后逃之夭夭。1994 年 12 月 25 日，米特尼克攻击了美国圣迭戈超级计算机中心，因此获得"地狱黑客"的称号。但是，这次攻击激怒了负责该中心计算机数据安全的著名日籍专家下村勉，为挽回损失和教训米特尼克，这位计算机高手利用自己精湛的安全技术，帮助 FBI 将米特尼克捉拿归案。

联邦法院以 25 宗非法窃取电话密码、盗用他人信用证号码和闯入他人网络的罪名起诉米特尼克，而且未经审判就将米特尼克关押了 4 年半，并且不得保释，这是美国司法史上对一名高智商罪犯所采取的最严厉的措施。

2001 年 1 月，米特尼克在认罪后，获得了监视性释放。

"黑客们变得越来越老练和狡猾，他们会想出各种新的花招，利用技术漏洞和人性的弱点来劫持你的计算机系统。"——凯文·米特尼克

获得自由后的米特尼克，目前投身于计算机安全咨询和写作中。他穿梭于世界各地，告诉人们在一个充满工业间谍和众多比他更年轻的黑客世界里，如何保证自己的信息安全。

他在一次转机的间隙，写下了以下十条经验与大家分享。

（1）备份资料。记住你的系统永远不会是无懈可击的，灾难性的数据损失会发生在你身上——只需一条虫子或一只木马就已足够。

（2）选择很难猜的密码。不要没有脑子地填上几个与你有关的数字，在任何情况下，都要及时修改默认密码。

（3）安装防毒软件，并让它每天更新升级。

（4）及时更新操作系统，时刻留意软件制造商发布的各种补丁，并及时安装应用。

（5）在 IE 或其他浏览器中会出现一些黑客鱼饵，对此要保持清醒，拒绝点击，同时将电子邮件客户端的自动脚本功能关闭。

（6）在发送敏感邮件时使用加密软件，也可用加密软件保护你的硬盘上的数据。

（7）安装一个或几个反间谍程序，并且要经常运行检查。

（8）使用个人防火墙并正确设置它，阻止其他计算机、网络和网址与你的计算机建立连接，指定哪些程序可以自动连接到网络。

（9）关闭所有你不使用的系统服务，特别是那些可以让别人远程控制你的计算机的服务，如 RemoteDesktop、RealVNC 和 NetBIOS 等。

（10）保证无线连接的安全。在家里，可以使用无线保护接入 WPA 和至少 20 个字符的密码。正确设置你的笔记本式计算机，不要加入任何网络，除非它使用 WPA。要想在一个充满敌意的因特网世界里保护自己，的确是一件不容易的事。你要时刻想着，在地球另一端的某个角落里，一个或一些毫无道德的人正在刺探你的系统漏洞，并利用它们窃取你最敏感的秘密。希望你不会成为这些网络入侵者的下一个牺牲品。

资料来源：希赛网（http://www.csai.cn）

请记录： 尝试实践上述安全建议操作并简述你操作后的感想。你还知道其他类似的管理操作技巧吗？

第4章

网络操作系统

今天，网络正在重新定义生活的每个层面。传统的习惯和生活方式随着网络的不断进化而改变，网络日渐渗透到社会生活的每个细节当中：信用卡消费和网上购物为人们的生活提供了种种便利；不断涌现的新媒体冲击着人们的视听，改变了获取信息的途径；种种虚拟社区应用更让亲朋好友跨越天涯之隔，分享珍贵的视频、音频和文字体验。随着网络业务和应用的日益深入，对计算机网络的管理与维护也变得至关重要。人们普遍认为，网络管理是计算机网络的关键技术之一，在大型计算机网络中则更是如此。

由于所提供的服务类型不同，网络操作系统与运行在工作站上的单用户或多用户操作系统有一些差别。一般情况下，网络操作系统以使网络相关特性最佳为目的，如共享数据文件、软件应用以及共享硬件设备等；而一般计算机操作系统的目的是让用户与系统以及在此操作系统上运行的各种应用之间的交互作用为最佳。

4.1 虚拟机技术

虚拟计算机技术是近年来比较火爆的技术之一，已经受到越来越多的企业和媒体的关注。从早期虚拟机概念的出现，到现代 x86 虚拟机的流行，虚拟机技术已经有几十年的历史了。早在 20 世纪 70 年代，IBM 研究中心就在试验室里实现了其主机的镜像，算是最原始的虚拟机。40 多年来，虚拟机一直平静地在大型机和小型机中运行，直到有一天，VMware 将 x86 虚拟机带到了微型机中。当人们在 Linux 中打开一个独立的虚拟机系统，看到了熟悉的 Windows 的蓝天白云时，才意识到虚拟技术已经发展到一个新阶段，而且是这样的诱人。

目前，主流的 x86 虚拟机技术有虚拟硬件模式、虚拟操作系统模式和 Xen 虚拟化技术等。

4.1.1 虚拟硬件模式

虚拟硬件模式是最传统的虚拟计算机模式。最早的虚拟硬件模式源自 IBM 大型机的逻辑分区技术。这种技术的主要特点是，每一个虚拟机都是一台真正机器的完整拷贝，一个功能强大的主机可以被分割成许多虚拟机。这一虚拟模式被业界广泛借鉴，包括 HP vPAR、VMware ESX Server 和 Xen 在内的虚拟技术都是这样的工作原理。

虚拟硬件模型将计算机、存储和网络硬件间建立了一个抽象的虚拟化平台，使得所有的硬件被统一到一个虚拟化层中。这样，在这个平台的顶部创建的虚拟机具有同样的硬件结构，提供了更好的可迁移性。在这种模型中，每个用户都可以在他们的虚拟机上运行程序、存储数据，甚至虚拟机崩溃也不会影响系统本身和其他的系统用户。所以，虚拟机模型不仅允许资源共享，而且实现了系统资源的保护。

此类虚拟机的典型产品有 VMware 的 Workstation、GSX Server、ESX Server 和 Microsoft 的 Virtual PC、Virtual Server 以及 Parallels Workstation 等。这些虚拟机软件都具有同样的特点：虚拟了 Intel x86 平台，可以同时运行多个操作系统和应用程序。通过使用虚拟化层，提供了硬件级的虚拟，即虚拟机为运行于虚拟机的操作系统映像提供了一整套虚拟的 Intel x86 兼容硬件。这套虚拟硬件虚拟了真正服务器所拥有的全部设备：主板芯片、CPU、内存、SCSI 和 IDE 磁盘设备、各种接口、显示和其他输入/输出设备。并且，每个虚拟机都可以被独立地封装到一个文件中，可以实现虚拟机的灵活迁移。

虚拟硬件虚拟技术有两个显著特点：第一，无论哪款产品，都可以直接用系统处理器执行 CPU 指令，根本涉及不到虚拟层；第二，实现真正的分区隔离，每个分区只能占用一定的系统资源，包括磁盘 I/O 和网络带宽，并提高了系统的整体安全性。

此外，高端的虚拟服务器产品可以直接在硬件上运行虚拟机，而不需要宿主操作系统。并且，通过相关的管理软件，可以对每个虚拟机消耗的物理资源（网络带宽、磁盘 I/O 访问等）进行精确的控制。

VMware 公司提供了从工作站版本到服务器版本，从迁移工具到管理工具的一系列产品，形成了一整套的解决方案。作为这个行业的领头羊，VMware 具有比较大的技术优势。虽然 VMware 公司已经推出了多个免费版本的产品，但 VMware 核心的企业级产品 ESX Server 价格不菲。然而，对于真正需要使用该产品的用户们来说，价格也许并不成问题。

作为虚拟机技术领域的"第二号人物"，微软公司在推出了 Virtual PC 2004 之后，推出了服务器级产品 Virtual Server 2005，在功能上能与 VMware GSX Server 进行竞争。迫于市场的压力，Virtual Server 2005 已经免费了。

Parallels 是虚拟机技术领域的后起之秀。Parallels Workstation 具有和 VMware Workstation 类似的界面和功能，虽然在技术上和 VMware Workstation 相比并不占优势，但其最大的诱人之处在于极其低廉的价格。

4.1.2　虚拟操作系统模式

虚拟操作系统模型是基于虚拟机运行的主机操作系统创建的一个虚拟层，用来虚拟主机的操作系统。在这个虚拟层之上，可以创建多个相互隔离的虚拟专用服务器（virtual private server，VPS）。这些 VPS 可以最大化的效率共享硬件、软件许可证以及管理资源。对于用户和应用程序来讲，每一个 VPS 平台的运行和管理都与一台独立主机完全相同，因为每一个 VPS 均可独立进行重启并拥有自己的 root 访问权限、用户、IP 地址、内存、过程、文件、应用程序、系统函数库以及配置文件。对于运行着多个应用程序和拥有实际数据的产品服务器来说，虚拟操作系统的虚拟机可以降低成本消耗和提高系统效率。

虚拟操作系统模式虚拟化解决方案同样能够满足一系列的需求，如：安全隔离、计算机资源的灵活性和控制、硬件抽象操作及最终高效、强大的管理功能。每一个 VPS 中的应用服务都是安全隔离的，且不受同一物理服务器上的其他 VPS 的影响。通过专用的文件系统，使得文件浏览对所有 VPS 用户来说就如常规服务器一样，但却无法被该服务器上的其他 VPS 用户看到。

能够实时分配、监控、计算并控制资源级别，完成对 CPU、内存、网络输入/输出、磁盘空间以及其他网络资源的灵活管理。经过抽象的 VPS 具有相同的虚拟硬件结构，并可以在任意连网的服务器之间透明迁移，而不产生任何宕机时间。

操作系统虚拟化技术解决了在单个物理服务器上部署多个生产应用服务和存储服务器时所面临的挑战。在应用服务部署完成之后，它们被集中于同一种操作系统以便于管理和维护。操作系统虚拟化是针对生产应用和服务器的完美虚拟化解决方案，共享的操作系统提供了更为有效的服务器资源并且大大降低了处理损耗。通过操作系统虚拟化，上百个 VPS 可以在单个的物理服务器上正常运行。

4.1.3 Xen 虚拟化技术

在不断增加的虚拟化技术列表中，Xen 是近来最引人注目的技术之一。Xen 是在剑桥大学作为一个研究项目被开发出来的，它已经在开源社区中得到了极大的推动。Xen 是一款半虚拟化（paravirtualizing）虚拟机监视器（virtual machine monitor，VMM），这表示，为了调用系统管理程序，要有选择地修改操作系统，然而却不需要修改操作系统上运行的应用程序。Xen 是一种特殊的虚拟硬件虚拟机，具有虚拟硬件虚拟机的大部分特性，其最大的不同点在于，Xen 需要修改操作系统内核。

目前，Xen 只支持在 Linux 系统上实现的 Linux 虚拟机。不过，其新的版本将支持 Intel 公司的硬件虚拟技术 Intel-VT，这一个关键技术将可以用来解决 Xen 在虚拟化 Windows 系统方面的困难。

虚拟化技术是企业 IT 基础设施建设和管理上的一个重大进步，虚拟化技术降低了 IT 基础结构总成本，并为企业 IT 用户提供了更好的服务水平，显著提高了 IT 资源灵活性且极大地降低了 IT 基础设施的复杂性。

4.1.4 微软 Virtual PC

微软的 Virtual PC（例如 Virtual PC 2007）是一个支持硬件虚拟机技术的虚拟机软件，同时兼容 Intel 和 VT 技术和 AMD 的 Pacifica 技术。它可以让用户在同一台个人计算机中安装不同的操作系统。另外用户还可以在系统中嵌入另一种平台，例如用户可以在 Windows XP 平台下虚拟运行 Windows Vista 操作系统。Virtual PC 可以在一台物理计算机中同时模拟多台计算机，虚拟的计算机使用起来与一台真实的计算机一样，可以进行 BIOS 设定，可以对其硬盘进行分区、格式化等。

微软在 2003 年年初从 Connectix 收购了 Virtual PC。微软已经表示：“无论微软虚拟技术是否是你现在架构的一部分，或者你是否是一个虚拟技术的狂热爱好者，都可以绝对免费下载 Virtual PC 2004 SP1。”微软不会在 Virtual PC 2004 下载上设定试用期限，限制使用功能。微软也表示，和 Windows Vista 一起推出的 Virtual PC 2007 也将完全免费。

Virtual PC 支持的操作系统包括 Windows XP、Windows Server 2003 和 Windows Vista 的各个版本和 RedHat Linux 等；支持的处理器包括：AMD Athlon/Duron、Intel Celeron、Intel Pentium II、Intel Pentium III、Intel Pentium 4、Intel Core Duo、Intel Core2 Duo 等。

4.1.5　主要术语

确保自己理解以下术语：

Virtual PC	Xen 虚拟化技术	虚拟硬件
VMware	虚拟操作系统模式	虚拟硬件模式
x86 虚拟机	虚拟机	

4.1.6　实训与思考：安装 Virtual PC

1．实训目的

① 以 Microsoft Virtual PC 为例，学习和掌握虚拟机的安装与设置，为后续实训做好准备。

② 熟悉虚拟机技术，掌握虚拟机技术的简单应用。

2．工具/准备工作

在开始本实训之前，请回顾教科书的相关内容。

需要准备一台运行 Windows XP Professional 操作系统的计算机。

3．实训内容与步骤

下面，我们以在 Windows XP Professional 中安装 Microsoft Virtual PC 2007 软件（简体中文语言包）为例，来学习虚拟机的安装。

（1）Virtual PC 的安装与设置

在因特网上搜索并下载 Microsoft Virtual PC 2007 软件（简体中文语言包）的压缩文件包并解压缩。

步骤 1：在安装文件的文件夹中双击 Setup 文件，启动安装界面，如图 4-1 所示。单击 Next 按钮开始安装，选择同意接受软件授权协议，继续单击 Next 按钮，最后单击 Install 按钮和 Finish 按钮，完成安装。

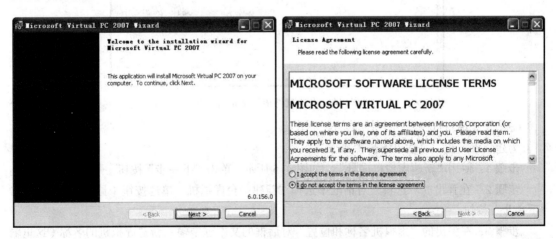

图 4-1　Virtual PC 2007 安装向导界面

步骤 2：安装完成后，在安装文件的文件夹中双击 ha_VirtualPC 文件，安装汉化文件，如图 4-2 所示。

步骤 3：在 Windows"开始"菜单中找到并选择 Microsoft Virtual PC 命令，启动 Virtual PC 2007

软件，在 Virtual PC Console（控制台）窗口的 File 菜单中选择 Options 命令（见图 4-3），进一步设置软件语言为 Simplified Chinese（简体中文），如图 4-4 所示。单击 OK 按钮。

图 4-2　安装汉化文件

图 4-3　选择 Options 项

设置完成后重新启动 Virtual PC 2007，可以发现已经是简体中文界面了。

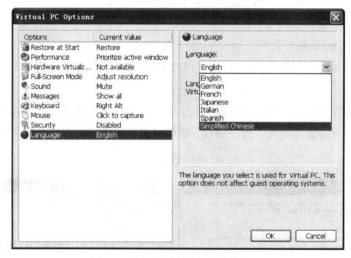

图 4-4　设置软件语言为简体中文

（2）建立虚拟机

为建立虚拟机，可按以下步骤操作：

步骤 1：使用"新建虚拟机向导"，如图 4-5 所示，单击"下一步"按钮，开始新建虚拟机。

步骤 2：在弹出的"选项"对话框中选择"新建一台虚拟机"单选按钮（见图 4-6），单击"下一步"按钮。

步骤 3：在弹出的"虚拟机名称和位置"对话框的文本框中输入新建虚拟机的名称（这里输入 Windows Server 2003），再单击"下一步"按钮，如图 4-7 所示。

步骤 4：在弹出的"操作系统"对话框中选择要在此虚拟机上安装的操作系统，向导推荐响应的虚拟机设置，如图 4-8 所示。其实，这时选择装什么操作系统无所谓，主要是推荐设置虚拟内存和硬盘空间的大小，这在后面还可以设置。

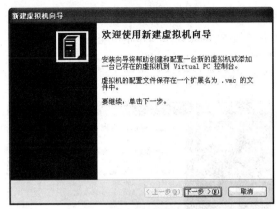

图 4-5　新建虚拟机向导　　　　　　　　图 4-6　选择"新建一台虚拟机"

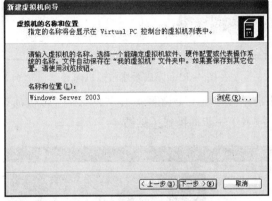

　　图 4-7　输入新建虚拟机的名称　　　　　　图 4-8　向导推荐虚拟机设置

单击"下一步"按钮继续。

步骤 5：在弹出的"内存"对话框中配置虚拟机的内存，如图 4-9 所示。安装 Windows XP 或 Windows Server 2003 系统，虚拟内存推荐设为 256MB；安装 Windows Vista 系统，虚拟内存推荐设为 512MB。

步骤 6：在弹出的"虚拟硬盘选项"对话框中添加虚拟硬盘，如图 4-10 所示。选择"新建虚拟硬盘"单选按钮，再单击"下一步"按钮。

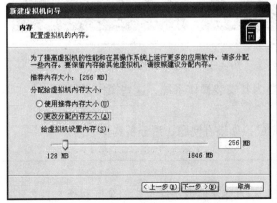
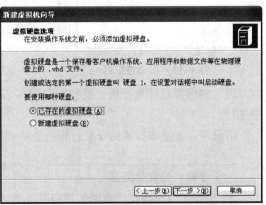

　　图 4-9　配置虚拟机内存　　　　　　　　图 4-10　添加虚拟硬盘

步骤 7：在弹出的"虚拟硬盘位置"对话框中设置虚拟硬盘的名称和位置，应该将虚拟硬盘的位置设置到剩余空间最大的那个物理硬盘分区中，如图 4-11 所示。单击"下一步"按钮。

步骤 8：在弹出的"完成新建虚拟机向导"对话框中，单击"完成"按钮关闭向导，如图 4-12 所示。

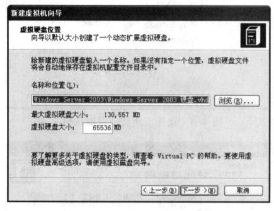
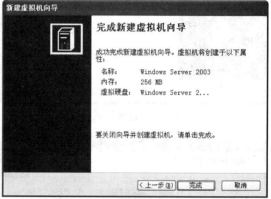

图 4-11　创建动态扩展虚拟硬盘　　　　　　图 4-12　完成新建虚拟机向导

经过以上设置就可以在 Virtual PC 控制台中启动虚拟机了（见图 4-13），每个虚拟机都有自己的窗口和菜单，可以通过这些菜单进行设置或者下一步的操作（见图 4-14）。

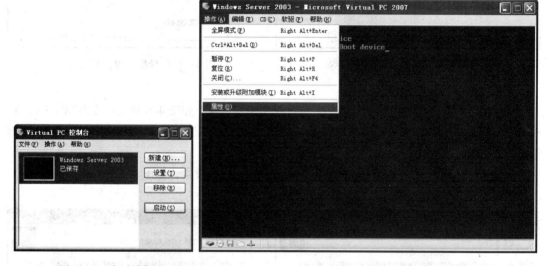

图 4-13　启动虚拟机　　　　　　　　　　图 4-14　虚拟机的窗口和菜单

现在的虚拟机还是裸机，要想正常使用还要为其安装操作系统，这些操作将在下一个实训中进行。

请记录：上述虚拟机的安装过程是否顺利完成，如果有问题，请分析具体原因。

（3）虚拟机的常见问题

① 想临时退出虚拟机返回主机查看一些文件。怎样才能退出虚拟机的全屏状态？

答：只要按【Alt+Enter】组合键就行了。

② 虚拟机死机了，想结束未响应的任务，为什么按【Ctrl+Alt+Del】组合键不管用了？

答：虚拟机的热启动键是【Alt+Del】组合键。

③ 我新增加了内存条，想把虚拟机的内存增大些，怎么办？

答：可在 Virtual PC 主界面单击"设置"按钮，进入属性设置对话框（见图 4-15）。在对话框中选择"内存"选项，在右侧把小标尺向右移动一些，同时观察数字的变化，如果内存设得太大了，系统会提示警告信息。

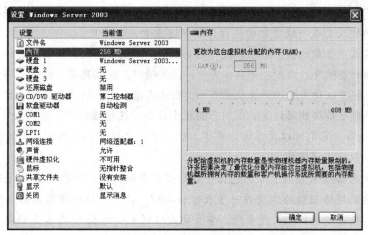

图 4-15　设置内存属性

④ 在 Virtual PC 主界面不小心删掉了新安装的操作系统，需要重新安装吗？

答：不用重新安装！只要再次运行"新建 PC"，进入向导后"选择已存在的硬盘镜像文件"，然后把路径指向你原来的镜像就行了。

⑤ 虚拟机启动太慢了！如何加速启动？

答：关机时，在"关闭系统"下拉菜单中选择"保持 PC 运行状态"命令即可。

4．实训总结

_____

_____

_____

5．实训评价（教师）

_____

_____

4.1.7　阅读与思考：虚拟化的主流应用

企业虚拟化的受关注程度正在迅速提升，越来越多的人在关注着虚拟化技术的应用。虚拟化技术的应用具有很大的普遍性，它能够使各种需要信息化的企业都能够从中受益。虚拟化技术主要有以下几种应用场景。

（1）个人用户

这部分用户数量巨大，是很好的试验田。他们对新技术是那样的敏感和渴望，对虚拟化软件的应用也是五花八门，学习、测试、娱乐，还有一些很另类的需求。他们经常能提出各式各样有趣的问题，其中很多都值得思考。虽然虚拟机厂商很难从个人用户那里获取银子，但个人用户对新产品的反馈和建议却具有很高的价值。

个人用户经常会用虚拟机软件来做一些操作系统的安装和测试，还会将一些没用过的软件装在虚拟机中试用，还有些个人在虚拟机中玩游戏，更有甚者，通过虚拟机来搭建一个学习黑客技术的网络环境等。当然，还有些个人用户会有些更独特的需求，比如，修改虚拟机主板的BIOS，更改虚拟机硬盘的 SN 号码，为虚拟机的网卡增加网络引导和硬盘保护模块，使虚拟机具有网络启动的功能或变成一块虚拟的硬盘保护和还原卡。

也有一些需求是目前的虚拟机软件还不能实现的。我们都知道，目前主流的虚拟机都可以共享物理主机上的一些硬件，比如，串口、并口、USB 接口，以及光驱、硬盘、网卡等，甚至最新的虚拟机软件已经可以使用物理计算机的声卡，但这离很多用户的需求还有一定差距。很多用户都希望能够无限制地桥接物理计算机上的一些板卡设备，这包括物理计算机上任何 PCI、AGP、PCIE 接口中的设备，它们可以是显卡、声卡、股票卡、电视卡、采集卡、无线网卡，等等。

（2）教学和软件测试环境

一些计算机网络技术培训中心，包括一些学校都在使用虚拟机软件针对操作系统、软件应用和一些较复杂的网络架构的实现作一些教学和实验。使用虚拟机进行网络实验，可以节省时间，节约资源，提高效率，无论是教师、学员还是培训中心的 IT 管理人员都会从中受益。

一些软件开发企业需要各种操作系统环境来测试软件和不同版本操作系统之间的兼容性等问题。而采用了虚拟化技术之后，管理人员可以在很短的时间内，使用更少的资源，准备好测试环境，既提供了更大的灵活性，也节省了时间和成本。

其实，无论是教学还是软件测试环境，对虚拟机软件都没有太高的要求，现有的虚拟化软件已经能够很好地提供其所需的网络系统环境。但是，通过一些新的虚拟化管理软件（例如VMware 公司的 VMware Lab Manager）能够更好地完成虚拟机的计划和管理工作，使以上工作更加轻松和便捷。

有一款开源的虚拟化软件 Dynamips，该软件能够从硬件上完全模拟 Cisco 公司的大部分路由器和交换机产品，并实现几乎 100%的功能。Dynamips 并非 Boston 之类的简单模拟器，就像虚拟计算机软件虚拟的计算机的物理硬件一样，Dynamips 虚拟的是 Cisco 路由器和交换机的物理硬件。简单地说，Dynamips 和 Cisco 的路由器和交换机产品之间的关系，就像是 VMware 等虚拟机软件和物理计算机之间的关系一样。有了 Dynamips 这柄利器，加上现有的虚拟机软件，就可以避开昂贵的网络设备，通过很少的费用，得到一个完全的因特网，而这一切又是这么廉价和真实。

（3）企业虚拟桌面

企业桌面虚拟化的宗旨是实现全面的硬件系统虚拟化以及桌面应用的虚拟化，是桌面虚拟基础结构（VDI）的完美应用。使用桌面虚拟化的企业通常希望用户通过本地或远程连接建立于企业数据中心的虚拟计算机系统来进行所有工作，这样可以具有更好的系统稳定性、管理性、更少的崩溃、更长地正常运行时间，更主要的是，可以避免由于人员流动所带来的企业内部资料损失，并可以更好地共享企业各部门和分公司之间的信息资源。

但是，很多已经实现桌面虚拟化的公司，并没有完全体验到虚拟化带来的优势。很多公司都在使用标准的计算机来连接远程的虚拟计算机，其实这完全可以用终端机或瘦客户机来实现。这种终端机或瘦客户机有别于传统意义上的无盘工作站或普通的瘦客户机，而应是一种瘦到骨头的终端设备，它只需要连接显示器、键盘、鼠标以及网卡就够了，它甚至不需要操作系统，我们只需要在一个嵌入的虚拟计算机终端程序中输入虚拟机要访问的虚拟机 IP 地址就可以访问虚拟计算机，完成所有的工作了。目前，这种终端机在一些大公司内已经有很好的应用。不久的将来，这种终端访问虚拟机的工作模式，甚至可能代替传统的计算机网络，在企业中占主导地位。

（4）服务器的虚拟化

我们都知道，服务器虚拟化是指将硬件、操作系统、应用程序以及数据和当前状态一同装入一个可迁移的虚拟机包中，也就是装入一个文件中。目前主流的虚拟化厂商都开发了能够实现服务器的虚拟化的产品，使得企业能够实现服务器的整合，使企业的 IT 工程师们能够从海量的服务器管理工作中解放出来。通过集成的统一管理工具，可以对虚拟化的资源进行合理分配，动态调度，灵活备份。

然而，企业服务器完成虚拟化和整合，仅仅是漫漫长路上迈出的第一步。单结点的虚拟化服务器虽然能够实现服务器的整合，达到解决资源，方便管理的目的，但也会给企业带来很多问题，诸如无法避免的单点故障和各种未计划的停机。针对于单点故障，传统的解决方案是通过服务器的群集来解决此类问题。但是，我们也清楚地知道，只有支持群集功能的应用程序才能够享受服务器群集带来的好处。虽然软件厂商们针对常用的一些大型应用软件如数据库等开发了群集功能，但这并不能满足所有人的要求，更多地人们还是要为自己的软件编写群集功能。基于服务器虚拟化的自动化技术很好地解决了这一问题，它能够自动地把正在运行中的虚拟计算机从一台物理服务器上搬移到另一台物理服务器上，而不中断服务。由于自动化环境中的虚拟机存储在存储网络中，所以虚拟机的转移实际上只是转移的虚拟机所在的前端虚拟服务器的切换，而不像群集技术那样需要切换整台服务器，所以虚拟机的自动化迁移可以获得更好的迁移速度。而迁移过程中，由于应用程序本身的运行环境没有任何改变，所以应用程序不需要感知虚拟机的移动，这样，不需要开发群集程序，就可避免单点故障，保证了企业业务的连续性。企业服务器的集中化，虚拟化，自动化，无疑是企业虚拟化的最终极应用。

目前主流的企业服务器虚拟化产品如 VMware 公司的 VI3 和 SWsoft 公司的 Virtuozzo 等产品都已经涵盖了以上企业虚拟化需要的所有重要特性：

① 能自动地把正在运行中的虚拟机从一台物理机器上搬移到另一台物理机器上，而服务不中断。

② 能够保证虚拟机的高可用性，当服务器故障时，自动重新启动虚拟机。

③ 没有集群软件的成本和复杂性，不需要应用程序感知集群软件或任何自动化软件的存在。

④ 可以按需自动资源调配，跨资源池动态调整计算资源，基于预定义的规则智能分配资源，从而动态提高系统管理效率，并且自动化地实现硬件维护。

⑤ 增强了备份和还原机制，通过备份很少数量的文件和封装来备份整个虚拟机，并快速地恢复虚拟机文件，而不需裸机恢复软件，达到了如同主流存储设备一样的快照备份的功能，并且通过共享的存储设备可以立即重启虚拟机。

由此可见，一个完整的虚拟化基础结构的产品，不仅能够虚拟化标准服务器和存储设备，具有服务器虚拟化、资源管理和优化、应用程序可用性以及操作自动化等功能，还能够使企业通过提高效率、增加灵活性和加快响应速度而降低 IT 成本。这就是企业所需要的虚拟化产品。

（5）更多的虚拟化应用

除了以上的应用场景外，其实我们还可以在生活中找到更多的虚拟化应用场景。虚拟化技术作为一种工具，一种应用，更是一种思想，只要展开想象，便可以应用于很多场合，让你事半功倍。

资料来源：散人，中国虚拟化先锋（http://www.vmware.cn/），本处有删改。

请记录：请在认真阅读和思考的基础上，尝试阐述你对虚拟化技术的看法，你认为这项技术对你的计算机应用与职业发展有什么意义。

4.2　安装 Windows Server

网络操作系统（NOS）是网络的心脏和灵魂，它向网络计算机提供网络通信和网络资源共享功能，是负责管理整个网络资源和方便网络用户的软件的集合。由于网络操作系统运行在服务器上，所以有时也把它称为服务器操作系统。

4.2.1　网络操作系统

目前，网络环境中主要有以下几类网络操作系统。

（1）Windows

微软公司的 Windows 系统不仅在个人计算机操作系统中占有绝对优势，它在网络操作系统中也非常强劲。这类操作系统一般配置在网络的中、低档服务器中，而高端服务器通常采用 UNIX、Linux 或 Solaris 等非 Windows 操作系统。微软的网络操作系统主要有 Windows Server 2003 和 Windows Server 2008 等，与之相应的工作站系统可以采用任一 Windows 或非 Windows 操作系统。

（2）UNIX

UNIX 操作系统原本是针对小型机主机环境开发的，是一种集中式分时多用户体系结构。UNIX 支持网络文件系统服务，提供数据等，功能强大。这种网络操作系统稳定和安全性能非常好，但由于它主要是以命令方式来进行操作的，初级用户不容易掌握。正因为此，小型局域网基本不使用 UNIX 作为网络操作系统，UNIX 一般用于大型的网站或大型的企、事业局域网。UNIX 操作系统历史悠久，其良好的网络管理功能已为广大网络用户所接受，拥有丰富的应用软件的支持。目前 UNIX 操作系统的版本主要有 AT&T 和 SCO 的 UNIX SVR 3.2、SVR 4.0 和 SVR 4.2 等。

（3）Linux

Linux 操作系统的最大特点就是源代码开放，可以免费得到许多应用程序，其中文版本有 ReadHat（红帽子）、红旗 Linux 等。Linux 与 UNIX 有许多类似之处。

总的来说，对特定计算环境的支持使得每一个操作系统都有适合于自己的工作场合，这就是系统对特定计算环境的支持。例如，Windows XP Professional 适用于桌面计算机，Linux 较适用于小型网络，Windows Server 2003 适用于中、小型网络，UNIX 则适用于大型服务器应用程序等。因此，对于不同的网络应用，需要有目的地选择合适的网络操作系统。

4.2.2　Windows 的发展

在学习安装 Windows 操作系统之前，先来了解 Windows 的发展历程，回顾微软 Windows 操作系统的大事件。

1990 年 5 月 22 日，微软发布 Windows 3.0；

1995 年 8 月 24 日，微软发布 Windows 95；

1996 年 8 月 24，微软发布 Windows NT 4.0；

1998 年 6 月 25 日，微软发布 Windows 98；

2000 年 9 月 14 日，微软发布 Windows Me；

2000 年 12 月 9 日，微软发布 Windows 2000；

2001 年 10 月 25 日，微软发布 Windows XP；

2003 年 4 月底，微软发布 Windows 2003。

如同任何其他事物一样，Windows 操作系统也有其诞生、成长和发展的过程。从 MS-DOS 到 Windows 9x，操作系统的发展宣告 MS-DOS 命令行界面的终结，迎来了 32 位程序设计和图形界面的崭新时代。随着 PC 实现向 64 位的升级，又一个里程碑事件开始出现。2007 年 1 月 30 日，微软在中国北京与全球同步向消费者发售 Windows Vista 和 2007 Office system，如图 4-16 所示。

图 4-16　Windows Vista 和 2007 Office system

Windows Vista 和 2007 Office system 的创新设计旨在改进人们利用技术沟通、互连、创造和分享以及娱乐的方式。面对数字时代的挑战，其卓越的性能提升将消除人员、信息和社区之间沟通的羁绊，为消费者带来更便捷、更安全的 PC 体验、更好的互连性能以及更好的计算机娱乐体验。

作为下一代操作系统，Windows Vista 实现了技术与应用的创新，在安全可靠、简单清晰、互连互通，以及多媒体方面体现出了全新的构想，并传递出 3C 的特性，努力帮助用户实现工作效益的最大化，即：

- 信心（confident）：使用户在使用时更放心，更有信心。
- 简明（clear）：更简单，方便，让用户不用过多学习，做想做的事情。
- 互连（connect）：实现信息同步，与不同的设备都能实现更好的互连互通。

"Vista" 一词源于拉丁文的 "Vedere"，在包括英语在内的大多数语言中有 "远景、展望" 之意。微软公司将其下一代具有里程碑意义的操作系统定名为 Vista，除了希望它能展望未来，继续执掌操作系统大旗之外，更是为未来个人计算机乃至其他个人电子设备的技术和创新铺路，引领下一代计算机发展。

4.2.3　Windows Server 2008

作为微软公司重要的企业平台，Windows Server 2008 与 Visual Studio 2008 和 SQL Server 2008 于 2008 年 2 月 27 日在洛杉矶共同发布。

　　Microsoft Windows Server 2008 是下一代 Windows Server 操作系统，它可以帮助信息技术（IT）专业人员最大限度地控制其基础结构，同时提供空前的可用性和管理功能，建立比以往更加安全、可靠和稳定的服务器环境。Windows Server 2008 可确保任何位置的用户都能从网络获取完整的服务，从而为组织带来新的价值。Windows Server 2008 还有对操作系统进行深入洞察和诊断功能，使管理员将更多时间用于创造业务价值。

　　Windows Server 2008 建立在优秀的 Windows Server 2003 操作系统的成功和实力，以及 Service Pack 1 和 Windows Server 2003 R2 中采用的创新技术的基础之上。但是，Windows Server 2008 不仅仅是先前各操作系统的提炼。Windows Server 2008 旨在为组织提供最具生产力的平台，它为基础操作系统提供了令人兴奋的重要新功能和强大的功能改进，促进应用程序、网络和 Web 服务从工作组转向数据中心。

　　Windows Server 2008 内置的 Web 和虚拟化技术，可帮助用户增强服务器基础结构的可靠性和灵活性。新的虚拟化工具、Web 资源和增强的安全性可帮助用户节省时间、降低成本，并且提供了一个动态而优化的数据中心平台。强大的新工具，如 IIS 7、Windows Server Manager 和 Windows PowerShell，能够使用户加强对服务器的控制，并简化 Web、配置和管理任务。先进的安全性和可靠性增强功能，如 Network Access Protection 和 Read-Only Domain Controller，可加强服务器操作系统安全并保护服务器环境，确保用户拥有坚实的业务基础。

　　（1）Windows Server 操作系统的功能改进

　　除了新功能之外，与 Windows Server 2003 相比，Windows Server 2008 还为基础操作系统提供了强大的功能改进。值得注意的功能改进包括：对网络、高级安全功能、远程应用程序访问、集中式服务器角色管理、性能和可靠性监视工具，故障转移群集、部署以及文件系统的改进。上述功能改进和其他改进可帮助组织最大限度地提高灵活性、可用性和对其服务器的控制。

　　（2）Windows Server 2008 的优势

　　Windows Server 2008 的优势主要体现在以下 4 个方面：

　　① 针对 Web 而建。Internet Information Services（IIS）7.0 是一个强大的应用程序和 Web 服务平台，可帮助用户简化 Web 服务器管理。这个模块化的平台提供了简化的、基于任务的管理界面，更好地跨站点控制，增强的安全功能，以及集成的 Web 服务运行状态管理。

　　IIS 7.0 和.NET Framework 3.0 提供了一个综合性平台，用于建立连接用户与用户、用户与数据之间的应用程序，以使他们能够可视化、共享和处理信息。

　　② 虚拟化。Windows Server 2008 的虚拟化技术，可帮助用户在一个服务器上虚拟化多种操作系统，如 Windows、Linux 等。服务器操作系统内置的虚拟化技术和更加简单灵活的授权策略，可使用户获得前所未有的易用性优势并降低成本。

　　Windows Server 2008 可帮助用户灵活地创建敏捷、动态的数据中心，以满足不断变化的业务需求。

　　借助 Terminal Services Gateway 和 Terminal Services RemoteApp，Windows Server 2008 还可以轻松进行远程访问并与本地桌面应用程序进行集成，还可实现在无需 VPN 的情况下，安全无缝地部署应用程序。

　　③ 安全性。Windows Server 2008 是迄今为止最可靠的 Windows Server，它加强了操作系统安全性并进行了突破安全创新，包括 Network Access Protection、Federated Rights Management、Read-Only Domain Controller，可为网络、数据和业务提供最高水平的安全保护。

Windows Server 2008 可帮助保护服务器、网络、数据和用户账户安全，以免发生故障或遭到入侵。

Network Access Protection 能够帮助隔离不符合组织安全策略的计算机，并提供网络限制、更正和实时符合性检查功能。

Federated Rights Management Services 提供了一个综合性信息保护平台，可对敏感数据提供持续性保护，同时帮助降低风险并保证符合性。

Read-Only Domain Controller 可支持部署 Active Directory Domain Services，同时限制整个 Active Directory 数据库的复制，以便更好地防止服务器信息的泄露或被窃取。

④ 坚实的业务基础。Windows Server 2008 是迄今为止最灵活、最稳定的 Windows Server 操作系统，借助其新技术和新功能，如 Server Core、PowerShell、Windows Deployment Services 和加强的网络与群集技术，为用户提供性能最全面、最可靠的 Windows 平台，可以满足所有的业务负载和应用程序要求。

Server Manager 可以加速服务器的安装和配置，并能通过统一的管理控制台，简化进行中的服务器角色管理。

Windows PowerShell 是一个全新的命令行 Shell，提供 130 多种工具以及集成的脚本语言，帮助管理员实现例行系统管理任务自动化，尤其是针对跨多个服务器的任务自动化。

Server Core 是一个全新的安装选项，仅包含必要的组件和子系统，而没有图形用户界面，以提供一个具有高可用性，且较少需要进行更新和服务的服务器。

（3）Windows Server 2008 和 Windows Vista 的结合

Windows Vista 和 Windows Server 2008 原本就是同一开发项目的一部分，因此，它们共享网络、存储、安全和管理等许多新技术。虽然 Windows Vista 和 Windows Server 2008 分成单独的版本，具有不同的发布周期，但有许多增强功能都同时应用到 Windows Vista 和 Windows Server 2008 中。当同时部署这两种操作系统时，就能看到组合的客户端-服务器基础结构将会提供更显著的优势。

管理 Windows Vista/Windows Server 2008 基础结构的 IT 专业人员将会注意到其环境的管理和控制方式有许多改进，具体情况如下：

① 通过使用单一模式跨客户端和服务器管理更新和服务包，简化了维护操作。

② 客户端计算机可以监视特定事件并转发到 Windows Server 2008 进行集中式监视和报告。

③ Windows Deployment Services 提供更快速和更可靠的操作系统部署。

④ Windows Server 2008 上的 Network Access Protection 功能确保连接到网络的 Windows Vista 客户端遵从安全策略，若不遵守，则将限制它对网络资源的访问。

通过对 Windows Vista 和 Windows Server 2008 的改进，极大地提高了基础结构的可靠性、可伸缩性和总体响应性，具体体现如下：

① 客户端在将打印作业发送到打印服务器之前可以在本地呈现它们，这样可减少服务器负载，提高其可用性。

② 服务器资源在本地进行缓存，因此即使服务器出现问题，这些资源也是可用的，当客户端和服务器重新连接之后，副本会自动进行更新。

③ 需要在客户端和服务器上运行的应用程序或脚本可以利用 Transactional File System 来降低文件和注册表操作期间的错误风险，并在发生故障或取消操作时回退到一个已知的正常状态。

④ 可以创建策略来确保需要优先使用客户端和服务器之间网络带宽的那些应用程序或服

务具有更好的服务质量。

Windows Vista 客户端连接到部署了 Windows Server 2008 的网络，可以显著提高通信速度和可靠性，具体如下：

① 从 Windows Vista 客户端搜索 Windows Server 2008 服务器时，可以利用这两者的增强索引和缓存技术显著改进整个企业的性能。

② 跨所有客户端和服务器服务的本机 IPv6 支持创建更加可伸缩和可靠的网络，同时，重写的 TCP/IP 堆栈使得网络通信更加快速和有效。

③ 新的服务器信息块 2.0 协议提供许多通信增强功能，提高了通过高延迟链路连接到文件共享时的性能，还通过使用相互身份验证和消息签名提高了安全性。

④ Windows Server 2008 的 Terminal Services 有许多改进，包括提供可以通过 HTTP 网关远程访问内部资源的 Windows Vista 客户端，以及与在本地桌面上运行相差无几的无缝远程应用程序。

4.2.4　安装 Windows Server 2003

计算机执行的任何程序都必须首先读入内存，CPU 通过内存来访问程序。而所谓安装操作系统，实际上是把存放在光盘上的操作系统执行代码存入硬盘的过程。因为硬盘是 PC 机的固定外部存储设备，从硬盘上加载程序到内存很方便。另外，操作系统中的文件系统主要是靠硬盘提供物理支持，因此，将操作系统安装到硬盘，实际上有两方面的作用：

① 在硬盘上建立文件系统；

② 把操作系统的全部内容事先存放在硬盘上以备使用。

当使用计算机时，从硬盘上加载操作系统到内存，然后将机器控制权转给操作系统内核来执行。

Windows XP 有多个应用版本，如 Windows XP Home Edition（家用版）、Windows XP Professional（专业版），各版本的差别主要在于功能以及支持硬件（例如 CPU、RAM 的数量等）的不同上。与 Windows XP 配合使用的服务器操作系统，一般使用在 Windows 2000 后续发展的 Windows Server 2003。

Windows Server 2003 是微软推出并得到广泛使用的网络操作系统或服务器操作系统之一。一开始该产品称为"Windows .NET Server"，后改成"Windows .NET Server 2003"，最终被改成"Windows Server 2003"，于 2003 年 4 月底发布。

在微软的企业级操作系统中，如果说 Windows 2000 全面继承了 NT 技术，那么 Windows Server 2003 则是依据.NET 架构对 NT 技术作了重要发展和实质性改进，凝聚了微软多年来的技术积累，并部分实现了.NET 战略，或者说构筑了.NET 战略中最基础的一环。

Windows Server 2003 有多种版本，每种都适合不同的商业需求：

① Windows Server 2003 Web 版。此版本没有零售版，用于构建和存放 Web 应用程序、网页和 XML Web Services。它主要使用 IIS 6.0 Web 服务器并提供快速开发和部署使用 ASP.NET 技术的 XML Web services 和应用程序。支持双处理器，最低支持 256MB 的内存，最高支持 2GB 的内存。

② Windows Server 2003 标准版。销售目标是中小型企业，支持文件和打印机共享，提供安全的因特网连接，允许集中的应用程序部署。支持 4 个处理器；最低支持 256MB 的内存，最高支持 4GB 的内存。

③ Windows Server 2003 企业版。与标准版的主要区别在于：企业版支持高性能服务器，并且可以群集服务器，以便处理更大的负荷。通过这些功能实现了可靠性，有助于确保系统即使在出现问题时仍可用。在一个系统或分区中最多支持八个处理器，八结点群集，最高支持 32GB 的内存。

④ Windows Server 2003 数据中心版。此版本没有零售版。针对要求最高级别的可伸缩性、可用性和可靠性的大型企业或国家机构等而设计的。它是最强大的服务器操作系统。分为 32 位版与 64 位版：32 位版支持 32 个处理器，支持 8 点集群；最低要求 128M 内存，最高支持 512GB 的内存；64 位版支持 Itanium 和 Itanium2 两种处理器，支持 64 个处理器与支持 8 点集群；最低支持 1GB 的内存，最高支持 512GB 的内存。

4.2.5　主要术语

确保自己理解以下术语：

Linux　　　　　　　　　Windows Server 2008　　　　Windows XP
UNIX　　　　　　　　　Windows Vista　　　　　　　网络操作系统
Windows Server 2003

4.2.6　实训与思考：安装 Windows Server 2003

1. 实训目的

① 通过对 Windows Server 2003 的安装操作，了解服务器操作系统环境建立的过程。

② 掌握对 Windows Server 操作系统的基本系统设置。

2. 工具/准备工作

在开始本实训之前，请回顾教科书的相关内容。

需要一台已经安装 Microsoft Virtual PC 2007 虚拟机软件，并且准备在其中安装 Windows Server 2003 操作系统的计算机。

需要准备好 Windows Server 2003 操作系统的安装镜像文件或者系统安装光盘，并具备安装系统所需要的软件序列号。

> **镜像文件**：镜像文件其实就是一个独立的文件，和其他文件不同，它是由多个文件通过刻录软件或者镜像文件制作工具制作而成的。
>
> 镜像文件的应用范围比较广泛，最常见的应用就是数据备份（如软盘和光盘）。随着宽带网的普及，有些下载网站也有了 ISO 格式的文件下载，方便了软件光盘的制作与传递。常见的镜像文件格式有 ISO、BIN、IMG、TAO、DAO、CIF、FCD。
>
> WinISO 是一款功能强大的镜像文件处理工具，它可以从 CD-ROM 中创建 ISO 镜像文件，或将其他格式的镜像文件转换为标准的 ISO 格式，还可以轻松实现镜像文件的添加、删除、重命名、提取文件等操作。

3. 实训内容与步骤

在本书 4.1.6 的实训中，我们已经为计算机安装了 Virtual PC 虚拟机环境，下面，就为这个虚拟机安装 Windows Server 2003 操作系统。

（1）在虚拟机安装 Windows Server 2003 操作系统

Virtual PC 支持光盘启动安装，也支持 ISO 镜像文件安装。把安装光盘制成 ISO 镜像文件再来执行安装，有利于提高安装系统的速度。这里，以 ISO 镜像文件安装为例。

整个安装过程可分为两个阶段：

① 文字模式阶段：安装程序提供了建立分区、删除分区以及格式化等功能。

② GUI（图形用户界面）阶段：进行系统设置与复制文件的操作，完成 Windows Server 2003 系统的安装。

步骤 1： 在 Windows "开始" 菜单中选择 Microsoft Virtual PC 2007 命令，打开 VPC 虚拟机控制台，在其中选择虚拟机，例如 "Windows Server 2003"，单击 "启动" 按钮。

步骤 2： 在启动操作后，"虚拟机" 窗口显示以下信息：

Reboot and Select proper Boot device

or Insert Boot Media in selected Boot device

提示指定 ISO 镜像文件或者指定安装光盘所在的光盘驱动器。这时，选择 "CD" | "载入 ISO 映像" 命令（见图 4-17），指定用于安装的镜像文件（见图 4-18），单击 "打开" 按钮完成镜像文件的载入。

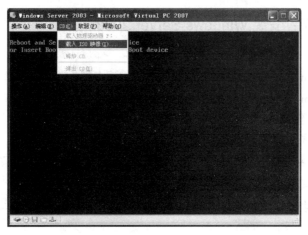

图 4-17 指定 "载入 ISO 映像"

步骤 3： 返回 VPC 虚拟机控制台，重新启动 "Windows Server 2003" 虚拟机，系统就会在安装镜像文件的引导下进入了 Windows Server 2003 的安装界面（见图 4-19）。

图 4-18 指定安装镜像文件

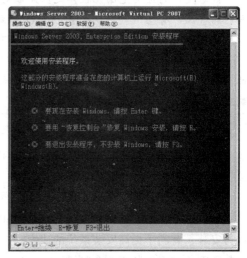

图 4-19 安装 Windows Server 2003

依据安装软件的提示进行操作，可顺利开始 Windows Server 2003 的系统安装。

键盘的【Alt】键是 Virtual PC 默认的"快捷键"，按【Alt】键可在主机与虚拟机之间切换；如果按【Alt+Enter】组合键，可在窗口和全屏模式间进行转换。

步骤 4：安装过程中，当系统提示"重新启动计算机"时，要选择"CD"|"释放镜像文件"命令（例如"释放'win2003.iso"），否则会影响正常安装和启动。

当系统提示指定安装光盘时，选择"CD"|"载入 ISO 映像"命令，指定用于安装的镜像文件，单击"打开"按钮完成镜像文件的载入。

步骤 5：安装过程中，依系统提示输入产品密钥（25 个字符的产品密钥，一般在产品的包装上能找到），如图 4-20 所示。

图 4-20　输入产品密钥

步骤 6：输入计算机名称、系统管理员密码和确认密码（见图 4-21），注意千万不要与主机名称相同。否则，重启后会报错且不能使用网络功能。

图 4-21　输入计算机名称

输入的新的计算机名可以包含字母（A～Z），数字（0～9）以及连字符，但不能包含空格或逗号（,）。名称不能都是数字。

步骤7：安装结束，系统提示按【Ctrl+Alt+Del】组合键开始运行 Windows Server 2003。请注意：虚拟机的热启动键是右侧的【Alt+Del】组合键。

请记录：上述虚拟机 Windows Server 2003 系统的安装过程是否顺利完成，如果有问题，请分析具体原因。

（2）安装/更新附加模块

Virtual PC 的附加模块是修正已安装好的操作系统在使用上的不方便和增强操作系统的功能的程序。就如同平时安装好系统后要安装各种驱动程序一样，只有安装了附加模块才能为虚拟机调整屏幕的刷新率，使用网络功能，并且鼠标不再限制在窗口之内，而且可以共享物理硬盘上的文件夹，在虚拟 PC 中通过共享文件夹来使用物理硬盘上的数据。

步骤1：打开 VPC 虚拟机控制台，启动 Windows Server 2003 虚拟机，选择"操作"|"安装或升级附件模块"命令（见图 4-22）。

图 4-22　安装或升级附件模块

步骤2：系统显示"虚拟机添加件"安装向导（见图 4-23），依系统提示，单击"下一步"按钮，完成添加件的安装，并重新启动虚拟机，使添加安装生效。

（3）共享本地文件

使用"共享文件夹"功能，可以把主机的一个文件夹或整个物理分区作为虚拟机的一个分区来使用，以轻松实现主机与虚拟机之间共享文件。

步骤1：把鼠标指针指向虚拟机窗口左下方的文件夹图标的位置，右击，在弹出的快捷菜单中选择"共享文件夹"命令（见图 4-24）。

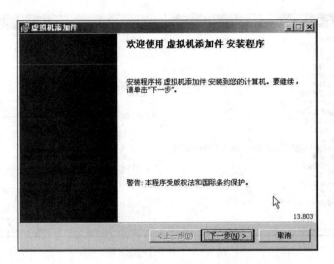

图 4-23　安装虚拟机添加件

步骤 2：在打开的对话框中选择一个分区，并在下方的"驱动器名"下拉列表框中任意选择一个作为共享文件夹的盘符，例如选择"Z"（见图 4-25）。注意一定要选中"始终共享"复选框，这样在下次启动时还可以共享相同的文件夹。

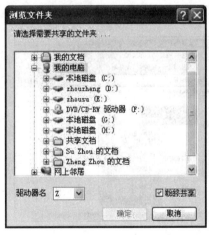

图 4-24　选择"共享文件夹"命令　　　　图 4-25　设置共享文件夹

（4）让虚拟机连接网络

当计算机处于局域网环境时，应该把虚拟机作为另一台连接到局域网的普通终端，也就是说虚拟机和主机在网络中关系是平等的。

步骤 1：把鼠标指针向虚拟机窗口左下方的网络图符的位置，右击，在弹出的快捷菜单中选择"网络连接设置"命令，弹出图 4-26 所示对话框。

步骤 2：在选定网卡（适配器）的下拉列表中选择合适的网卡，即指定物理机器上的哪块网卡是用来与虚拟网卡进行通信的，如图 4-26 所示。

步骤 3：单击"确定"按钮退出。

步骤 4：在虚拟机中选择"开始" | "连接到" | "显示所有连接"命令，继续在"网络连接"窗口中右击"本地连接"图标，在弹出的快捷菜单中选择"属性"命令（见图 4-27）。

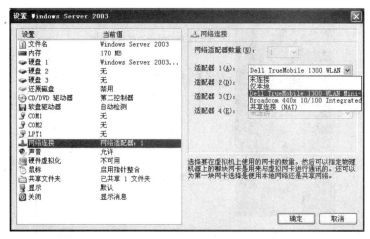

图 4-26 网络连接设置

步骤 5：在"本地连接属性"设置对话框中选择设置"Internet 协议（TCP/IP）"的属性值，如图 4-28 所示。注意在局域网环境中把虚拟机作为一个连接在局域网中的独立终端来设置 IP 地址。

图 4-27 选择设置"本地连接"属性

图 4-28 设置 TCP/IP 属性

步骤 6：单击"确定"按钮完成操作。

步骤 7：现在，在虚拟机中双击 IE 图标，把虚拟主机连入因特网，试试是否成功？

请记录：上述虚拟机设置有否顺利完成，如果有问题，请分析具体原因。

4．实训总结

5. 单元学习评价

① 你认为本单元最有价值的内容是：

_____

_____

② 我需要进一步了解下列问题：

_____

_____

③ 为使学习更有效，你对本单元的教学有何建议？

_____

_____

_____

6. 实训评价（教师）

_____

_____

4.2.7　阅读与思考：优秀网管心得三则

作为一个网管，只有在实际工作中磨练才能不断成长，也只有在工作中不断用心思考和自主学习，才能有机会成为自己所期望的网络高手。笔者将以自己的网管经历为主线，结合网络管理的实际经验和体会，与大家分享网管员成长过程中的酸甜苦辣。

当一个复杂网络摆在网管员面前时，你最首要的任务就是尽快熟悉网络——包括设备、网络结构、运行情况等，并最终做到了如指掌。只有这样，才能更好地管理、维护自己的网络。

（1）熟悉网络设备

网络中的每一种设备都要熟悉，特别是以前不常接触的设备更是如此，如路由器、防火墙、交换机、投影仪、实物展示台等，需要明确它们的性能、作用以及基本设置维护方法。举个例子，有一次笔者所在单位一个多媒体教室的投影机突然不能使用了，无论电源开或关，面板上的按键都不起作用。可是到了第二天，投影机居然能正常使用了。后来才知道，投影机自身过热时，会自动切换到保护状态。如果一开始就熟悉投影机设备的工作原理，当时就不至于那么着急了，过一段时间后（约 30 分钟）再开机就可以正常使用。

（2）熟悉网络的结构

要熟悉网络的结构布局，比如建筑物内部的网络布局、建筑物之间的网络布局以及单位因特网连接的情况等。负责建设网络的公司会给出一份详细的网络布局图，一般都以图形的方式展示，网管一定要仔细看，拿不准的地方一定要问清楚。同时，我们应具体注意以下几点：

① 熟悉建筑物内部以及建筑物之间使用电缆的走线情况、电缆的长度以及各部分电缆的类型。

② 熟悉各部分连接电缆的命名和编号。如在核心交换机（三层交换机）上，应该熟悉网络主干网（光缆）连接的名称和编号。

③ 熟悉路由器、交换机或集线器等网络设备的位置以及相互之间连接的情况。

④ 熟悉网络中各个网段 VLAN 的分配情况。

再举个例子，前一段时间，整个行政楼的计算机都上不了网了。连着查看了几台计算机，都不能自动获得 IP 地址。我校使用一台 Dell 4600 做 DHCP 服务器，初步判断 DHCP 服务器的 IP

地址分配有问题。笔者为一台计算机设置了符合这个网段的 IP 地址，结果也不能上网，看来问题出在与主交换机或路由器的连接上。笔者来到网络中心，经过一番检查，发现与行政楼连接的光纤收发器竟然被关了。打开开关后，行政楼的网络又恢复了正常。建网时，为了降低成本，单位没有单独使用主交换机上的光纤模块，而是采用了光收发器同行政楼的光缆相连。从这次故障解决的过程来看，熟悉网络的布局是多么重要啊。

（3）熟悉网络的运行情况

要熟悉网络的运行情况，如统计网络正常运行时的状态、网络的使用效率以及网络资源的分配情况等。这样，当网络出现不稳定因素时，就可以快速地分析出故障缘由，从而明确需要添加哪些新的设备或资源。

在统计时，应着重注意以下几点：在整个网络上生成的传送量以及这些传送都集中在哪些网段？网络上传送的这些信息的来源，是正常传送、人为攻击或病毒？服务器达到了什么样的繁忙程度？能否在任意一个时刻满足所有用户的请求？我们也可以借助一些网络辅助软件来统计网络的运行情况。

资料来源：成才，希赛网（http://www.csai.cn），本处有删改。

请记录：对于有兴趣和条件的学生，建议通过因特网深入了解 Windump 及其同类软件，加深理解网络审计的相关内容。完成这方面的实训操作后，请简单介绍如下。

_____

_____

_____

_____

第 **5** 章

信息服务是因特网最基本的功能之一，主要包括远程登录 Telnet、电子邮件 E-mail、文件传送协议 FTP、公告板服务 BBS、全球信息网（万维网）WWW、信息检索等。目前因特网上提供的信息服务基本上用的是 C/S（客户/服务器）模型服务模式。这一章主要介绍一些常用的因特网信息服务管理技术。

5.1　DNS 和 DHCP 服务器管理

前面介绍"域名"知识时，我们已经提到了 DNS（domain name system，域名系统）这一概念。DNS 是一个在 TCP/IP 网络（因特网）中将计算机的名称转换为 IP 地址的服务系统。使用计算机名称可以使用户在方便记忆的同时，也防止因 IP 地址变更而引起使用上的不便等问题。DNS 是一个标准的网络服务，通过 DNS 让每一个客户端能解析网络名称，并登录互联网。

5.1.1　DNS 服务器管理

DNS 的搜索过程是：

① 客户端如果希望连接到 www.domain.com，则客户端计算机发出一个正向搜索到客户端设置的 DNS 服务器中进行查询。

② DNS 服务器在其数据库文件中对比查询记录是否在其中，如果有就返回给客户端，没有则传到 .com 的根服务器继续查询。

③ 根服务器根据数据库文件中的记录，将 domain.com 的 DNS 服务器 IP 地址返回给客户的 DNS 服务器。

④ 客户 DNS 服务器再向 domain.com 的 DNS 服务器查询 www.domain.com 的 IP 地址，domain.com 的 DNS 服务器根据自己的数据库记录返回 www.domain.com 的 IP 地址给客户的 DNS 服务器。

⑤ 客户的 DNS 服务器将 www.domain.com 的 IP 地址返回给客户端。

目前在因特网上，UNIX 环境下使用较多的域名服务器是 Bind，Windows 平台上使用较多的是 Windows Server 中内置的 DNS Server。

5.1.2　DHCP 服务器管理

DHCP（dynamic host control protocol，动态主机控制协议）服务器可以给使用 DHCP 客户端的计算机自动提供动态分配的 IP 地址，使管理人员能够集中管理 IP 地址的发放，省略客户端设置 IP 地址的过程，降低了客户端的设置难度，而且避免了手工设置时容易发生 IP 地址冲突的问题。同时，当计算机从一个 IP 子网移动到另一个 IP 子网时，不必因为物理位置的移动而更改 IP 地址的设置。客户计算机能从网络上 DHCP 服务器的 IP 地址数据库中自动获取为其指定的 IP 地址，降低了管理的复杂程度，同时提高了 IP 地址的利用率。

DHCP 运行方式简单，由一台 DHCP 服务器和一台自动向 DHCP 服务器索取 IP 地址的客户端组成，如图 5-1 所示。当客户端计算机启动后，自动向服务器请求一个 IP 地址，如果还有 IP 地址没有被占用，则在 IP 地址数据库中登记该地址被该客户端使用，然后把该 IP 地址及相关选项返回给客户端。

5.1.3　远程登录（Telnet）服务

Telnet 是在网络协议的支持下，使自己的计算机暂时成为远程计算机终端的过程。远程登录 Telnet 服务主要用在分布式计算机与分布式系统中，调用位于远程计算机上的资源，协同本地计算机上的作业或进程之间的工作，使得多台计算机能共同完成一个复杂的任务。

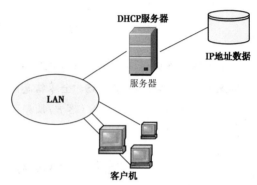

图 5-1　DHCP 服务器管理

Telnet 服务中采用的协议。Telnet 服务中采用 Telnet 协议，协议由 RFC 854 和 RFC 855 定义，其相关的 RFC 内容较多，默认的服务端口为 TCP23。

Telnet 的工作过程。用户在本地计算机上与远程计算机建立通信连接，将本地计算机输入的字符串直接送到远程计算机上，通过远程计算机的用户和口令认证后，可以实时使用远程计算机开放的资源。

Telnet 的特点。Telnet 提供通用的访问服务，当用户登录认证成功后，远程计算机允许用户通过键盘或鼠标进行交互。由于进行远程登录无需修改本地计算机的程序，因此，适用于多种类型的计算机，还可以扩展至任意类型计算机、任意类型操作系统之间的通信。远程登录使个人用户能够通过网络将不能在自己计算机上完成的任务通过远程登录在远程的大型计算机或分布式系统中协同完成。

5.1.4　主要术语

确保自己理解以下术语：

DHCP 服务器	动态分配 IP 地址	域名
DNS 服务器	服务器端	域名解析
domain	服务器角色	远程登录（Telnet）服务
Windows 管理工具	客户端	

5.1.5　实训与思考：配置 DNS 服务器

1. 实训目的

① 了解和学习信息服务管理的基本概念和基本内容。

② 学习配置 DNS，初步了解 Windows Server 网络操作系统信息服务功能的设置与组织。

2．工具/准备工作

在开始本实训之前，请回顾教科书的相关内容。

需要准备一台安装 Microsoft Server 2003 操作系统（含虚拟机环境，下同），带有浏览器，能够访问因特网的计算机。

3．实训内容与步骤

（1）安装 DNS 服务器

默认情况下，Windows Server 2003 系统中没有安装 DNS 服务器，因此，首先需要安装 DNS 服务器。

步骤 1：在 Windows Server 2003 中选择"开始"｜"所有程序"｜"管理工具"｜"配置您的服务器向导"命令，在打开的向导页中依次单击"下一步"按钮。配置向导自动检测所有网络连接的设置情况，若没有发现问题则进入"服务器角色"向导页，如图 5-2 所示。如果是第一次使用配置向导，则还会出现一个"配置选项"向导页，选择"自定义配置"单选按钮即可。

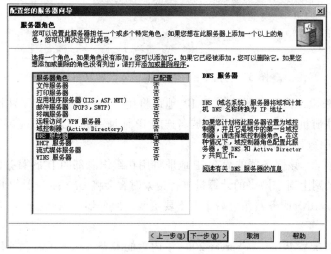

图 5-2　"服务器角色"向导页

步骤 2：在"服务器角色"列表中选择"DNS 服务器"选项，再单击"下一步"按钮，进入"选择总结"向导页。如果列表中出现"安装 DNS 服务器"和"运行配置 DNS 服务器向导来配置 DNS"选项，则直接单击"下一步"按钮，否则单击"上一步"按钮重新配置。

步骤 3：系统开始安装 DNS 服务器，并且可能会提示插入 Windows Server 2003 的安装光盘或指定安装源文件，如图 5-3 所示。

注意：如果该服务器当前配置为自动获取 IP 地址，会出现"Windows 组件向导"的"正在配置组件"页面，提示用户使用静态 IP 地址配置 DNS 服务器，在这里，我们的 IP 地址为 192.168.2.6。

步骤 4：右击"网上邻居"图标，在弹出的快捷菜单中选择"属性"命令，打开"网络连接"窗口。右击"本地连接"图标，弹出快捷菜单，选择"属性"命令。在弹出的"本地连接属性"对话框中，选中"Internet 协议（TCP/IP）"复选框，然后单击"属性"按钮。在弹出的"Internet 协议（TCP/IP）属性"对话框中，选择"使用下面的 IP 地址"单选按钮，然后键入该服务器的静态 IP 地址、子网掩码和默认网关。选择"使用下面的 DNS 服务器地址"单选按钮，在"首选

DNS 服务器"中键入该服务器的 IP 地址；在"备用 DNS 服务器"中，键入 ISP 或总部宿主的 DNS 服务器的 IP 地址。当完成对 DNS 服务器静态地址的设置时，单击"确定"按钮，然后关闭"本地属性连接"对话框。

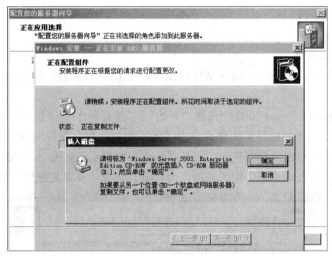

图 5-3　指定系统安装盘或安装源文件

对于小型组织来说，该服务器的静态 IP 地址将用于向授权的因特网注册机构注册公司的 DNS 域名。因特网注册机构将公司的 DNS 域名连同 IP 地址一起映射，以便因特网上其他计算机知道您网络的 DNS 服务器的 IP 地址。

对于分支机构而言，该服务器的静态 IP 地址将用在组织总部的 DNS 服务器所配置的域名指派中。组织内和因特网上对您网络的计算机进行搜索时，会将 DNS 服务器的 IP 地址用于您的网络。因此，在添加了 DNS 服务器角色后千万不要更改该服务器的 IP 地址。

（2）配置 DNS 服务器

下面，我们通过配置 Windows Server 2003 中内置的 DNS Server，来学习有关 DNS 服务器的操作。DNS 服务器安装完成后会自动打开"配置 DNS 服务器向导"对话框，如图 5-4 所示。

步骤 1：在"配置 DNS 服务器向导"的欢迎页面中单击"下一步"按钮，进入"选择配置操作"向导页。

步骤 2：选择配置操作。在"选择配置操作"页面上，选择"创建正向查找区域"单选按钮（见图 5-5），然后单击"下一步"按钮。

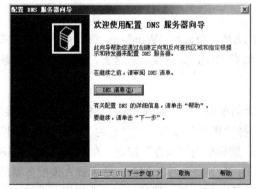

图 5-4　"配置 DNS 服务器向导"对话框

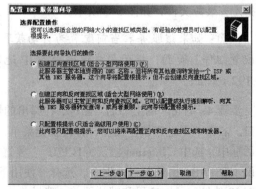

图 5-5　指定"创建正向查找区域"

步骤 3：主服务器位置。在打开的"主服务器位置"页面上，选择"这台服务器维护该区域"单选按钮（见图 5-6），指定由该 DNS 服务器宿主包含网络资源的 DNS 资源记录的 DNS 区域，然后单击"下一步"按钮。

步骤 4：区域名称。在打开的"区域名称"页面上的"区域名称"文本框中，指定网络的 DNS 区域的名称（见图 5-7），然后单击"下一步"按钮。区域的名称与小型组织或分支机构的 DNS 域的名称相同，在这里我们使用的区域名称是 zhousu.net。

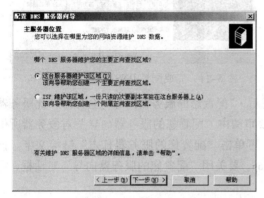
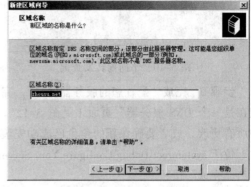

图 5-6　指定"这台服务器维护该区域"　　　　图 5-7　指定区域名称

步骤 5：区域文件。在打开的"区域文件"页面使用默认选项，即区域名称+".dns"（见图 5-8），然后单击"下一步"按钮。

步骤 6：动态更新。在打开的"动态更新"页面上，选择"允许不安全和安全的动态更新"单选按钮（见图 5-9），这样会使网络中资源的 DNS 资源记录自动更新。然后单击"下一步"按钮。

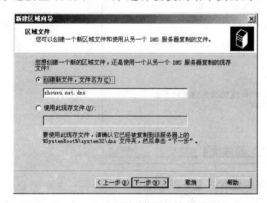
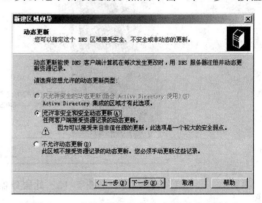

图 5-8　指定"创建新的区域文件"　　　　图 5-9　允许不安全和安全的动态更新

步骤 7：转发器。在打开的"转发器"页面上，一般应该选择"是，应当将查询转送到有下列 IP 地址的 DNS 服务器上"单选按钮，选择该配置，会将网络外的 DNS 名称的所有 DNS 查询都转发到位于 ISP 或总部的 DNS 服务器。键入由 ISP 或总部运行的 DNS 服务器所使用的一个或多个 IP 地址。这里，如果 ISP 的 IP 地址不明确，暂时选择"否，不向前转发查询"单选按钮（见图 5-10），单击"下一步"按钮。DNS 的设置参数日后也可以方便地调整。

步骤 8：正在完成配置 DNS 服务器向导。在打开的"配置 DNS 服务器向导"的"正在完成配置 DNS 服务器向导"页面（见图 5-11）上，可以单击"上一步"按钮对设置进行任意更改。要应用您所选择的内容，请单击"完成"按钮。

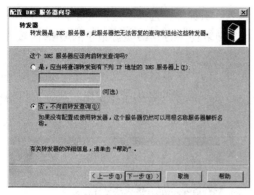 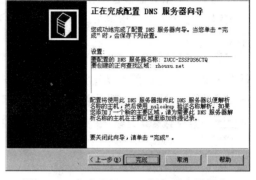

图 5-10　不向前转发查询　　　　　图 5-11　完成配置 DNS 服务器向导操作

步骤 9：完成"配置您的服务器向导"。完成后，"配置您的服务器向导"会显示"此服务器现在是一个 DNS 服务器"页面（见图 5-12）。要审阅由"配置您的服务器向导"对服务器所做的所有更改，或者要确保新的角色已成功安装，可单击"配置您的服务器日志"链接文字。该日志位于 systemroot\Debug\Configure Your Server.log。要关闭"配置您的服务器向导"对话框，可单击"完成"按钮。

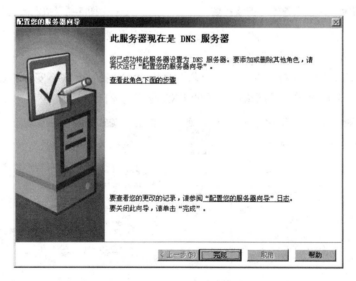

图 5-12　此服务器现在是 DNS 服务器

利用向导成功创建了"zhousu.net"区域，可是，内部用户还不能使用这个名称来访问内部站点，因为它还不是一个合格的域名。接着还需要在其基础上创建指向不同主机的域名才能提供域名解析服务。

例如，创建一个用以访问 Web 站点的域名"www.zhousu.net"，操作步骤如下：

步骤 1：在 Windows Server 2003 中选择"开始"|"所有程序"|"管理工具"|DNS 命令，打开"dnsmagt"控制台窗口。

步骤 2：在左窗格中依次展开 Server|"正向查找区域"选项。然后右击 zhousu.net 选项，在弹出的快捷菜单中选择"新建主机"命令（见图 5-13）。

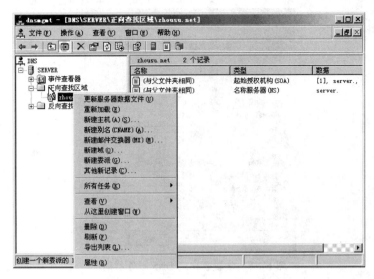

图 5-13　执行"新建主机"命令

步骤 3：在弹出的"新建主机"对话框的"名称"文本框中键入一个能代表该主机所提供服务的名称（本例键入"www"）。在"IP 地址"文本框中键入该主机的 IP 地址（如 192.168.2.58），单击"添加主机"按钮，很快会提示已经成功创建了主机记录（见图 5-14）。最后单击"完成"按钮结束创建。

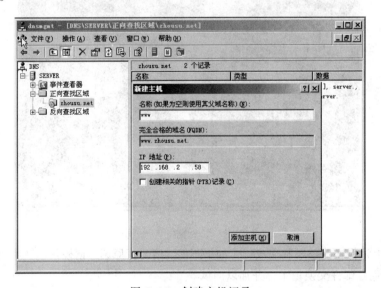

图 5-14　创建主机记录

步骤 4：设置 DNS 客户端。尽管 DNS 服务器已经创建成功，并且创建了合适的域名，可是在客户机的浏览器中却无法使用"www.zhousu.net"这样的域名访问网站。这是因为虽然已经有了 DNS 服务器，但客户机并不知道 DNS 服务器在哪里，因此不能识别用户输入的域名。用户必须手动设置 DNS 服务器的 IP 地址才行。在客户机"Internet 协议（TCP/IP）属性"对话框中的"首选 DNS 服务器"文本框中设置刚刚部署的 DNS 服务器的 IP 地址，本例为"192.168.2.6"，如图 5-15 所示。然后再次使用域名访问网站，您会发现已经可以正常访问了。

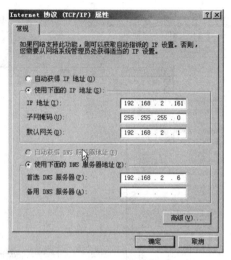

图 5-15　设置客户端 DNS 服务器地址

步骤 5：测试 DNS。选择 Windows Server 2003 的"开始"|"运行"命令，在"运行"对话框里输入"cmd"，单击"确定"按钮，进入命令模式。在命令模式下输入命令"nslookup"，以对 DNS 进行测试，如图 5-16 所示。

图 5-16　nslookup 测试命令

请记录：上述操作能够顺利完成吗？如果不能，请分析原因。请模仿创建主机记录，自行创建别名记录，创建邮件交换记录，并加以测试。

（3）DHCP 服务器的配置与管理

借助于 Windows "帮助和支持"功能，模仿上述 DNS 服务器的配置操作，请尝试完成 Windows Server 2003 的 DHCP 服务器的配置工作。

请记录：你是否完成了 DHCP 服务器的配置操作？上述操作能够顺利完成吗？如果不能，请分析原因。

4．实训总结

5．实训评价（教师）

5.1.6　阅读与思考：网络管理技术的亮点与发展

网络技术的深层次发展使得整个网络的结构变得复杂，网络的不断升级改造又让不同时代、不同厂商、不同档次、不同性能的设备同场竞技，网络的维护和管理由此变得复杂起来。今天，在包含有数以十计、数以百计服务器的大型企业网络内，不仅 UNIX、Linux 和 Windows Server 等多种服务器平台共存，而且需要部署 Oracle、Sybase、SQL Server 等多种类型的数据库及应用。这类网络在部署新型应用时，需要在每台服务器或 PC 机上进行软件分发和安装，网络日常维护与管理的工作量和难度非常大。网络管理人员迫切需要实现快速、轻松的网络管理。

（1）以智能化为引擎

网络管理软件一个发展方向是进一步实现智能化，从而大幅度降低网管人员的工作压力，提高工作效率，真正体现网管软件的作用。智能化的网管软件应该能够自动获得网络中各种设备的技术参数，进而智能分析、诊断，以至预警。

很多传统的网络管理软件的处理方式是在网络故障或事故发生后，才能被网管人员发现，然后才是去寻找解决方案，这显然使处理滞后且效率降低。虽然各种网络设备都有一些相应的流量统计或日志记录功能，但都必须是由操作者去索要，而且所提供的内容也都是非常底层、非常技术型的数据包文或协议列表，要求有一定程度技术背景人员才能看明白，没有智能地提前报警的能力，因此对于网络故障或事故的控制也难以达到及时和准确。目前，对网管系统的需求最为强烈的用户一般都是网络规模比较大或者核心业务建立在网络上的企业，一旦网络出现故障，对他们的影响和损失是非常大的。所以，网管系统如果仅仅达到"出现问题后及时发现并通知网管员"的程度是远远不够的，智能化的网络管理系统具有强大的预故障处理功能，并且能够自动进行故障恢复，尽一切可能把故障发生的可能性降到最低。

（2）靠自动化拉动系统

自动化的网络管理，能大幅度地减少网络管理人员的工作量，让他们从繁杂的事物性工作中解脱出来，有时间和精力来思考和实施网络的性能提速等疑难问题。而从网管软件的发展历史来看，也显现出这个趋势。网管软件在发展中，依据其配置设备的方式不同大致可以分为三代。

第一代网管，就是我们最常用的命令行（CLI）方式，它不仅要求使用者精通网络的原理及概念，还要求使用者了解不同厂商的不同网络设备的配置方法。当然，这种方式可以带来很大的灵活性，因此深受一些资深网络工程师的喜爱，但对于一般用户而言，这并不是一种最好的方式。至少配置起来很不"轻松"。

第二代网管有着很好的图形化界面，对于此类网管软件，用户无须过多了解不同设备间的不同配置方法，就能图形化地对多台设备同时进行配置，这大大缩短了工作时间，但依然要求使用者精通网络原理。换句话说，在这种方式中，仍然存在由于人为因素造成网络设备功能使用不全面或不正确的问题。

第三代网管对用户而言，是一种真正的"自动配置"的网管软件，网管软件管理的已不是一个具体的配置，而仅仅是一个关系。对网管人员来说，只要把人员情况、机器情况、以及人员与网络资源之间的分配关系告诉网管软件，网管软件能自动地建立图形化的人员与网络的配置关系，不论用户在何处，只要他一登录，便能立刻识别用户身份，而且还可以自动接入用户所需的企业重要资源（如电子邮件、Web、电视会议、ERP以及CRM应用等）；而且该网络还可以为那些对企业来说至关重要的应用分配优先权，同时，整个企业的网络安全可得以保证。

在大型网络中心内，系统的异构化增加了网络管理的复杂性。而且，在分支机构遍布的大型企业中，受到时空限制使得实时网络设备操作很难实现。而且，现场作业势必造成巨大的人员、资源浪费，系统恢复时耗较长。其二，每个企业的专家资源有限，每当设备出现故障均选派专家亲赴现场维护网络，这对企业来说很不现实。因此，如何维护大型机构中分布于各地的网络设备，这是企业面临的网络管理难点所在，由此可见，加强网络管理系统的易用性迫在眉睫。

集中式远程管理是以加强网络管理系统的易用性为根本出发点，企业可以通过一个统一平台掌控远隔千里的网络设备、服务器甚至 PC，达到简化网络管理的目的。在大型网络应用环境下，所有服务器和网络设备都可达到网络运行中心，将设备维护及故障排除集中于网络操作中心平台上，简化运维、提高效率。在跨地区多中心的网络应用环境下，通过相对集中的控制、处理系统可实现关键设备的异地远程管理，尽可能压缩现场作业，降低设备运维成本。另一方面，对企业来说，集中化的操控平台能够实现在线调集不同地区专家资源，谋策解决设备处理问题，达到增加设备可持续运营时间的最终效果。而且还能够带来物理安全性的提高，避免了网管人员来回奔波的传统作业模式，大大增强了网络管理系统的易用性。

（3）"Z"字头网管系统

快捷的网络管理系统降低了网管的门槛，使得网络内各种不同的设备都统归到一个系统平台上体现监控，并以直观简单的方式呈现给用户，使操作快捷明了。而且还在节约人力及各项资源成本的前提下，保证网络的通畅使用。这类网管系统的整体界面通过一个非常直观的物理拓扑图表现，并用普通大众非常容易接受的多种颜色表示设备的不同状态或不同故障等级的描述，还可以对收集到的各种数据流量进行分析，并寻找发生异常的源头机器，一旦颜色显示非正常，有可能导致网络故障，网管人员就可以根据分析所得，去源头机器那里查找具体的原因。在直观的多颜色状态显示下，经过事前的统一监控，并对监控结果检测分析，最终确认引发异常的源头。看起来就像一条工序的流水线作业，非常流畅和快捷，而且协调有秩序，当网管人员从容自如地察看监控界面时，无论是接受综合管理平台得出的异常状态显示还是最终的源头排障都让网络在不知不觉中提升了整体运行维护的效率和效果。快捷实现网管的目标彰显无疑。

（4）当乱不乱的安全管理

随着网络安全在网络中重要性地不断提升，安全管理被提到了议事日程上。今后一个重要的趋势是，安全管理与传统的网络管理逐渐融合。网络安全管理指保障合法用户对资源安全访问，防止并杜绝黑客蓄意攻击和破坏。它包括授权设施、访问控制、加密及密钥管理、认证和安全日志记录等功能。传统的网管产品更关注对设备、对系统、对各种数据的管理，管理系统是不是在工作，网络设备中的通信、通信量、路由等等是不是正确，数据库是不是占用了合理的资源等；但他没有关注人们的行为，上网行为是否合法，哪些是正常的行为，哪些是异常的行为，安全管理中就增加了这些内容。

（5）轻松网管的工作内容

① 网络系统管理。网管系统主要是针对网络设备进行监测、配置和故障诊断。主要功能有自动拓扑发现、远程配置、性能参数监测、故障诊断。目前网管系统解决的问题各不相同，一个企业很可能会购买多种网管系统，这样导致一个企业内部网中也会有多套网管系统共存，如果没有开放接口，管理人员就不得不通过不同的操作台管理不同系统。未来的趋势是逐步走向统一，在一个开放的标准下实现各种设备的统一管理。

② 应用性能管理。这是一个新的网络管理方向，主要指对企业的关键业务应用进行监测、优化，提高企业应用的可靠性和质量，保证用户得到良好的服务。监测企业关键应用性能，快速定位应用系统性能故障，优化系统性能，精确分析系统各个组件占用系统资源情况，中间件、数据库执行效率，根据应用系统性能要求提出专家建议，保证应用在整个寿命周期内使用的系统资源要求最少。

③ 桌面管理。实际上是指对桌面电脑等设备的管理，它包括盘存、支持和维护公司的桌面计算机设备和应用软件，它的一个基石就是对用户、软件和桌面计算机的支持。桌面管理也包括对旅行中的行政人员所使用的间断连接设备的支持，它正在变得明显和重要。

目前桌面管理主要关注在资产管理、软件派送和远程控制。桌面管理系统通过以上功能，一方面减少了网管员的劳动强度，另一方面增加系统维护的准确性、及时性。

④ 安全管理。指保障合法用户对资源的安全访问，防止并杜绝黑客蓄意攻击和破坏。它包括授权设施、访问控制、加密及密钥管理、认证和安全日志记录等功能。今后一个重要的趋势是，安全管理与传统的网络管理逐渐融合。

⑤ Web 管理。Web 技术具有灵活、方便的特点，适合人们浏览网页、获取信息的习惯。基于 Web 的网络管理模式的实现有代理式和嵌入式两种方式。

大型企业通过代理来进行网络监视与管理，而且代理方案也能充分管理大型机构的纯 SNMP 设备；内嵌 Web 服务器的方式对于小型办公室网络则是理想的管理。

（6）网管软件的发展

网管软件的一个奋斗目标就是进一步实现高度智能，大幅度降低网络运维人员的工作压力，提高他们的工作效率，真正体现运维管理工具的作用。现在的网管软件虽然在一定程度上达到了自动化、智能化，但是从应用的灵活性、简便性、人性化等各个方面来讲，在很大程度上都还有进一步提升的空间，这些也正是各网管厂商进一步努力的方向。

现在的网络管理软件比较杂，有专门的服务器网管软件，也有不同的网络设备厂商提供的设备管理系统，还有加强对应用系统管理的软件。随着应用的增添和网络布局的变化等，网管软件必须可灵活定制和快速开发。个性化管理指管理形式的多样性，包括界面的灵活定制、模块的灵活选择、监测对象和管理对象形式的多样性等。个性化既和用户所在行业的特殊应用有关，也和用户的使用习惯、管理方式等有关系。

不少网络管理人员都经历了早期用手工配置和查看的管理手段就可以应付网络管理的初级阶段，逐渐过渡到用一些小工具来管理和维护网络，然后再升级发展到用专用网管软件来管理网络的高级阶段。网管软件的种类纷繁众多，既有著名的 IBM Tivoli、HP OpenView、CA Unicenter

等网管平台软件，也有 CiscoWorks、HammerView、QuidView、LinkManager 等设备厂商提供的网管软件，更有其他一些小厂商的针对个别功能的网管软件以及免费软件。随着网络基础设施建设的日趋加快和完善，网管软件的发展历经了面向简单设备维护、网络环境管理和企业经营管理等 3 个阶段。同时，智能化、自动化、易用化、快捷性、协同性、扩展性、安全性，也成为了网管软件的发展趋势关键词。

有了网管软件的帮助，网管人员终于可以告别了整日埋头在设备和线缆中查故障的苦日子，开始"轻松网管，快意网络"的幸福时光。

资料来源：巧巧读书（http://www.qqread.com），此处有删改。

请分析： 阅读上述内容，请简单叙述你的理解和感想。

_____

_____

_____

_____

5.2　WWW 服务器管理与 IIS Web 服务器

WWW（world wide web）是分布式超媒体系统，它融合了信息检索技术与超文本技术，是使用简单、功能强大的全球信息系统，也是因特网提供的最主要的信息服务。

5.2.1　WWW 服务器

WWW 向用户提供了一个高级浏览服务，用户通过一个多媒体的图形浏览界面，在 WWW 提供的信息栏上一层层地进行选择，通过超文本链接查询详细资料。

1. WWW 服务中使用的协议

WWW 服务中使用的主要协议是 HTTP（hypertext transfer protocol，超文本传送协议），其他相关的协议还有：HTML（RFC[①] 1866）、URL（RFC 1738，RFC 1808）、MIME（RFC 1521），协议中规定 HTTP 服务器默认 TCP 端口 80。

2. 超文本

所谓超文本是由 HTML（超文本置标语言）标注而成的一种特殊的文本文件，其中的一些字符被 HTML 标记为超链接，在显示时其字体或颜色有所变化，或者标有下画线，以区别一般的正文。当鼠标指针移动到一个超链接上时，指针的形状将发生变化，按下鼠标的执行键（一般为左键），浏览的内容将转到该超链接所指定的文件或文件的具体位置。在超文本文件中，通过 HTML 语言的标注，可以加入声音、图形、图像、视频等文件信息，通过浏览器显示出来。

3. URL

统一资源定位地址（URL）是在因特网定位信息资源文件的完整标识，通常在 IE 浏览器的地址栏中显示出来。其具体格式如：

```
protocol://server_name: port/document_name
```

其中：protocol：指访问文档采用的协议名；

---

① RFC 是 request for comments（请求注释的标准与规范文件）的缩写。

　　　　　　server_name: 文档所在主机的域名;
　　　　　　port: 可选的协议端口号;
　　document_name: 在计算机上的文档名。

　　例如，http://www.zucc.edu.cn/index.html 说明当前采用 HTTP 协议，访问主机名为 www.zucc.edu.cn 的服务器上的超文本文件 index.html。

4. WWW 的工作流程

　　WWW 的工作流程如图 5-17 所示。客户机通过运行本地的浏览器程序，在浏览器中发出服务请求，服务请求通过 HTTP 传到远程服务主机，服务主机根据客户的请求，在其保存的资源文件中查找到客户所请求的资源，然后通过 HTTP 传递给客户机，在客户机的浏览器中显示出来。

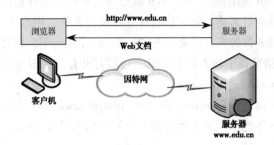

图 5-17　WWW 服务工作流程

5. 主页

　　WWW 服务器中保存着大量的超文本文件及其所标注的其他资源文件，当访问该服务器而没有指定具体文件名时，服务器会将一个默认的超文本文件传递给用户，此文件称为主页（homepage）或首页，默认的主页文件名为 index.html。主页在 WWW 服务器上起到了一个目录的作用，可以引导用户一层层地查找自己所需信息。

6. WWW 服务器

　　Web 服务器有时也称 HTTP 服务器，它用来响应来自 Web 浏览器的请求并提供 Web 页。建立一个 WWW 服务器是因特网站点建设时需要考虑的首要任务，当访问者单击在浏览器中打开的 Web 页上的某个链接、在浏览器中选择一个书签，或在浏览器的地址文本框中输入一个 URL 时，便生成一个页请求。

　　提供 WWW 服务的服务器软件非常多，使用较为广泛的 Web 服务器软件有 Apache HTTP Server、Microsoft Internet Information Server（IIS）、Microsoft Personal Web Server（PWS）、Netscape Enterprise Server 和 Sun ONE Web Server 等。

5.2.2　IIS Web 服务器

　　Windows 的因特网信息服务（Internet information server, IIS）提供了可用于内联网（intranet）、因特网或外联网（extranet）上的集成 Web 服务器能力，这种服务器具有可靠性、可伸缩性、安全性以及可管理性好的特点。可以使用 IIS 为动态网络应用程序创建功能强大的通信平台。任何规模的组织都可以使用 IIS 主持和管理因特网或内联网上的网页及文件传送协议（FTP）站点，并使用网络新闻传送协议（NNTP）和简单邮件传送协议（SMTP）路由新闻或邮件。IIS 充分利用了最新的 Web 标准（如 ASP.NET、可扩展置标语言（XML）和简单对象访问协议（SOAP）来开发、实施和管理 Web 应用程序。IIS 提供了一些新功能来帮助组织、IT 专业人士和 Web 管理员为单个 IIS 服务器或多个服务器上可能存在的上千个网站实现高性能、可靠性、可伸缩性和安全性的目标。

Microsoft IIS 是常用的 Web 服务器软件之一，是 Microsoft 架设 Web、FTP、SMTP 等服务器的一套整合软件，用于发布信息和将应用程序加载到网站上，便于为网络应用程序和通信创建强大的 Web 平台。

Windows XP Professional 及以上版本都默认安装有 IIS，也可以在 Windows 安装完毕后再加装 IIS，用 IIS 来实现专业的服务器。

1. IIS 服务器的名称

如果使用 IIS 开发 Web 应用程序，则 Web 服务器的默认名称就是该计算机的名称，可以通过更改计算机名来更改服务器名称。如果你的计算机没有名称，则服务器使用 localhost。

服务器名称对应于服务器的根文件夹。在 Windows 计算机上，根文件夹通常是 C:\Inetpub\wwwroot。通过在运行的浏览器中输入以下 URL，可以打开存储在根文件夹中的任何 Web 页：

http://your_server_name/your_file_name

例如，如果服务器名称是 mer_noire，并且 C:\Inetpub\wwwroot\ 中保存有名为 soleil.html 的 Web 页，则你可以通过在本地计算机上运行的浏览器中输入以下 URL 而打开该页：

http://mer_noire/soleil.html

还可以通过在 URL 中指定子文件夹来打开存储在根文件夹的任何子文件夹中的 Web 页。例如，假设 soleil.html 文件存储在名为 gamelan 的子文件夹中，打开该页的方式如下所示：

C:\Inetpub\wwwroot\gamelan\soleil.html

也可以通过在浏览器中输入以下 URL 而打开该页：

http://mer_noire/gamelan/soleil.html

如果 Web 服务器运行在你的计算机上，可以用 localhost 来代替服务器名称。例如，以下两个 URL 在浏览器中打开的是同一页：

http://mer_noire/gamelan/soleil.html

http://localhost/gamelan/soleil.html

除服务器名称或 localhost 之外，还可以使用另一种表示方式，即：127.0.0.1（例如 http://127.0.0.1/gamelan/soleil.html）。

2. IIS 服务器的功能

IIS 提供的基本服务包括：

① WWW 服务：是在网上发布，可以通过浏览器观看的，用 HTML 编写的图形化页面服务。WWW 服务支持最新的超文本传送协议（HTTP）标准，运行速度快，安全性能高，还可以提供虚拟主机服务。IIS 允许用户设定数目不限的虚拟 Web 站点。

② FTP 服务：支持文件传送协议（FTP），主要用于网上的文件传送。IIS 允许用户设定数目不限的虚拟 FTP 站点，但是，每一个虚拟 FTP 站点都必须拥有一个唯一的 IP 地址。

③ SMTP 服务：支持简单邮件传送协议（SMTP）。IIS 允许基于 Web 的应用程序传送和接收信息。启动 SMTP 服务时需要使用 Windows 操作系统的 NTFS 文件系统。

除上述服务之外，IIS 还可以提供 NNTP Service 等服务。

默认情况下，IIS 没有安装在运行 Windows Server 2003 操作系统的计算机上，这可以防止管理员无意中安装该服务。"防止安装 IIS"策略允许域管理员控制哪些运行 Windows Server 2003

服务器允许安装 IIS。

3．IIS 的安全机制

IIS 是以高度安全和锁定模式安装的。默认情况下，IIS 仅服务于静态内容，这意味着 active server pages（ASP）、ASP.NET、索引服务、在服务器端的包含文件（SSI）、Web 分布式创作和版本控制（WebDAV）、FrontPage Server Extensions 等功能在启用之前将不会工作。要服务于动态内容并解除这些功能的锁定，必须使用 IIS 管理器启用这些功能。管理员可以根据组织需要启用或禁用 IIS 功能。

IIS 提供了多种功能来保护应用程序服务器的安全，这些功能包括：

① 身份验证机制，包括新的高级摘要身份验证在内。

② URL 授权，它向特定的 URL 提供基于角色的授权。

③ 安全套接字层（SSL）提供了一种交换信息的安全方法。

④ 可选择的加密服务提供程序，允许用户选择适合需要的加密服务提供程序（CSP）。

5.2.3　Windows 的文件系统

为保证系统安全，Microsoft 建议使用 Windows 的 NTFS 文件系统来格式化所有 IIS 驱动器。Windows 主要支持 3 种不同的文件系统，即：FAT、FAT32 和 NTFS。

1．文件分配表（FAT）

一种供 MS-DOS 及其他 Windows 操作系统对文件进行组织与管理的文件系统。文件分配表（FAT）是当使用 FAT 或 FAT32 文件系统对特定卷进行格式化时，由 Windows 所创建的一种数据结构。Windows 将与文件相关的信息存储在 FAT 中，以供日后获取文件时使用。

2．FAT32

一种从文件分配表（FAT）文件系统派生而来的文件系统。与 FAT 相比，FAT32 能够支持更小的簇以及更大的容量，从而能够在 FAT32 卷上更为高效地分配磁盘空间。

3．NTFS 文件系统

一种能够提供各种 FAT 版本所不具备的性能、安全性、可靠性与先进特性的高级文件系统。举例来说，NTFS 通过标准事务日志功能与恢复技术确保卷的一致性。如果系统出现故障，NTFS 能够使用日志文件与检查点信息来恢复文件系统的一致性。在 Windows 2000/XP 中，NTFS 还能提供诸如文件与文件夹权限、加密、磁盘配额以及压缩之类的高级特性。

其中，NTFS 是 Microsoft 强力推荐使用的文件系统，与 FAT 或 FAT32 相比，它具有更为强大的功能，并且包含 Active Directory 及其他重要安全特性所需的各项功能。只有选择 NTFS 作为文件系统，才可以使用诸如 Active Directory 和基于域的安全性之类特性。

5.2.4　网站的服务器主机

在前期域名注册和网页制作等工作之外，还需要为网站（网络）选择主机。主机必须是一台功能较强的服务器级计算机，并且通常通过专线或其他的形式保持 24 小时与因特网的相连。

网络服务器除存放企业网页，为浏览者提供浏览服务之外，还同时充当"电子邮局"等角色，负责收发企业的电子邮件。还可以在服务器上添加各种各样的网络服务功能。

搭建网站服务器的方法主要有两种，即：自建服务器（独立服务器）和服务器托管（包括主机托管和租用虚拟主机）。

1．自建服务器

网站建设和推广初期，可以考虑租用虚拟主机，以降低费用。但随着网站内容与功能的不断完善，访问量逐渐增加，可以考虑进行主机托管甚至自建服务器，用以保证网站发展和访问速度需求。

选择独立服务器方式，即自己购置并维护网站服务器计算机，需要申请专线，购买并设置软件。自建服务器投资大、见效慢、需要高水平的维护队伍、运行成本较高。

2．服务器托管

服务器托管产生的技术基础和所依赖的手段主要是"客户机/服务器"和"远程控制"等机制。即无论在哪里，只要能上网，就可以对远程服务器进行控制，从而实现对服务器的拥有和维护。

服务器托管可分为整机托管与虚拟主机托管：

① 整机托管：是在与因特网实时相连的网络环境中放置一台服务器，或向其租用一台服务器，客户可以通过远程控制将服务器配置成 WWW、E-mail、FTP 服务器。

② 虚拟主机托管：是将一台 UNIX/Linux 或 Windows Server 系统整机的硬盘划细，细分后的每块硬盘空间可以被配置成具有独立域名和 IP 地址的 WWW、E-mail、FTP 服务器。这样的服务器在被人们浏览时，看不出其与别人共享一台主机系统资源。在这台机器上租用空间的用户可以通过远程控制技术，如远程登录（Telnet）、文件传送（FTP），全权控制属于他的那部分空间，如信息的上传下载、应用功能的配置等。通过虚拟主机托管这种方式拥有一个独立站点，其性能价格比远远高于自己建设和维护一个服务器。目前这种建立站点的方式被越来越多的企、事业单位所采用。

与其他方式相比，租用因特网服务商提供的空间这种方式体现了经济、快捷、实用的优势，且具有独立 IP 地址和独立域名，在访问者中同样可以树立独立的网上形象。

5.2.5 主要术语

确保自己理解以下术语：

HTML	URL	服务器托管
HTTP	Web 服务器	服务器主机
IIS	Windows 文件系统	虚拟主机托管
Netcraft 网站探测	WWW 服务器	整机托管
NTFS	超文本	自建服务器

5.2.6 实训与思考：安装 Windows IIS Web 服务器

1．实训目的

① 熟悉 WWW 服务器管理和建设 Web 服务器的一般概念，熟悉 Microsoft IIS 系统的主要作用和基本内容。

② 熟悉 Windows 操作系统主要支持的 FAT、FAT32 和 NTFS 等文件系统。

③ 掌握安装和设置 IIS 的基本方法，学习用 IIS 初步建立自己的 Web 服务器。

2．工具/准备工作

在开始本实训之前，请回顾教科书的相关内容。

需要准备一台安装 Microsoft Server 2003 操作系统，带有浏览器，能够访问因特网的计算机。

3．实训内容与步骤

（1）概念理解

请阅读课程知识，或者通过网络进行浏览和查阅有关资料，再根据你的理解和看法，给出以下问题的答案。

① 请简述 Web 服务的主要内容是什么？

_____

_____

② 什么是超文本文件？

_____

_____

③ URL 的含义是什么？

_____

_____

_____

（2）实训准备

首先，请确认操作系统。为使用 IIS 来实现 Web 服务器，你的计算机必须使用 Windows XP Professional 及以上版本。在本实训中，建议使用 Windows Server 2003 操作系统。

请核实：在本次实训中，你使用的操作系统版本是：_____。

选择合适的文件系统。为保证系统安全，Microsoft 建议使用 NTFS 文件系统来格式化所有 IIS 驱动器。

> **提示**：一旦将某个驱动器或分区转换为 NTFS 格式，便无法将其恢复回 FAT 或 FAT32 格式。如果确实需要这样做，则必须对驱动器或分区进行重新格式化，但这样将会从相应分区上删除包括程序及个人文件在内的所有数据，请特别小心。

请核实：

① 本次实训你所使用的计算机的总的硬盘空间是：_____MB。请将该计算机中各硬盘分区的数据填入表 5-1 中。

② 你选择用于安装 IIS 系统的硬盘分区是：_____盘。

如果在需要安装 IIS 系统的计算机中还没有 NTFS 硬盘分区，则请执行"（3）准备 NTFS 文件系统的 IIS 驱动器"，对选定的硬盘分区进行 NTFS 格式化。

表 5-1　实训记录

序　号	盘　　符	文件系统	容量/MB	可用容量/MB
1				
2				

续表

序　　号	盘　　符	文件系统	容量/MB	可用容量/MB
3				
4				
5				

③ 你的计算机上可能已经安装了 IIS。请检查在你机器的文件夹结构中是否包含有一个 C:\Inetpub 文件夹，因为 IIS 在安装过程中将创建该文件夹。

请确认：本次实训中你所使用的计算机是否已经安装有 IIS：　　□ 是　　　□ 否

如果该文件夹不存在，则执行以下操作，完成 IIS 的安装。即使你实训用的机器已经安装有 IIS，也请你阅读以下操作步骤，以丰富你的知识。

（3）准备 NTFS 文件系统的 IIS 驱动器

改变卷所使用的现有文件系统将是一项非常耗时的工作，因此，在最初安装操作系统的时候，就应该选择最适合自身长远需求的文件系统。在此之后，如果决定使用另外一种不同的文件系统，那么，一般来说，首先必须对现有数据进行备份，然后再使用新的文件系统重新对相应卷进行格式化。

然而，当你希望将 FAT 或 FAT32 卷转换为 NTFS 卷时，可以无需重新格式化。不过，即便如此，在开始转换前预先备份现有数据仍不失为一种明智的做法。

① 借助安装程序转换至 NTFS 文件系统。Windows 安装程序简化了将磁盘分区转换为 NTFS 文件系统的操作方式，即便原先使用 FAT 或 FAT32 文件系统，转换过程同样可以轻松完成。这种转换方式能够确保用户文件完好无损（与分区格式化方式不同）。

安装程序首先检测现有文件系统。如果当前文件系统为 NTFS，则无需进行转换。如果当前文件系统为 FAT 或 FAT32，安装程序将允许用户选择将其转换为 NTFS。

如果你正在使用 FAT 或 FAT32 分区，并且无需确保当前文件完好无损，那么，建议你使用 NTFS 文件系统对现有分区进行格式化，而不是从 FAT 或 FAT32 文件系统进行转换（分区格式化将删除分区上的所有数据，并允许你在新的驱动器上从头开始工作）。事实上，无论使用 NTFS 重新格式化分区或对其进行转换，操作都是很方便的。

② 利用 convert.exe 软件转换至 NTFS 文件系统。在 Windows 中选择"开始"|"搜索"命令，可以在 Windows 的系统文件夹下（例如 C:\windows\system32）找到 convert.exe 文件。通过使用 convert.exe 软件，可以在安装过程结束后对分区格式进行转换。

将分区转换为 NTFS 格式的操作方式非常简便。无论该分区原先使用 FAT、FAT32 还是早期版本的 NTFS 文件系统，安装程序均可轻松完成转换工作。这种转换方式可以确保您的文件完好无损（与分区格式化方式不同）。

为通过命令行方式将特定 FAT 卷转换为 NTFS 格式，可执行以下操作步骤：

步骤 1：打开命令行方式。在 Windows 中选择"开始"|"所有程序"|"附件"|"命令提示符"命令，打开"命令提示符"窗口。

步骤 2：在"命令提示符"窗口中输入：convert <驱动器盘符>: /fs:ntfs。例如：

```
c> convert D:/fs:ntfs
```

该命令将采用 NTFS 格式对 D 驱动器进行格式化。可以通过这条命令将 FAT 或 FAT32 卷转换为 NTFS 格式。

步骤 3：如需获取更多关于 convert.ext 的相关信息，可在安装过程结束后，选择"开始"|"运行"命令，输入 cmd 并按【Enter】键。再在命令行窗口中，输入 help convert 并按【Enter】键。有关将 FAT 卷转换为 NTFS 格式的信息将在屏幕上显示。

请记录：你进行了 NTFS 格式化或转换操作了吗？如果是，则你进行 NTFS 操作的硬盘分区是_____盘。该操作是否顺利完成吗？如果不能，请分析原因。

_____

（4）安装 IIS

为安装 IIS，可按以下步骤操作：

步骤 1：在 Windows 中选择"开始"|"控制面板"|"添加或删除程序"命令，然后在打开的窗口中单击"添加/删除 Windows 组件"按钮，弹出"Windows 组件向导"对话框（见图 5-18）。

步骤 2：选中"组件"框中的"应用程序服务器"复选框，然后单击"详细信息"按钮。

步骤 3：在弹出的"应用程序服务器"对话框（见图 5-19）的"应用程序服务器的子组件"列表框中，选中"Internet 信息服务（IIS）复选框"，然后单击"详细信息"按钮。

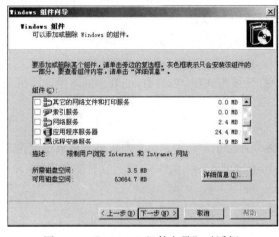

图 5-18　"Windows 组件向导"对话框

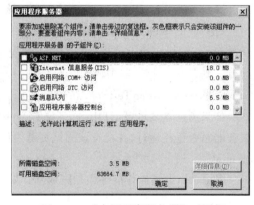

图 5-19　"应用程序服务器"对话框

步骤 4：在弹出的"Internet 信息服务（IIS）"对话框（见图 5-20）的"Internet 信息服务（IIS）的子组件"列表框中，执行以下任何一项操作：

① 要添加可选组件，请选中要安装的组件旁边的复选框。

② 要删除可选组件，请取消选择要删除的组件旁边的复选框。

如果对"子组件"不熟悉，可以考虑将各子组件全部选中。

步骤 5："万维网服务"可选组件中包括一些重要的子组件，如"Active Server Pages"和"远程管理（HTML）"等。要添加或删除这些子组件，可单击"万维网服务"选项，然后单击"详细信息"按钮（见图 5-21）。

步骤 6：单击"确定"按钮，直到返回"Windows 组件向导"对话框。

步骤 7：单击"下一步"按钮，然后单击"完成"按钮。

（5）测试 IIS

要验证 IIS 服务器是否在正常工作，可使用因特网浏览器来查看自己的网页，尽量在与被测试的 IIS 服务器位于同一局域网（LAN）内的计算机上查看网页；要验证网站在因特网上是否可用，应使用与被测试的 IIS 服务器位于不同局域网（LAN）的计算机查看该网站。

 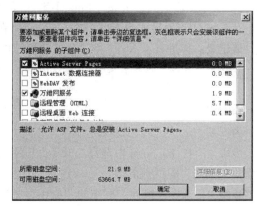

图 5-20　"Internet 信息服务（IIS）"对话框　　　　图 5-21　"万维网服务"对话框

IIS 默认的 Web（主页）文件存放于系统根区的%system%\Inetpub\wwwroot 目录中。为测试 Web 服务器，先创建一个名为 myTestFile.html 的简单 HTML 页，并将其保存在运行 Web 服务器的计算机上的 Inetpub\wwwroot 文件夹中。该 HTML 页可以由一行组成，例如：

<p> 我的 Web 服务器正在工作。</p>

然后，通过一个 HTTP 请求在 Web 浏览器中打开该测试页。如果 IIS 正在你的本地计算机上运行，则在 Web 浏览器中输入以下 URL：

http://localhost/myTestFile.html

如果浏览器显示该 HTML 页，说明 Web 服务器运行正常。如果浏览器未显示该页，应检查服务器是否正在运行，并检查该测试页是否位于 Inetpub\wwwroot 文件夹中，且文件扩展名为 .htm 或.html。

请记录：上述操作能够顺利完成吗？如果不能，请分析原因。

（6）配置默认的 Web 站点

为配置好默认的 Web 站点，可按以下步骤进行：

步骤 1：打开 IIS 管理器。在 Windows 中选择"开始"|"所有程序"|"管理工具"|"Internet 信息服务（IIS）管理器"命令，屏幕显示如图 5-22 所示。

IIS 安装好以后已经自动建立了默认站点。

步骤 2：在"Internet 信息服务（IIS）管理器"窗口中，右击已存在的"网站>默认网站"选项，在弹出的快捷菜单中选择"属性"命令，开始配置 IIS 的 Web 站点。弹出的"默认网站属性"对话框如图 5-23 所示。

每个 Web 站点都有一个唯一的、由 3 个部分组成的标识，用来接收和响应请求。这 3 个部分分别是端口号、IP 地址和主机头名。

浏览器访问 IIS 的时候顺序是这样的：IP 地址 | 端口号 | 主机头 | 该站点主目录 | 该站点的默认首文档。所以，IIS 的整个配置流程也按照访问的顺序进行。

图 5-22 "Internet 信息服务（IIS）管理器"窗口

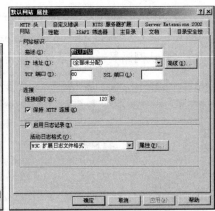

图 5-23 设置默认网站的属性

这里，所谓"主机头名"，实际上是指 www.zhousu.cn 之类的友好网址，可以用于在一个 IP 地址上建立多个 Web 站点。

步骤 3：配置 IP 地址和主机头。这里可以指定 Web 站点的 IP 地址，如果没有特别需要，则选择全部未分配。在图 5-23 所示对话框中单击"高级"按钮，可以指定主机头名。如果指定了多个主机头，则 IP 一定要选为全部未分配，否则会导致访问者无法访问。如果 IIS 只有一个站点，则无需写入主机头标识。

然后配置端口。Web 站点的默认访问端口是 TCP 80，如果修改了站点端口，则需要输入 "http://yourip:端口"才能够进行正常访问。

在"网站"选项卡中可以设置的其他项目包括：

① 描述：关于站点的说明，这将出现在 IIS 管理界面的站点名称中。

② 连接超时：设置当客户端连接站点后，无操作状态下自动断开的时间。

③ 保持 HTTP 连接：允许客户保持与服务器的开放连接，而不是使用新请求逐个重新打开客户连接。禁用"保持 HTTP 连接"会降低服务器性能。默认情况下启用"保持 HTTP 连接"。

④ 日志记录：可选择日志格式，如：IIS、ODBC 或 W3C 扩充格式等，并可定义记录选项如访问者 IP、连接时间等。

步骤 4：指定站点主目录。站点主目录是用来存放站点文件的位置，默认为%system%\Inetpub\wwwroot。在"默认网站属性"对话框中单击"主目录"标签，屏幕显示如图 5-24 所示。

在对话框的"本地路径"文本框中可以设定站点目录的存放位置，但应确保你有这个目录的控制管理权限。

也可以选择其他目录作为存放站点文件的位置，单击"本地路径"右侧的"浏览"按钮，从中选择好路径就可以了。在这里还可以赋予访问者一些权限，例如目录浏览等。基于安全考虑，注意应在 NTFS 磁盘格式下使用 IIS。

访问设置中可指定哪些资源可访问哪些资源不可访问，需要注意的是"目录浏览"和"记录访问"复选框。选中"记录访问"复选框，IIS 会记录该站点的访问情况，可以选择记录哪些资料，如：访问者 IP 时间等等。

"应用程序设置"选项区域中可配置访问者能否执行程序和执行哪些程序等。

步骤 5：设定默认文档。每个网站都会有默认文档，默认文档就是访问者访问站点时首先要访问的那个文件；例如 index.htm、index.asp、default.asp 等等。

在"默认网站属性"对话框中单击"文档"标签，屏幕显示如图 5-25 所示。

图 5-24　设置站点主目录

图 5-25　设置默认文档

为了当浏览器请求指定文档名的时候能为之提供一个默认文档，可选中"启用默认文档"复选框，在这里设定该站点的首页文件名。默认文档可以是目录的主页或包含站点文档目录列表的索引页。

要添加一个新的默认文档，可单击"添加"按钮。可以使用该特性指定多个默认文档。按出现在列表中的名称顺序提供默认文档，访问者会按照默认文档从上到下的顺序访问该站点。服务器将返回所找到的第一个文档。

要改变搜索的顺序，可选择某一文档并单击"上移"、"下移"按钮进行调整。

要从列表中删除某个默认文档，可在选中后单击"删除"按钮。

要自动将一个 HTML 格式的页脚附加到 Web 服务器所发送的每个文档中，可选中"启用文档页脚"复选框。页脚文件不应是一个完整的 HTML 文档，而应该只包括需用于格式化页脚内容外观和功能的 HTML 标签。要指定页脚文件的完整路径和文件名，可单击"浏览"按钮。

步骤 6：设定访问权限。在"默认网站属性"对话框中单击"目录安全性"标签，屏幕显示如图 5-26 所示。

一般赋予访问者有匿名访问的权限，其实 IIS 已经默认在系统中建立了"IUSR_机器名"这种匿名用户了。

要配置 Web 服务器的验证和匿名访问功能，可单击"编辑"按钮。使用该功能配置 Web 服务器在授权访问受限制内容之前确认用户的身份。但是，首先必须创建有效的 Windows 用户账户，然后配置这些账户的 Windows 文件系统（NTFS）目录和文件访问权限，服务器才能验证用户的身份。

"IP 地址及域名限制"功能仅在安装有 Windows Server 软件的设备中可用。要允许或阻止特定用户、计算机、计算机组或域访问该 Web 站点、目录或文件，可单击"编辑"按钮。

步骤 7：操作完成，为关闭 IIS Web 服务器，可按图 5-27 所示进行操作，选择"停止"命令后退出。

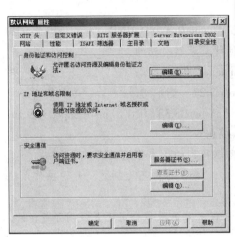

图 5-26　设置访问权限

图 5-27　停止 IIS Web 服务器

4. 实训总结

_____

_____

_____

_____

5. 实训评价（教师）

_____

_____

5.2.7　阅读与思考：著名网站都在用什么操作系统与 Web 服务器

（1）阅读

Netcraft 公司是一家多年来一直坚持跟踪全球 Web 服务器软件市场的美国公司（www.netcraft.com），利用其网站提供的探测功能，我们来看看一些著名网站的 Web 服务器信息（包括：操作系统、Web 服务器/应用服务器软件）。

（提示：以下数据有时间性，读者如果有兴趣，可以自己亲自测一测，看看即时信息——本书作者。）

① Google。除了有两个结点的操作系统看出来是 Linux 外，其他的都是未知的。Web 服务器用的都是 GWS？估计是 Google Web Server 的缩写。

② Yahoo!。操作系统都是 FreeBSD，其他的都不可知。

③ 微软。操作系统全是 Windows 2003，看来 Windows 2000 已经退出微软自己的舞台。Web 服务器用的是 Microsoft IIS 6.0。

④ eBay。操作系统用 Windows Server 2003/2000，Web 服务器用 Microsoft IIS 6.0（5.0）。

⑤ GNU.org。操作系统全是 Debian Linux，Web 服务器是 Apache/1.3.31（Debian GNU/Linux）mod_python/2.7.10 Python/2.3.4，也有的配置是：Apache/1.3.26（UNIX）Debian GNU/Linux mod_python/2.7.8 Python/2.1.3。GNU.org 对 Python 用得比较多的。

下面再看看国内的一些公司。

⑥ 阿里巴巴。操作系统是 Linux，Web 服务器是 Apache/1.3.29（UNIX）mod_alibaba/1.0 Resin/2.1.13（+mod_gzip/1.3.26.1a）。mod_alibaba 模块估计是专门定制的。

⑦ Sina。操作系统是 FreeBSD，Web 服务器都是 Apache/2.0.54。

⑧ 百度。操作系统是 Linux，Web 服务器是 Apache/1.3.27，整齐划一。

⑨ 搜狐。操作系统居然是 SCO UNIX，Web 服务器是 Apache/1.3.33（UNIX）mod_gzip/1.3.19.1a。

⑩ 网易。操作系统是 Linux，Web 服务器是 Apache/2.0.5x。

这些数据都是在 Netcraft 得到的。分析上述数据，可以得到的基本信息如下：

① Linux vs FreeBSD，不相上下。很多公司用 Linux，FreeBSD 也不乏拥趸。开源操作系统做 Web 应用是首选已经是一个既定事实。

② 关于 Apache。虽然 Apache 目前还是推荐使用 1.3 版本，但很多公司还是使用了 2.0 版，Apache.org 自己也全在使用 Apache 2.0 甚至是 2.2。

③ Mod_gzip 被一些公司有选择地使用。

④ 技术实力强的公司定制自己专用的模块。

这些判断的前提是 Netcraft 的探测是正确的并且具备代表性。

资料来源：Fenng（http://www.dbanotes.net），本处有删改。

请分析：阅读以上信息，你有些什么感想？请简述之。

（2）Netcraft 探测实例

图 5-28 所示是 Netcraft 网站探测的两个实例。

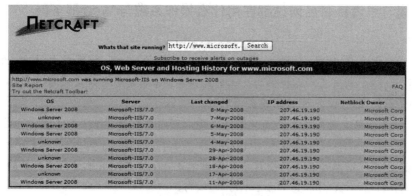

（a）微软公司网站 Netcraft 探测

图 5-28

（b）腾讯公司网站 Netcraft 探测

图 5-28　Netcraft 网站探测实例（2008 年 5 月 9 日）

（3）Netcraft 探测实践

以下列网址为例，请尝试利用 Netcraft 公司网站（www.netcraft.com）对国内流量最大的几个论坛服务器进行实际探测：

http://uptime.netcraft.com/up/graph/?site=http://newbbs1.sina.com.cn 新浪论坛

http://uptime.netcraft.com/up/graph/?site=http://knl.bj.163.com 网易论坛

http://uptime.netcraft.com/up/graph/?site=http://forum.xinhuanet.com/ 新华网

http://uptime.netcraft.com/up/graph/?site=http://club.yule.sohu.com 搜狐

http://uptime.netcraft.com/up/graph/?site=http://bbs.people.com.cn 人民网论坛

http://uptime.netcraft.com/up/graph/?site=http://www.qq.com/ 腾讯

请分析：记录并简单分析你的探测结果。

5.3　建立 Apache Web 服务器

Apache（http://www.apache.org/）的诞生富有戏剧性，它的最早版本是由美国伊利诺伊大学香槟分校（University of Illinios, Urbana-Champaign.）国家超级计算应用中心（NCSA）的 Rob McCool 开发的 the Public Domain HTTPS Daemon 程序发展而来的，于 1995 年 12 月 1 日发布。当时，NCSA WWW 服务器项目停顿后，那些使用 NCSA WWW 服务器的人们开始交换他们用于该服务器的补丁程序，他们也很快认识到成立管理这些补丁程序的论坛是必要的。就这样，诞生了 Apache Group，后来这个团体在 NCSA 的基础上创建了 Apache。

5.3.1　Apache HTTP 服务器

经过多次修改，今天，Apache Web 服务器可以运行在几乎所有的主流计算机平台上，成为因特网上最流行的 Web 服务器软件之一。Apache 取自 "a patchy server" 的读音，意思是充满补丁的服务器，因为 Apache 是一个自由软件，所以不断有人来为它开发新的功能、新的特性和修改原来的缺陷。

Apache 本来只用于小型或试验的因特网网络，后来逐步扩充到各种 UNIX 系统中，尤其对

Linux 的支持相当完美。Apache 有多种产品，可以支持 SSL 技术，支持多个虚拟主机。Apache 是以进程为基础的结构，进程要比线程消耗更多的系统开支，不太适合于多处理器环境，因此，在一个 Apache Web 站点扩容时，通常是增加服务器或扩充群集结点而不是增加处理器。世界上很多著名的网站如 Amazon.com、Yahoo!、W3 Consortium、Financial Times 等都采用 Apache 服务器，它的成功之处主要在于它的源代码开放、有一支开放的开发队伍、支持跨平台的应用以及它的可移植性等方面。

　　Apache 的特点是简单、速度快、性能稳定，并可做代理服务器来使用。Apache 服务器能与其他可扩建技术相结合，具有较好的扩展性，用户还可以根据自己的需求灵活地配置服务器，增强服务器的性能和安全性。一般认为，如果需要创建一个每天有数百万人访问的 Web 服务器，Apache 可能是最佳选择。

5.3.2　主要术语

　　确保自己理解以下术语：

Apache	Web 服务器	虚拟服务器
HTTP 服务器	开源软件	

5.3.3　实训与思考：安装 Apache HTTP 服务器

1．实训目的
① 熟悉 Apache HTTP 服务器的基本内容和主要功能。
② 掌握在 Windows 环境下安装和设置 Apache HTTP 服务器的基本方法。

2．工具/准备工作
在开始本实训之前，请回顾教科书的相关内容。
需要准备一台安装 Microsoft Server 2003 操作系统，带有浏览器，能够访问因特网的计算机。

3．实训内容与步骤
Apache 是一个开源的服务器软件，可以在 www.apache.org 网站上根据用户自己的需求选择不同的版本，该软件在国内众多的软件下载站点均有提供，如果用户有兴趣还可以在有关站点下载该服务器的源代码，按自己的需要改编和优化代码后编译成具有自己特点的 WWW 服务器。

　　在本实训中，我们使用的是 Apache 的 Windows 版本，即 Apache HTTP Server For Windows V2.2.4。

　　（1）安装 Apache 服务器
　　在 Apache 的官方网站（www.apache.org）或者因特网上搜索并下载 Apache 软件。
　　在虚拟机中安装时，首先要在虚拟机中将 Apache 安装文件所在的位置（驱动器）指定为共享文件夹。
　　步骤 1：进入 Windows Server 2003 虚拟机，在虚拟机中选择"编辑"|"设置"命令，进一步在"设置 Windows Server 2003"对话框中选择"共享文件夹"项，如图 5-29 所示。
　　步骤 2：单击对话框的"共享文件夹"按钮，在弹出的"浏览文件夹"对话框中，指定存放 Apache 安装文件的文件夹为共享盘（例如作为 Y 驱动器），为操作方便，并选中"始终共享"复选框，如图 5-30 所示。单击"确定"按钮退出，结束设置操作。

图 5-29 "设置 Windows Server 2003"对话框

步骤 3: 在 Windows Server 2003 环境下,打开 Apache 安装软件所在的文件夹,双击安装软件的图标,启动安装程序(见图 5-31),依屏幕提示进行安装操作。

图 5-30 指定共享文件夹

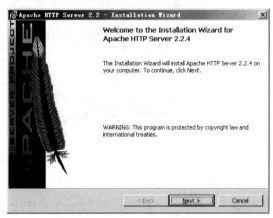

图 5-31 启动 Apache 安装程序

步骤 4: 在安装过程中,需要指定网络域名、服务器名和管理员的 E-mail 邮件地址等,如图 5-32 所示。

步骤 5: 进一步选择默认的 Typical(典型)安装,如图 5-33 所示。系统按设定要求自动完成安装操作。

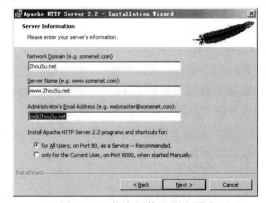

图 5-32 指定网络、服务器名

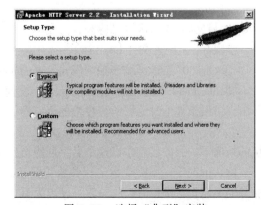

图 5-33 选择"典型"安装

安装好 Apache 服务器软件后，我们继续学习 Apache Server 的配置与管理操作。

（2）Apache HTTP Server 的相关操作

步骤 1： Apache 的启动与关闭，在启动 Apache 服务器时，应确认没有打开其他的 Web 服务器（例如 IIS Web 服务器）。

在 Windows Server 2003 中选择"开始"|"所有程序"| Apache HTTP Server 2.2.4 | Control Apache Server（控制 Apache 服务器）| Start（启动）命令（见图 5-34），启动 Apache HTTP Server。这时，弹出 Server 监视窗口，并在屏幕右下方的提示区显示一 Apache 服务的标志，说明 Apache 服务器已正常启动。

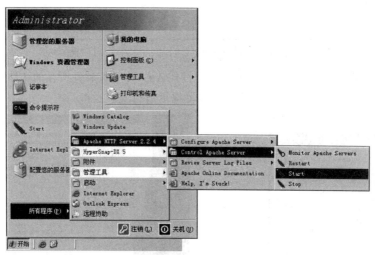

图 5-34　启动 Apache HTTP Server

单击提示区的 Apache 服务标志，可选择关闭或重新启动 Apache 服务器。

步骤 2： Apache 的配置文件。Apache HTTP Server 的设置文件位于 Apache 根目录下的 conf 目录中，传统的 Apache 使用 httpd.conf、srm.conf 和 access.conf 来配置和管理 Apache HTTP Server。其中：httpd.conf 提供最基本的服务器配置，是对服务程序如何运行的描述；srm.conf 是服务器的资源映射文件，告诉服务器各种文件的 MIME 类型，以及如何支持这些文件；access.conf 用于配置服务器的访问权限，控制不同的用户和计算机的访问控制。

3 个配置文件用来控制服务器的各方面特征。新版本的 Apache HTTP Server 已将 httpd.conf、srm.conf 和 access.conf 中所有配置参数均设置在 httpd.conf 中，保留 access.conf 和 srm.conf 文件的目的只是为了与旧版本保持兼容。

步骤 3： 主配置文件 httpd.conf 中常用主服务器设置。例如：

① Port 80，定义工作于独立模式（standalone）下 httpd 守护进程使用的端口，标准端口是 80。

② ServerAdminroot@mydomain.com，设置 WWW 服务器管理员的 E-mail 地址，在 HTTP 服务出现错误条件下时返回给客户端的浏览器，以便客户能和管理员联系，报告错误。

③ ServerName www.zhousu.net，定义 Web 服务器返回给浏览器的名字，在没有定义虚拟主机的情况下，服务器总是以这个名字回应浏览器（这里的服务器名字是 www.zhousu.net）。

默认情况下，不需要指定该参数，服务器将通过名字解析过程来获得自己的域名，当名字服务器不能正常解析时，此参数可设定为 IP 地址。当 ServerName 设置不正常时，服务器不能正常启动。

④ ServerRoot /etc/httpd，服务器的根目录，一般情况下，所有的配置文件在该目录下。

⑤ KeepAliveTimeout 15，规定了连续请求之间等待 15s，若超过，则重新建立一条新的 TCP 连接。

⑥ MaxKeepAliveRequests 100，永久连接的 HTTP 请求数。

⑦ MaxClients 150，同一时间连接到服务器上的客户机总数。

⑧ ErrorLog logs/error_log，用来指定错误日志文件的名称和路径。

⑨ Timeout 300，设置请求超时时间，若网速较慢则应把值设大。

⑩ DocumentRoot /var/www/html，用来存放网页文件。

步骤 4：www 的常规管理信息。Apache 服务器在 httpd.conf 中设置的日志文件，通过其中的信息可以了解服务器的运行信息。

在"开始"|"所有程序"| Apache HTTP Server 2.2.4 | Review Server Log Files 菜单下可以打开两个基本的日志文件：Review Access Log 和 Review Error Log。

步骤 5：虚拟服务器。虚拟服务器是在同一台服务主机上同时假设多个 Web 网站。在 Apache 服务器中提供两类虚拟主机：一类基于 IP 地址的虚拟主机，一类基于域名的虚拟主机。基于 IP 地址的虚拟主机对所有版本的浏览器提供支持，适应范围更广泛；而基于名称的虚拟主机，需要支持 HTTP/1.1 协议的浏览器才能支持。但基于 IP 地址虚拟主机受到 IP 地址有限的限制，而基于域名的虚拟主机允许用户创建无限多的虚拟主机。如基于 IP 地址的虚拟主机配置为：

```
<VirtualHost        192.168.2.16>
DocumentRoot  /var/www/html
ServerName       www1.zhousu.net
ServerAdmin      zs@zhousu.net
</VirtualHost>
```

又如基于域名的虚拟主机配置为：

```
NameVirtualHost   192.168.2.6
<VirtualHost        192.168.2.6>
DocumentRoot  /var/www/html
ServerName       www1.zhousu.net
ServerAdmin      zs@zhousu.net
</VirtualHost>
```

步骤 6：Apache 的帮助。在 Windows Server 2003 的"开始"|"所有程序"| Apache HTTP Server 2.2.4 菜单下，Apache 为用户提供了在线帮助"Apache Online Documentation"和简单问答"Help, I'm Stuck!"，通过它们可以获得有关 Apache 的更多信息。

请记录：上述操作能够顺利完成吗？如果不能，请分析原因。

_____

4．实训总结

_____

_____

_____

_____

5. 实训评价（教师）

5.3.4　阅读与思考：一个网络管理员的成长经历

组建网络是每个现代企业的必经之路，但在我国的大部分中小企业中，对网络的应用还是十分有限的，究其原因，主要是因为在这些企业中缺乏完整的管理思路和控制管理能力的网络管理员。

工作范畴

网络管理员的工作，简单说就是专门为整个网络的用户提供服务。当然网络管理员也有不同的分工，在大公司的网络环境中这种分工很明确，比如有设计规划网络的，有管理网络安全的……很系统，也很专业，要达到这样的高度，需要有深入的理论基础和丰富的实际经验作为保证。

然而，在相对较小的网络环境中，网络管理员负责的事情是从设计规划网络，建设网络、管理服务器，到购买网络设备等所有与网络有关的事情，经常被作为"万能人"来使用。所以说做这一行的挑战是很大的，是否能有长进取决于自己。如果能够一直坚持做下来，并且抓紧时间不断补充新知识，最终还是可以达到网络管理的顶峰，成为网络大师的。

如何开始

面对那么多的工作内容，首先要理出主次先后。第一步就要从了解操作系统出发，因为大部分时间我们都是在与各种操作系统打交道，如 Windows、Linux、UNIX 和 Mac OS 都需要涉及。了解了这些操作系统的理论知识和操作方法还不够，我们还必须具备解决问题的能力。这需要很强的操作能力和清晰的思路，多动手处理实际问题。解决问题时不仅要知道解决之道，而且要学会去发现导致问题的原因。

初试牛刀

下一步我们可以从管理一个计算机部门的网络开始，了解网络的基本知识，这个时候可以参加一些认证培训班，推荐参加 CCNA 的认证培训，它会让你对网络知识有更深一步的理解。需要注意的是，了解了名词只是所需知识的一部分，重要的是在实际中如何运用这些知识，实际操作对一个网络管理员来说是非常重要的。

熟能生巧

接下来，我们需要到一个大一些的网络环境中继续学习和成长。在这里，机器变多了，网络也大了，简单小型网络的管理经验已经远远不够，学到的知识在这里可以得到一定程度的应用。你会开始接触新的硬件、小型网络的规划设计、网络结构的优化和全新网络服务的搭建和管理等技术，并要管理每一个使用计算机的人，以及如何保证公司机密文件不会泄密、怎么保证服务器的安全和良好运行；员工间如何实现邮件通信等相对高级的网络服务也提上了日程。

在这里，你将变得异常繁忙，各种怪异的客户端问题，常常令你头痛不止，你管理的服务器常会出现一些奇特的状况。在刚开始的一个月里，你几乎在和它们打一场战争，总有你解决不了的问题。重装系统、重新配置成为了家常便饭。但你也会慢慢发现能够难住你的问题逐渐在变少，服务器好像变乖了，客户端的故障解决都有道可寻了，同事们在经过你的操作培训后，打来的询问电话也少了。你的下一个目标，应该是如何进一步提高服务器的性能，提供更多的网络服务。

更上一层楼

要想成为公司总部的网络工程师，你面对的将是分散在全国各地的复杂网络，所需解决的问题包括规划和设计整个公司的网络结构、各分公司之间的连接、和总部的连接、各分公司相互如何通信、如何保证整个网络的安全运行、怎样分配各分公司的老总和网络管理员的权力和职能，如何控制公司的数据的安全等等。这就要用上 CCNP 的技术了。

当然，网络的控制，如监控网络的入侵、如何使计算机自动安装上必需的软件、如何在总部实现远程控制各分公司的计算机、如何完全控制员工的计算机等也将成为日常的工作内容。

网络管理员知识要点

下面，列出一些各个时期需要掌握的不同知识点，供大家参考。

（1）5 台左右计算机的网络环境

① 网络的基础知识：包括对网络认识、分类及拓扑结构的理解；

② 网络的搭建：网线制作及网络设备的连接，如何制作网线，布线的注意事项及网络中设备的互连；

③ 网络规划：如何根据企业的环境和要求设计网络、工程预算及规划；

④ 熟练使用和选择常用的网络设备：网卡、网线、集线器；

⑤ 如何安装 Windows 操作系统；

⑥ 安装和配置网络协议：了解 TCP/IP 协议及其安装、配置的方法，了解 IP 地址的分类、子网掩码等知识，并知道如何与 NWlink 协议及苹果协议互连；

⑦ 实现网络连接共享服务；

⑧ 常见计算机硬件和软件故障的诊断和排除的方法。

（2）50 台左右计算机的网络环境

① 服务器安装和配置，客户机的安装和配置；

② 什么是域，及其实现方式，如何管理；

③ AD 服务的基本思想及其主要的安装及配置方法；

④ 对象的创建与管理：用户账号及组账号的功能、创建及管理方法；

⑤ DHCP 的安装及配置：理解 DHCP 的工作原理、功能、作用域的创建及管理、IP 地址的保留、客户端设置等；

⑥ 懂得如何将现在常用的客户机加入到域中；

⑦ DNS 服务器的建立及管理、WINS 服务的安装和管理；

⑧ 网络功能的使用及常用管理操作；

⑨ 共享资源的建立及 DFS 的使用：建立共享资源的方法，如何设置权限设置、加密及对 DFS 的了解；

⑩ 网络打印机的安装与使用；

⑪ 数据的备份和还原，安装和配置邮件服务器，实现邮件收发；

⑫ 组策略及其应用：如何安装、配置和使用远程桌面，如 PC Anywhere 等；

⑬ 网络的监视及故障排除，熟练使用事件查看器及排除网络故障的一些常用工具，控制和监视网络行为；

⑭ 熟练配置连接到 Internet 的各种连接方法：能够配置虚拟专用网（VPN），并且能够使用各种方式实现共享网络连接，懂得如何配置路由与远程访问，配置 NAT 通过拨号连接、ADSL 或 ISDN 上网，或者是使用各种代理软件，如 ISA 等实现企业共享上网的功能；

⑮ 理解防火墙概念，熟练安装和配置 Proxy、ISA 等防火墙系统。

（3）高级网络工程师

① 对网络有更深入的了解，包括对网络认识、分类及拓扑结构的理解；深入了解网络协议，需要对各层的网络设备有深入了解；

② 掌握网络的架构知识，能够熟练处理各种因素引起的网络问题，对将要发生的问题有预见性，事先做好各种预防措施。

资料来源：巧巧读书，本处有删改。

请分析：阅读上述文章，请简单谈谈你的认识与感想。

5.4 FTP 服务器管理与 Serv-U FTP 服务器

文件传送服务（FTP 服务）使用文件传送协议，通过网络将一台计算机磁盘上的文件传送到另一台计算机的磁盘上，由于其自身拥有的方便、灵活、快速的特性，FTP 服务是因特网上一种不可缺少的基本服务之一。

5.4.1 FTP 服务器

FTP 服务器软件产品较多，如 Microsoft 提供的集成在 IIS 中的 FTP Server，IpSwitch 提供的 wu-ftp，Rhino Software 提供的 Serv-U 等。

FTP 服务中使用的协议。FTP 服务采用 FTP（file transfer protocol），规范有 RFC 959，相关协议有 TELNET（RFC 854，RFC 855），默认的服务端口是 TCP21。

文件传送的工作过程。文件传送服务是一种采用 C/S 模式的实时联机服务。用户在本地计算机上激活 FTP 程序，连接到远程计算机上，然后，客户机和服务器配合完成文件传送。用户从授权的计算机上获取所需的文件过程称为"下载文件"（download），将本地文件传送到远程计算机上的过程称为"上传文件"（upload）。

文件传送的特点。文件传送可以传送任何类型的文件：正文文件、二进制可执行程序文件、图像文件、声音文件等。用户可采用通过用户名和口令认证方式，获得需要授权的文件，也可以通过匿名登录来获得各种开放文件。

5.4.2 Serv-U FTP 服务器

Serv-U（http://www.Serv-U.com/）是一个得到广泛运用的多协议 FTP 服务器端软件，它支持 Windows 的各个版本，设置简单，功能强大，性能稳定。FTP 服务器的用户通过 Serv-U 用 FTP 协议能在因特网上共享文件。Serv-U 不仅提供文件下载，还为用户的系统安全提供了相当全面的保护。例如：用户可以为其 FTP 设置密码、设置各种用户级的访问许可等等。Serv-U 完全遵从通用 FTP 标准，也包括了众多独特的功能，可为每个用户提供文件共享解决方案，可以设定多个 FTP 服务器、限定登录用户的权限、登录主目录及空间大小等。Serv-U 具有非常完备的安全特性，支持 SSL FTP 传送，支持在多个 Serv-U 和 FTP 客户端通过 SSL 加密连接保护数据安全等。

Serv-U 的特点还包括：支持多种用户接入；支持匿名用户，并可随时限制用户数；安全选项多，可基于目录或文件实现安全管理；支持虚拟多主目录 IP 站点登录；支持带宽限制；支持作为系统服务运行；支持远程操作，及 FTP 的远程打印；具有良好的扩充性；易于安装便于维护，支持多种登录选项等。

Serv-U 的多协议支持意味着用户可以使用任何可用的访问方法连接到服务器。Serv-U 文件服务器支持以下协议：FTP（文件传送协议）、HTTP（超文本传送协议）、FTPS（FTP over SSL）和 HTTPS（HTTP over SSL）等。

此外，用户还能使用自己喜爱的 Web 浏览器或 SSH 客户端连接 Serv-U 并传送文件。服务器管理员为没有 FTP 客户端许可证的用户提供全功能 FTP 客户端，甚至能授权用户在登录 Serv-U 账户后使用 FTP Voyager JV——一款启用 Java 的 FTP 客户端。

Serv-U 文件服务器分企业、个人和家庭等 3 个不同版本，其试用版作为全功能"企业版"可运行 30 天。如果 30 天后未注册，Serv-U 将恢复为免费的"个人版"。

RhinoSoft.com 提供免费的个人版用于基本非盈利用途；家庭版，专为满足大多数个人和小型企业的需求而设计，包括符合 HIPAA 法案的 SSL/TLS 安全功能；以及企业版，它提供了一整套企业级功能，针对的是文件服务器通信量巨大的大中型企业。

5.4.3　主要术语

确保自己理解以下术语：

Linux	Windows Server 2008	Windows XP
FTP 服务器	匿名连接	文件传送协议
Serv-U	文件传送服务	文件服务器
匿名访问		

5.4.4　实训与思考：安装 FTP 服务器

1. 实训目的

① 熟悉因特网文件传送服务的基本概念。

② 通过架构 Windows FTP 服务器和 Serv-U FTP 服务器，掌握 FTP 服务器的安装与设置的基本操作。

2. 工具/准备工作

在开始本实训之前，请回顾教科书的相关内容。

需要准备一台安装 Microsoft Server 2003 操作系统，带有浏览器，能够访问因特网的计算机。

3. 实训内容与步骤

（1）安装 Windows FTP 服务器

下面，我们先来学习如何在 Windows Server 2003 中安装和配置用于匿名访问的文件传送协议（FTP）服务器。

由于 Windows 的 FTP 服务依赖于 Microsoft 因特网信息服务(IIS),因此,在提供 Windows FTP 服务的计算机上必须安装 IIS 和 FTP 服务。在 Windows Server 2003 中安装 IIS 时不会默认安装 FTP 服务。

我们假设读者在安装 FTP 服务时,已经完成了 IIS 的安装(见本书 5.2 节)。FTP 服务组件的安装步骤如下:

步骤 1: 在 Windows Server 2003 中选择"开始"|"控制面板"|"添加或删除程序"命令。

步骤 2: 在打开的窗口中单击"添加/删除 Windows 组件"按钮。

步骤 3: 在"组件"列表中,选中"应用程序服务器"复选框,然后单击"详细信息"按钮。再在弹出的"应用程序服务器"对话框中单击"Internet 信息服务(IIS)"(但不要选中或取消选择复选框),然后单击"详细信息"按钮。

步骤 4: 注意在弹出的对话框中选中公用文件、文件传送协议(FTP)服务和 Internet 信息服务管理器等 3 项的复选框。

步骤 5: 选中想要安装的其他 IIS 相关服务或子组件旁边的复选框,然后单击"确定"按钮结束 IIS 子组件选择,再单击"确定"按钮退出"应用程序服务器"对话框。

步骤 6: 在"Windows 组件向导"对话框中单击"下一步"按钮。

步骤 7: 系统完成组件安装。其间,当系统提示时,应指定安装文件所在位置的路径并单击"确定"按钮。

步骤 8: 最后,单击"完成"按钮结束"Windows 组件向导"的操作。

现在,IIS 和 FTP 服务均已安装。接着,需要配置 FTP 服务,然后才能使用它。

为配置 FTP 服务仅允许匿名连接,可按下列步骤操作:

步骤 1: 选择"开始"|"所有程序"|"管理工具"|"Internet 信息服务(IIS)管理器"命令。

步骤 2: 在"Internet 信息服务"窗格中展开"FTP 站点"。

步骤 3: 右击"默认 FTP 站点",然后在弹出的快捷菜单中选择"属性"命令,弹出如图 5-35 所示的对话框。

步骤 4: 选择"安全账户"选项卡(见图 5-36)。在其中选中"允许匿名连接"复选框(如果它尚未被选中),再选中"只允许匿名连接"复选框。

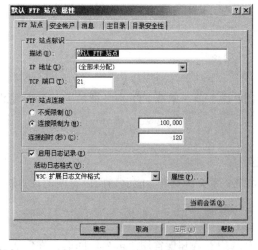

图 5-35 设置"默认 FTP 站点属性"

图 5-36 设置"安全账户"

如果选中"只允许匿名连接"复选框，FTP 服务就被配置为仅允许匿名连接，用户将无法使用用户名和密码登录。

步骤 5：选择"主目录"选项卡（见图 5-37）。在其中选中"读取"和"记录访问"复选框（如果它们尚未被选中），并取消选择"写入"复选框。

步骤 6：单击"确定"按钮。

步骤 7：退出"Internet 信息服务（IIS）管理器"窗口。

至此，FTP 服务器已配置为接受传入的 FTP 请求。将要提供的文件复制或移动到 FTP 发布文件夹以供访问。默认的文件夹是"驱动器:\Inetpub\Ftproot"，其中驱动器是安装 IIS 的驱动器。

下面，我们来尝试简单应用 FTP 文件传送服务。

步骤 1：在 FTP 主机中，将要提供的文件复制或移动到 FTP 发布文件夹以供访问。默认的文件夹是"驱动器:\Inetpub\Ftproot"，其中驱动器是安装 IIS 的驱动器。

步骤 2：在 Windows Server 2003 中选择"开始"|"控制面板"|"网络连接"|"本地连接"命令，屏幕显示"本地连接状态"信息框（见图 5-38），从中获取 FTP 主机的 IP 地址（例如本例中的 192.168.2.55）。

图 5-37 设置"主目录"

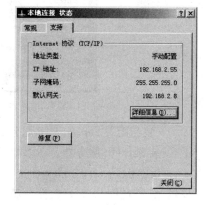

图 5-38 获取 FTP 主机的 IP 地址

步骤 3：在同一网段的另一台计算机中，打开浏览器软件（例如 IE），在地址栏中输入 FTP 服务器的 IP 地址（例如：ftp://192.168.2.55），系统提示：

"若要在 Windows 资源管理器中查看此 FTP 站点，请单击'页面'，然后单击'在 Windows 浏览器中打开 FTP'"。

依提示操作（见图 5-39），显示效果如图 5-40 所示。将所需文件拖放到指定文件夹下即可。

步骤 4：操作完成，在 IIS 管理器中右击"默认 FTP 站点"选项，在弹出的对话框中选择"停止"命令。

请记录：上述操作能够顺利完成吗？如果不能，请分析原因。

图 5-39　在客户端连接 FTP 主机

图 5-40　在 Windows 资源管理器中打开 FTP

（2）安装与配置 Serv-U FTP 服务器

① 安装 Serv-U 服务器。在因特网上可以搜索和下载到最新版本的 Serv-U 软件。下面，我们以 Serv-U FTP Server V7.0.0.4 中文版为例，来学习 Serv-U 的各项操作。

步骤 1：解压缩 Serv-U 软件。双击 Serv-U 安装文件，启动安装程序，选择安装语言为"简体中文"，单击"确定"按钮。

步骤 2：屏幕显示安装程序的"欢迎"界面（见图 5-41），在安装程序的引导下，逐步完成安装操作，最后，选中"启动 Serv-U 管理控制台"复选框（见图 5-42），单击"完成"按钮退出安装向导。

由于 Windows 环境一般已启用安全机制，启动 Serv-U 管理控制台有可能出现"挂起"或"死锁"现象。这时，可采用以下任意一种方法，然后重启计算机：

a. 添加"http://localhost"或"http://127.0.0.1"到控制面板下"Internet 选项|安全"中的受信任的站点中。

b. 禁用"Internet Explorer 增强的安全配置"选项，可在控制面板中的"添加或删除程序 | 添加/删除 Windows 组件"里找到。

图 5-41 "欢迎"安装 Serv-U

图 5-42 完成安装

② 管理和配置 Serv-U FTP 服务器。安装好 Serv-U FTP Server 软件后，就可以按下面的步骤配置和管理 Serv-U FTP 服务器。

步骤 1：选择"开始"|"所有程序"|Serv-U|"Serv-U 管理控制台"命令，启动 Serv-U FTP 服务器管理控制台，如图 5-43 所示。如果是第一次启动 Serv-U，程序将自动启动"设置向导"。

步骤 2：停止服务。在"Serv-U 管理器管理控制台"窗口的右下方单击"注销"按钮，Serv-U 将停止服务。

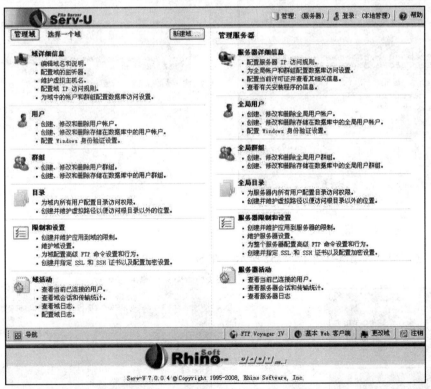
图 5-43 Serv-U FTP 服务器的管理控制台

步骤 3：Serv-U FTP 服务器的初始设置。

第一次启动 Serv-U 时，程序将自动启动"设置向导"（见图 5-44）。根据"设置向导"的屏幕提示进行初始设置操作。

　　a. 定义新域。如图 5-45～图 5-47 所示，为 Serv-U FTP 服务器定义一个新域。其中，图 5-46 和图 5-47 均取默认值。

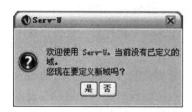

图 5-44　设置"域"向导

图 5-45　域的名称

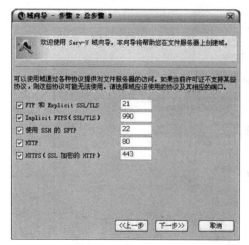

图 5-46　指定协议

图 5-47　设定 IP 地址

　　b. 创建用户。如图 5-48～图 5-52 所示，在 Serv-U FTP 服务器创建用户。

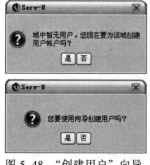

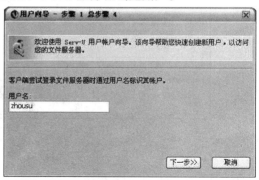

图 5-48　"创建用户"向导

图 5-49　定义用户

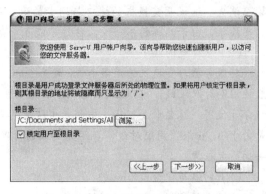

图 5-50　设置用户密码　　　　　图 5-51　锁定用户访问目录

至此，Serv-U FTP 服务器已配置为接受传入的 FTP 请求。将要提供的文件复制或移动到 FTP 发布文件夹以供访问。默认的文件夹即为锁定用户访问的目录。

此时可参见上面的类似实训步骤，来尝试简单地应用 Serv-U FTP 文件传送服务。

步骤 4：操作完成，可考虑"停止"Serv-U FTP 服务器。

请记录：上述操作能够顺利完成吗？如果不能，请分析原因。

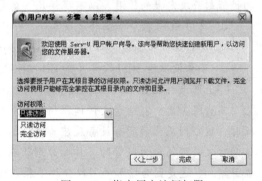

图 5-52　指定用户访问权限

事实上，从功能强大的 Serv-U FTP 服务器的 Serv-U 管理控制台，我们就可以大致了解到 Serv-U FTP 服务器的能力。建议读者参考 Serv-U 的联机帮助功能，尝试深入了解和熟悉 Serv-U 的各项操作。

4. 实训总结

_____

_____

_____

_____

5. 实训评价（教师）

_____

_____

5.4.5　阅读与思考：网管六大常见问题解决之道

介绍网络管理员经常遇到的六大问题及其解决方法。

（1）配置交换机

将交换机端口配置为 100M 全双工，服务器安装一块 Intel 100M EISA 网卡，在大流量负荷数据传送时，速度变得极慢，最后发现这款网卡不支持全双工。将交换机端口改为半双工以后，故障消失。这说明交换机的端口与网卡的速率和双工方式必须一致。目前有许多自适应的网卡和交换机，由于品牌的不一致，往往不能正确实现全双工方式，只有手工强制设定才能解决。

（2）双绞线的线序

将服务器与交换机的距离由 5m 改为 60m，结果无论如何也连接不通，为什么呢？以太网一般使用两对双绞线，排列在 1、2、3、6 的位置，如果使用的不是两对线，而是将原配对使用的线分开使用，就会形成缠绕，从而产生较大的串扰（NEXT），影响网络性能。上述故障的原因是由于 3、6 未使用配对线，在距离变长的情况下连接不通。将 RJ45 头重新按线序做过以后，一切恢复正常。

（3）网络与硬盘

基于文件访问和打印的网络的瓶颈是服务器硬盘的速度，所以配置好服务器硬盘对于网络的性能起着决定性的作用。以下提供几点意见供你参考：

① 选用 SCSI 接口和高转速硬盘；

② 硬盘阵列卡能较大幅度地提升硬盘的读写性能和安全性，建议选用；

③ 不要使低速 SCSI 设备（如 CD）与硬盘共用同一 SCSI 通道。

（4）网段与流量

某台服务器，有两台文件读写极为频繁的工作站，当服务器只安装一块网卡，形成单独网段时，这个网段上的所有设备反应都很慢，当服务器安装了两块网卡，形成两个网段以后，将这两台文件读写极为频繁的工作站分别接在不同的网段上，网络中所有设备的反应速度都有了显著增加。这是因为增加的网段分担了原来较为集中的数据流量，从而提高了网络的反应速度。

（5）桥接与路由

安装一套微波连网设备，上网调试时服务器上总是提示当前网段号应是对方的网段号。将服务器的网段号与对方改为一致后，服务器的报警消失了。原来这是一套具有桥接性质的设备。后来与另外一个地点安装微波联网设备，换用了其他一家厂商的产品，再连接，将两边的网段号改为一致，可当装上设备以后，服务器又出现了报警:当前路由错误。修改了一边的网段以后，报警消失了。很明显这是一套具有路由性质的设备。桥的特征是在同一网段上，而路由必须在不同网段上。

（6）广播干扰

上述通过桥接设备连网的两端，分别有一套通过广播发送信息的应用软件。当它们同时运行时，两边的服务器均会发出报警:收到不完全的包。将一套应用软件转移到另外一个网段上以后，此报警消失。这是因为网络的广播在同一网段上是没有限制的。两个广播就产生了相互干扰从而产生报警。而将一个应用软件移到另外一个网段以后，就相当于把这个网段的广播与另外网段上的广播设置了路由，从而限制了广播的干扰，这也是路由器最重要的作用。

资料来源：成才，希赛网（http://www.csai.cn），本处有删改。

请分析：事实上，因特网上类似的文章很多，这些经验都凝聚了网络管理员"前辈"的辛勤工作。请就此谈谈你的感想。

_____

_____

_____

_____

5.5　邮件服务器管理与 IMail 服务器

在因特网高速发展的情况下，用户对高速、稳定、可靠的电子邮件系统的需求日益明显。电子邮件系统通常利用业界领先的技术手段来优化系统，实现高速检索定位的能力；在系统稳定性上，建立邮件监控机制，能及时进行硬盘回写，保证信件不会因系统进程问题丢失；在系统安全性方面，实现用户密码密文存储，支持 SSL 连接，保证连接安全性，防止网络窃听；具有特色的垃圾邮件识别器，针对 IP 和信件大小进行垃圾邮件识别，系统自动提醒系统管理员，考虑对进行攻击的 IP 拒绝服务；此外，电子邮件系统还采用 Web 方式量身定做系统管理界面，最大程度上减轻使用者的操作负担；同时，许多邮件服务器在基本的邮件服务之外，还提供了一些有用的附加服务，例如：

① 邮件寻呼服务：邮件服务器在收到用户的电子邮件时，可以根据发信人的要求，将新邮件发送到收信人的数字寻呼机上，甚至将指定长度的信件内容传送到收信人的手机上。提供这种服务，要求邮件服务器本身具备硬件上的电话拨号通信能力。

② 邮件传真服务：邮件服务器可以根据发信人的要求，将收到的邮件发送到收信人指定的传真机上，甚至还可以发送电子邮件的附件部分（例如图像）。

③ 邮件用户组服务、网络新闻服务、多语言服务。

5.5.1　邮件服务器

目前，有许多优秀的 E-mail 服务软件运行于不同的操作系统平台上，如 UNIX 平台下的 Sendmail、Qmail、Windows 平台下的 Microsoft Exchange Server，IIS 中内置的 SMTP Server 和 ipswitch 发布的 IMail 等。

（1）邮件服务的组织结构

电子邮件服务主要由以下部分构成：

① 报文存储器：也称中转局，用于存放电子邮件，通常是邮件服务器的物理介质，即硬盘。

② 报文传送代理：其作用是把报文从一个邮箱转发到另一个邮箱，从一个中转局到另一个中转局、或从一个电子邮件系统转发到另一个电子邮件系统。

③ 用户代理：是简单的基本电子邮件软件包，即实现用户与邮件系统接口的程序，包括前端应用程序、客户程序、邮件代理等。通过用户代理，实现编制报文、检查拼写错误和规格化报文、发送和接收报文，以及把报文存储在电子文件夹中等功能。

④ 邮件网关：通过网关进行报文转换，以实现不同电子邮件系统之间的通信。

（2）邮件服务中采用的协议

邮件服务中采用的协议有 SMTP（simple mail transport protocol，简单邮件传送协议）、POP（post office protocol，邮政服务协议）、MIME（multipurpose internet mail extensions，多用途因特网邮件扩展）等。SMTP 提供的是一种直接的端对端的传递方式，这种传递允许 SMTP 不依赖中途各点来传递信息。POP 协议有 POP、POP2 和 POP3 等 3 个版本，几个版本的协议指令并不相容，但基本功能是从邮件服务器上取信。MIME 是现存的 TCP/IP 信件系统的扩展，增加对多种资料形态和复杂信件内容的支持。

（3）电子邮件的工作过程

电子邮件的工作遵循 C/S 结构，电子邮件系统通过客户计算机上的程序与服务器上的程序相互配合，将电子邮件从发信人的计算机传递到收信人信箱。电子邮件系统是一种存储转发系统。电子邮件系统工作过程如图 5-53 所示。

当用户发送电子邮件时，发信方的计算机成为客户。该客户端的 SMTP 与发送方服务器 SMTP 进行会谈，将信件传递到发送方邮件服务器中，通过发送服务器将邮件通过因特网发送到接收方邮件服务器中，再通过 POP 将邮件从接收邮件服务器中将邮件取回接收者的计算机中。

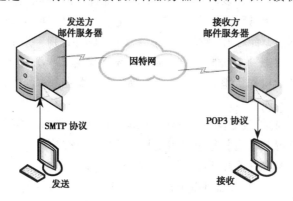

图 5-53 电子邮件的工作过程

5.5.2 Windows 电子邮件服务

通过在计算机上安装 Windows IIS 的电子邮件服务（POP3、SMTP）组件，可以将其配置为邮件服务器。电子邮件服务包括 POP3 服务和 SMTP 服务。POP3 提供电子邮件传送和检索服务。SMTP 支持服务器间电子邮件的传送。要为用户提供电子邮件服务，例如发送和接收电子邮件，管理员可以在服务器上创建邮箱。

（1）简单邮件传送协议（SMTP）服务

SMTP 控制电子邮件通过因特网传送到目标服务器的方式。SMTP 在服务器之间接收和发送电子邮件，而 POP3 服务将电子邮件从邮件服务器检索到用户的计算机上。通常情况下，SMTP 服务与 POP3 服务会一起安装以提供完整的电子邮件服务。

SMTP 服务自动安装在安装了 POP3 服务的计算机上，从而允许用户发送传出电子邮件。使用 POP3 服务创建一个域时，该域也被添加到 SMTP 服务中，以允许该域的邮箱发送传出电子邮件。邮件服务器的 SMTP 服务接收传入邮件，并将电子邮件传送到邮件存储区。

（2）电子邮件中继

如果用户不是电子邮件域的成员，那么当该用户使用 SMTP 邮件服务器发送电子邮件时，就会发生电子邮件中继。但如果 SMTP 邮件服务器的配置为开放中继，就会被那些想发送大量未经请求的商业电子邮件的人所滥用。Microsoft 的 SMTP 服务默认配置为禁止电子邮件中继。

（3）POP3 服务

POP3 服务是一种检索电子邮件的服务。管理员可以使用 POP3 服务存储并管理邮件服务器上的电子邮件账户。

在邮件服务器上安装 POP3 服务后，用户可以使用支持 POP3 协议的电子邮件客户端（如 Microsoft Outlook Express）连接到邮件服务器、检索电子邮件并将其下载到本地计算机。

（4）电子邮件的最佳设置操作

建议在电子邮件服务中实行的最佳设置操作包括：

①　在非操作系统卷上设置邮件存储。因为邮件存储可能会潜在地使用大量磁盘空间，所以应该在邮件存储所在的卷上设置磁盘配额限制（以便控制磁盘空间使用率）或者不将邮件存储与操作系统设置在同一个卷上。这样，如果邮件存储变得非常大，将有效防止操作系统用完磁盘空间的可能性。

②　在非操作系统卷上设置 Badmail 目录。当电子邮件无法传送时，SMTP 服务会将该邮件以及一份未送达报告（NDR）返回至发送方。如果 NDR 无法传送至发送方，那么该消息的一份副本会被放入 Badmail 目录。要防止出现操作系统用完磁盘空间的可能性（如果 Badmail 目录变得非常大），必须将 SMTP Badmail 目录移动至非操作系统卷上。

③　NTFS 文件系统的分区提供了较安全的目录和文件夹。使用 NTFS 文件系统的分区作为邮件存储区，并且实施磁盘配额，可以增强对存储在本地硬盘上的电子邮件的保护。

④　磁盘配额可以防止邮件存储区使用过多的或无法预计的磁盘空间。使用过多的或无法预计的磁盘空间可能对运行 POP3 服务的服务器的性能产生不利影响。因此，这样做十分重要。

⑤　可以根据服务器上的用户数、用户接收电子邮件的数量以及接收电子邮件的平均大小，来估计所需的磁盘空间，确保为邮件存储区分配足够的磁盘空间。

⑥　使用加强的密码保护邮件服务器。强密码可以防止对邮件服务器的非授权访问。强保密性的密码有助于增强计算机的安全性。

当这已经成为对所有计算机账户的建议时，对网络登录和计算机的管理员账户而言，强密码就显得尤为重要。

所谓的强密码应该是：

a．至少有 7 个字符的长度。因为就密码加密的方式而言，最安全的密码应该长达 7 个或 14 个字符。

b．包含下列三组字符中的每一种类型：
- 字母（大写字母和小写字母），例如：A、B、C …、a、b、c …。
- 数字，例如：0，1，2，3，4，5，6，7，8，9。
- 符号（字母和数字以外的其他所有字符），例如：`~@#$%^&*()_+-={}|[]\:";'<>?,./等。
- 在第二到第六个位置中至少应有一个符号字符。
- 和以前的密码有明显的不同。
- 不能包含您的名字或用户名。
- 不能是普通的单词或名称。

Windows 密码长度最多为 127 个字符。

5.5.3　IMail 邮件服务器

IMail 是一个简单灵活、高性能的、安全性好、且基于标准的 SMTP/POP3/IMAP4/ LDAP 邮件服务器。IMail 有一个简单直观的图形用户界面，非常易于管理，是目前在 Windows 平台中得到广泛使用的邮件服务系统。主要特色包括：多域名支持，远程管理，Web 邮件，可创建邮递清单（mailing lists），反垃圾邮件支持，等等。

IMail 的用户（User）数目不限；最大可同时有 500 个使用 POP3 的连接、400 个使用 IMAP4 的连接、1000 个使用 SMTP 的连接、500 个使用 Web 方式登录的连接、256MB 用于交换数据的空间、1GB 的硬盘剩余空间。

5.5.4　主要术语

确保自己理解以下术语：

IMail 邮件服务器	Windows 电子邮件服务	邮件服务器
POP	强密码	邮件服务器管理
SMTP	邮件传真服务	邮件寻呼服务

5.5.5　实训与思考：架设邮件服务器

1．实训目的

① 熟悉电子邮件系统的基本概念和主要内容。

② 熟悉电子邮件服务的相关协议，掌握架构电子邮件服务器的基本方法。

③ 熟悉 Windows 和 IMail 电子邮件系统。

2．工具/准备工作

在开始本实训之前，请回顾教科书的相关内容。

需要准备一台安装 Microsoft Server 2003 操作系统，带有浏览器，能够访问因特网的计算机。

3．实训内容与步骤

（1）架设 Windows Server 2003 邮件服务器

除了使用专业的企业邮件系统软件之外，企业局域网内还架设小型邮件服务器，用于进行公文发送和工作交流，也可以通过 Windows Server 2003 提供的 POP3 服务和 SMTP 服务来满足需要。默认情况下，Windows Server 2003 并不安装 POP3 和 SMTP 服务组件，需要手工添加。

① 安装 POP3 服务组件。为安装 POP3 服务组件，执行以下操作：

步骤 1：以系统管理员身份登录 Windows Server 2003，选择"开始" |"控制面板" |"添加或删除程序"命令。

步骤 2：在打开的窗口中单击"添加/删除 Windows 组件"按钮，在弹出的"Windows 组件向导"对话框中选中"电子邮件服务"复选框，单击"详细信息"按钮，弹出"电子邮件服务"对话框。可以看到，该服务子组件包括两部分内容：POP3 服务和 POP3 服务 Web 管理（见图 5-54）。

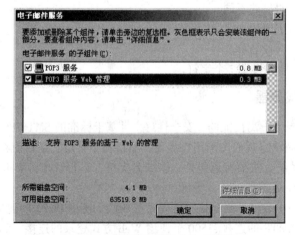

图 5-54　"电子邮件服务"对话框

步骤 3：选中"POP3 服务"复选框；为方便用户以远程 Web 方式管理邮件服务器，建议也选中"POP3 服务 Web 管理"复选框。单击"确定"按钮退出。

② 安装 SMTP 服务组件。为安装 SMTP 服务组件，执行以下操作：

步骤 1：在"Windows 组件向导"对话框中选中"应用程序服务器"复选框，单击"详细信息"按钮，弹出"应用程序服务器"对话框。

步骤 2：接着，在子组件中选中"Internet 信息服务（IIS）"复选框，单击"详细信息"按钮，在弹出的对话框中选中"SMTP Service"复选框，最后单击"确定"按钮退出。

步骤 3：此外，如果用户需要对邮件服务器进行远程 Web 管理，一定要选中"万维网服务"中的"远程管理（HTML）"组件。

步骤 4：完成以上设置后，在"Windows 组件向导"对话框中单击"下一步"按钮，系统完成安装和配置 POP3 与 SMTP 服务。

下面，配置 POP3 服务器。

③ 创建邮件域。为创建邮件域，执行以下操作：

步骤 1：选择"开始"|"所有程序"|"管理工具"|"POP3 服务"命令，打开"POP3 服务"的控制台窗口（见图 5-55）。

步骤 2：在控制台树中，右击"计算机名"结点，在弹出的快捷菜单中选择"域"命令，弹出"添加域"对话框，在"域名"文本框中输入邮件服务器的域名，也就是邮件地址"@"后面的部分，如"zhousu.net"，最后单击"确定"按钮。

其中"rtj.net"为在 Internet 上注册的域名，并且该域名在 DNS 服务器中设置了 MX 邮件交换记录，解析到 Windows Server 2003 邮件服务器 IP 地址上。

图 5-55　"POP3 服务"控制台窗口

④ 创建用户邮箱。选中刚才新建的"rtj.net"域，在右栏中单击"添加邮箱"，弹出"添加邮箱"对话框，在"邮箱名"文本框中输入邮件用户名，然后设置用户密码，最后单击"确定"按钮，完成邮箱的创建。

⑤ 配置 SMTP 服务器。完成 POP3 服务器的配置后，就可开始配置 SMTP 服务器了。具体操作如下：

步骤 1：选择"开始"|"所有程序"|"管理工具"|"Internet 信息服务（IIS）管理器"命令，在打开的"IIS 管理器"窗口中右击"默认 SMTP 虚拟服务器"选项，在弹出的快捷菜单中选择"属性"命令，打开"默认 SMTP 虚拟服务器"窗口，切换到"常规"选项卡，在"IP 地

址"下拉列表框中选中邮件服务器的 IP 地址即可。

步骤 2： 单击"确定"按钮，这样一个简单的邮件服务器就架设完成了。

步骤 3： 完成以上设置后，用户就可以使用邮件客户端软件连接邮件服务器进行邮件收发工作了。在设置邮件客户端软件的 SMTP 和 POP3 服务器地址时，输入邮件服务器的域名 "rtj.net" 即可。

⑥ 远程 Web 管理。Windows Server 2003 还支持对邮件服务器的远程 Web 管理。

在远端客户机中，运行 IE 浏览器，在地址栏中输入 "https://服务器 IP 地址：8098"，将会弹出连接对话框，输入管理员用户名和密码，单击"确定"按钮，即可登录 Web 管理界面。

请记录： 上述操作能够顺利完成吗？如果不能，请分析原因。

（2）IMail 邮件服务器的配置与管理

IMail 是一个简单灵活、功能强大、安全性好的邮件服务系统，同时安装简单、灵活，价格低廉，是目前在 Windows 平台广泛使用的邮件服务系统。

在安装 IMail 之前，用户需先检查一下网络设置，包括主机名称（必须是注册过的，否则将只限于单一服务器收发邮件）、IP、DNS 等等。

然后决定让 IMail 使用哪一种数据库。IMail 支持三种数据库：可以引用 Windows NT 账户数据库；可以创建自己的账户数据库；可以引用其他数据库。请根据实际情况加以选择。

① 安装 IMail 邮件服务器软件。在因特网上可以搜索和下载到最新版本的 IMail 软件。下面，我们以 IMail 8.01 中文版为例，来学习 IMail 的各项操作。

步骤 1： 解压缩 IMail 软件。双击 IMail 安装文件，启动安装程序，如图 5-56 所示，单击 Next 按钮。

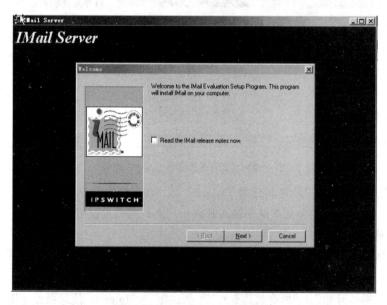

图 5-56　IMail Server 安装页面

步骤 2： 在弹出的 Official Host Name 对话框中，安装程序默认填入机器名字，这里需要更改为在 DNS 注册过的域名 "zhousu.net"（见图 5-57），这就意味着，此服务器上的邮箱后缀为

"@zhousu.net"。如果不改的话，就不能和其他邮件服务器进行双向交流，只能在该服务器内部收发邮件。单击 Next 按钮继续。

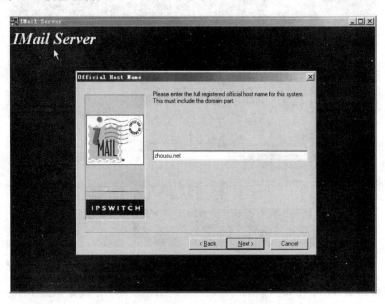

图 5-57　Official Host Name 对话框

步骤 3：在弹出的 Database Options 对话框中，安装程序让用户选择邮件账户数据库，默认是使用 IMail 自己的数据库。这里默认系统的选择（见图 5-58），单击 Next 按钮继续。

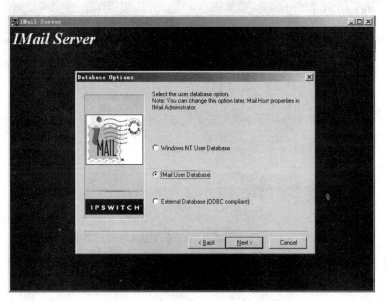

图 5-58　Database Options 对话框

步骤 4：当弹出图 5-59 所示对话框时，安装程序是在问您是否安装 SSL Key（SSL 是 security socket layer 的缩写，意为加密套接字协议层）。在这里选择"否"不安装 SSL keys。单击 Next 按钮继续。

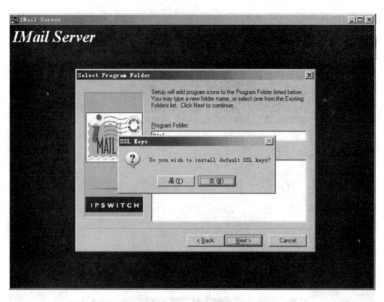

图 5-59   SSL Keys 询问框

步骤 5:在弹出的 SMTP Relay Options 对话框中(见图 5-60),系统默认是 Relay mail for anyone 选项,由于这两年出现的诸如 RedCode 等网络蠕虫都是利用 OE 中的通讯簿发送大量含有病毒的垃圾邮件,所以应该选择"No mail relay"单选按钮,防止被恶意利用。单击 Next 按钮继续。

图 5-60   SMTP Relay Options 对话框

当选择"No mail relay"选项时,邮件客户端必须设置为 SMTP 验证,否则将无法发送邮件。具体如何设置视邮件客户端而定。

步骤 6:在弹出的 Service Start Options 对话框中,系统要求选择由 IMail 启动哪些服务(见图 5-61)。其中 IMail POP3 Server 和 IMail SMTP Server 是最基本的服务,前者负责收信,后者负责发信。其他服务要视需要而进行选择了,IMail 可以提供 11 种网络服务,就目前来看,最常用的服务是 IMail Web Service、IMail POP3 Server 和 IMail SMTP Server。接下来 IMail 软件正式开始安装，待文件复制结束后，安装过程结束。

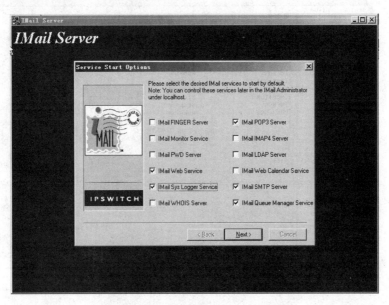

图 5-61　Service Start Options 对话框

② IMail 管理服务设置。通过以下操作步骤来启动 IMail 管理服务。

步骤 1： 在安装有 IMail 软件的服务器上，选择"开始"|"所有程序"| IMail | IMail Administrator 命令，启动 IMail 服务器管理器，如图 5-62 所示。

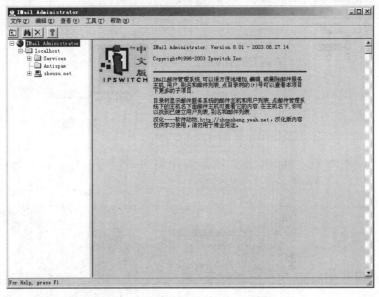

图 5-62　IMail Administrator 界面

依次展开 IMail Administrator | localhost | Services 选项，在管理器右侧状态栏中显示 IMail 服务器中所有服务的版本号和当前的运行状态，如图 5-63 所示。在这里可以选择具体的服务，可以针对每个服务进行日志设置和状态的改变。

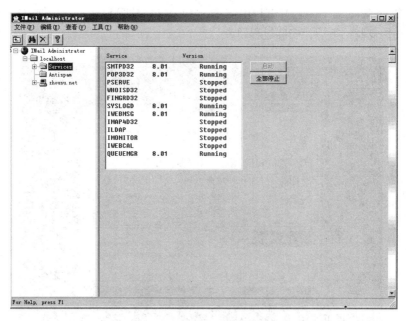

图 5-63   IMail 服务器运行状态界面

依次展开 IMail Administrator | localhost | Antispam 选项，打开反垃圾邮件的设置，IMail 主要针对发送垃圾邮件的服务器的域名作过滤处理，如图 5-64 所示，可以动态地增加和修改过滤的服务器。

图 5-64   IMail 反垃圾邮件界面

③ 创建虚拟 IMail 邮件服务器。为创建虚拟 IMail 邮件服务器，按以下步骤执行。

步骤 1：依次展开 IMail Administrator | localhost 选项，右击，在弹出的快捷菜单中选择 Add Host 命令，创建一个新的服务器主机，弹出"创建新的虚拟主机"对话框，如图 5-65 所示。

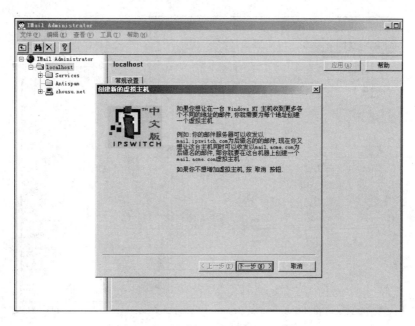

图 5-65　创建新的虚拟主机对话框

步骤 2：在"创建新的虚拟主机"对话框中单击"下一步"按钮，弹出"新主机名"对话框，如图 5-66 所示。

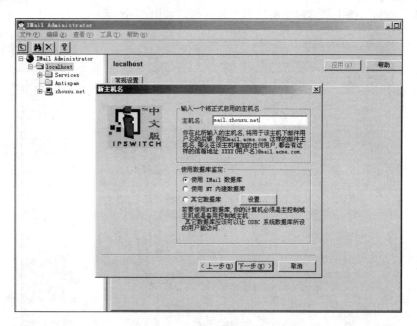

图 5-66　"新主机名"界面

步骤 3：在"主机名"文本框中输入申请的（或计划的）主机名（域名），为方便区分和记忆建议取名为：mail 或 mailserver 等主机名再加上邮件的邮件域名，单击"下一步"按钮，弹出"IP 地址"对话框，如图 5-67 所示。

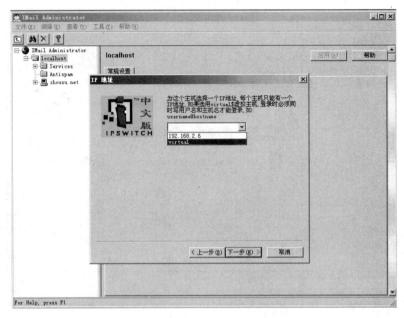

图 5-67 "IP 地址"对话框

步骤 4：在"IP 地址"对话框中选择服务器绑定的 IP 地址，如果采用一个 IP 地址对应一个服务器则选定具体的 IP 地址；如果使用一个 IP 地址对应多个邮件服务域时使用 virtual 选项，单击"下一步"按钮，弹出"虚拟主机别名"对话框，如图 5-68 所示。

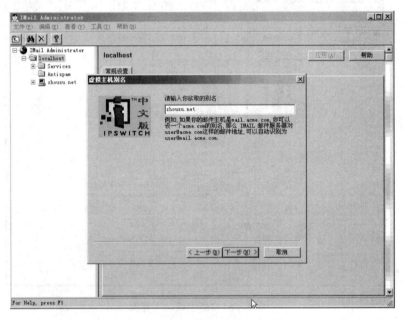

图 5-68 "虚拟主机别名"对话框

步骤 5：在"虚拟主机别名"对话框中，输入邮件域的别名，如"mail.zhousu.net"的邮件域别名可以设为"zhousu.net"，单击"下一步"按钮，弹出"使用目录"对话框，如图 5-69 所示。

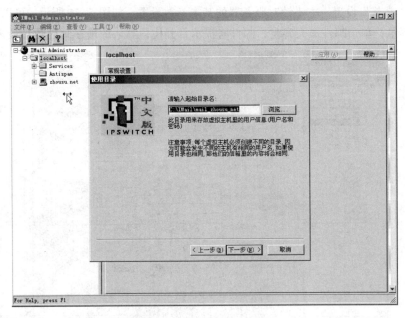

图 5-69　"使用目录"对话框

步骤 6：在"使用目录"对话框中指定服务器保存邮件和有关信息的目录，如果默认目录的存储空间不足，可以将存储的指定目录修改为别的目录，单击"下一步"按钮，弹出提示安装完成的对话框，在该对话框中单击"完成"按钮，邮件服务器创建设置完成，IMail 管理器显示该服务器的信息，如图 5-70 所示。

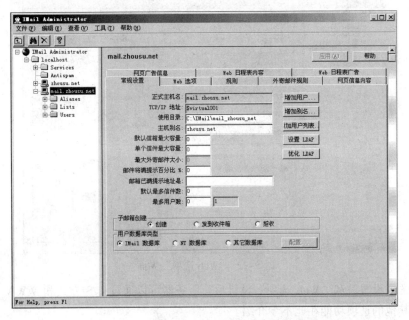

图 5-70　"mail.zhousu.net 服务器信息"界面

④ 服务器的设置。邮件服务器提供的服务功能较多，选项设置能使服务器工作更快速，功能更强大。

步骤 1："常规"设置。主要针对服务器的基本参数设置，如图 5-71 所示。可以设置默认的邮箱的最大容量，单个邮件最大容量，邮件将提示百分比，默认的最多邮件数，最多用户数等。

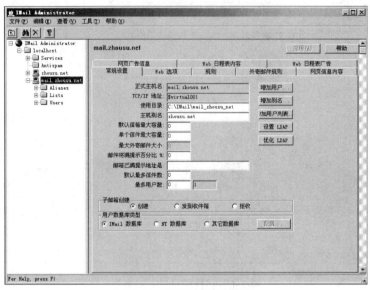

图 5-71 "常规设置"界面

步骤 2："Web 选项"。IMail 服务器支持 Web 方式的邮件收发，在"Web 选项"界面中可以对拼写、日程表、SSL 等进行设置，如图 5-72 所示。

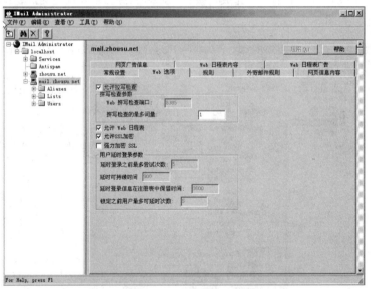

图 5-72 "Web 选项"界面

完成"常规设置"和"Web 选项"设置后，服务器可以通过 C/S 方式和 WWW 方式为用户提供服务，其他的选项功能在此不予介绍。

⑤ 用户管理，具体步骤如下：

步骤 1：依次展开 IMail Administrator | localhost 选项，单击下面的具体服务器，如"zhousu.net"，选中"Users"选项，显示当前用户和用户的默认设置，如图 5-73 所示。

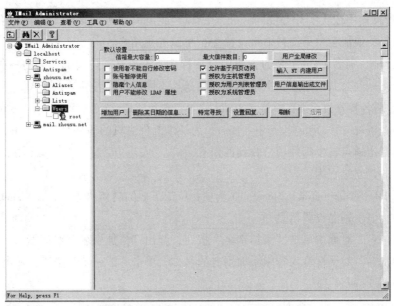

图 5-73　"zhousu.net 下的 Users"界面

步骤 2：在图 5-73 所示界面中单击"增加用户"按钮，弹出"新用户"添加对话框。在"新用户"对话框中输入用户名如"zhou"，单击"下一步"按钮，弹出"用户实名"对话框。

步骤 3：在"用户实名"对话框中输入用户的实际姓名，单击"下一步"按钮，弹出"用户口令设置"对话框。在"用户口令设置"对话框输入为用户设置的口令，如果不希望用户更改口令则将"使用者不能自行修改密码"选项选中，单击"下一步"按钮。

步骤 4：完成用户添加后在 IMail 管理器中的显示用户的属性，如图 5-74 所示，可以根据实际的需要对用户的选项作进一步设置。

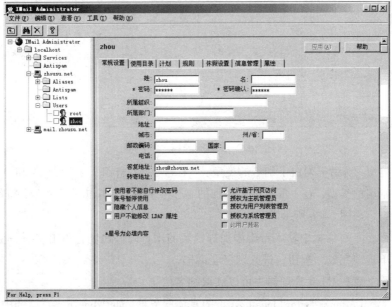

图 5-74　"用户 zhou 属性"界面

在 IMail 管理器中依次展开 IMail Administrator | localhost | zhousu.net | Users，右击下面的具体用户，在弹出的快捷菜单中选择 Delete 命令，可删除该用户。

⑥ 别名管理。别名（alia）是为方便用户在特殊要求情况下使用邮件名的一种灵活表现形式，同时也能将一些公共的信息在指定的时间发送给不同的接收者。

IMail 中的别名共分为 5 类：标准（Standard）、群组（Group）、程序（Program）、声音或传呼（Pager or Beeper）、Host，其中"Host"为一个邮件主机的另一个名字，其他 4 个为邮箱别名，用于向指定地点转发邮件用户收到的信息。

邮箱别名的建立过程为：

依次展开 IMail Administrator | localhost 选项，单击下面的具体服务器，如"zhousu.net"，选中 Aliase 选项，显示别名设置信息。

在"别名信息"界面中单击"添加别名"按钮，弹出"添加别名"对话框。

在"添加别名"对话框输入希望添加别名的名称，单击"下一步"按钮，弹出"别名类型"对话框，如图 5–75 所示。

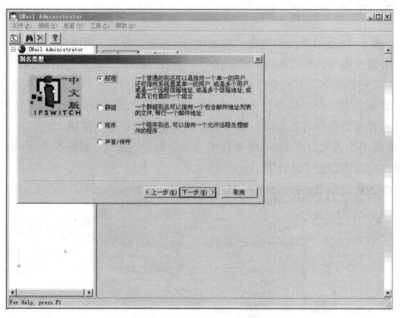

图 5–75 "别名类型"对话框

在"别名类型"对话框列出了别名的类型："标准"、"群组"、"程序"和"声音/传呼"。根据需要选择别名的类型，在一般情况下添加的是标准的别名，单击"下一步"按钮，弹出"标准别名"对话框，如图 5–76 所示。

在"添加用户"对话框中输入希望添加进别名的用户邮件地址，单击"下一步"按钮完成别名添加。再单击"完成"按钮，进入别名会话框。

完成别名添加后在 IMail 管理器中可以获取别名信息。

依次展开 IMail Administrator | localhost 下的具体服务器，如"zhousu.net"，选中 Aliase 选项，右击下面的一个别名，在弹出的快捷菜单中选择 Delete 命令，可删除该别名。

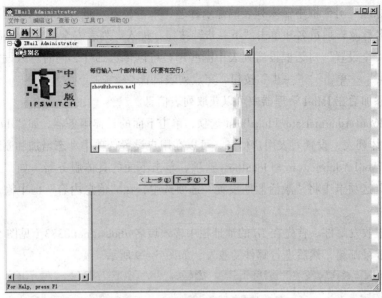

图 5-76 "标准别名"对话框

⑦ 列表管理。列表是一种特殊邮件收件人的集合，使用它可以将一封邮件同时发给该集合中的所有人；可以通过发送包括相应命令行的邮件来自动加入或退出邮件列表，并可得到帮助信息及列表的内容；可以设定指定用户使用的邮件列表，且可以为列表设置密码。

依次展开 IMail Administrator | localhost 选项，单击下面的具体服务器，如 "zhousu.net"，选中 Lists 选项，显示列表信息，如图 5-77 所示。

在图 5-77 所示窗口中单击 "添加用户列表" 按钮，弹出 "新列表" 对话框。在 "新列表"对话框中输入列表的名称，单击 "下一步" 按钮，弹出 "列表标题" 对话框。

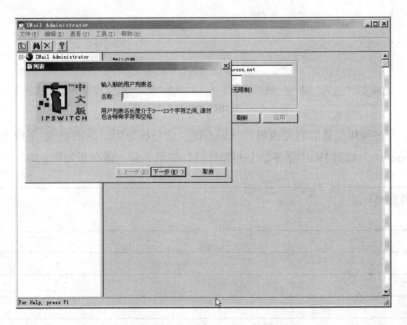

图 5-77 "添加 Lists"界面

在"列表标题"对话框中输入列表的显示标题，单击"下一步"按钮，弹出"列表名称"对话框。输入名称及管理员名并单击"下一步"按钮，进入"列表安全设置"对话框。

在"列表安全设置"对话框设置列表中哪些用户可以传送邮件，同时可以设定是否"关闭新用户申请订阅"，单击"下一步"按钮，完成列表设置。

完成列表添加后在 IMail 管理器中可以获取列表信息。

依次展开 IMail Administrator | localhost 选项，单击下面的具体服务器，如"zhousu.net"，选择 Lists 中的具体列表，设置列表用户信息，可以在用户设置选项中动态增加和删除用户。

依次展开 IMail Administrator | localhost 选项，单击下面的具体服务器，如"zhousu.net"，在"休假设置"选项卡中将"激活假期设置"选项选中，在"信息内容"框中输入自动回复的内容。

⑧ 在 IE 中收发邮件。首先在 IE 的地址栏中输入域名 zhousu.net:8383（见图 5-78），输入用户名和密码登录邮箱，然后进行邮件的收发，如图 5-79 所示。

图 5-78　"IMail 的 IE 邮件"界面

请记录：上述操作能够顺利完成吗？如果不能，请分析原因。你能在 IE 下收发邮件吗？能在 Outlook Express 下收发 IMail 服务器上的邮件吗？如果不能，请分析原因。

4．实训总结

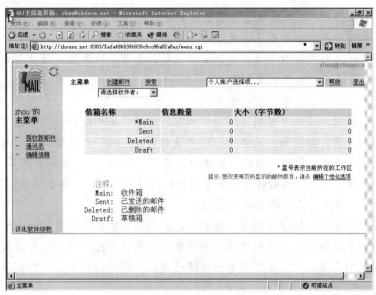

图 5-79　"IE 里的收发邮件"界面

5.　单元学习评价

① 你认为本单元最有价值的内容是：

_____

_____

② 我需要进一步了解下列问题：

_____

_____

③ 为使学习更有效，你对本单元的教学有何建议？

_____

_____

_____

6.　实训评价（教师）

_____

_____

5.5.6　阅读与思考：网络管理中的七大计策

在多年的网络管理软件开发和项目实施中，我接触了许多的一线工程师，并专门拿出时间和这些每天出入在机房的工程师沟通，收集他们在管理工作中遇到的实际需求，专注于将令其"头痛"的问题通过 SiteView 集中解决。

针对各种难题，我总结出了网络管理七大实战兵法，希望可以给您一些启发。

第一计：重中之重——关键业务流程

需要监测的关键业务流程包括：① 单位内部的关键业务流程。如项目管理信息系统、生产管理信息系统等。② 网络吞吐量大的业务流程。主要是一些复杂和交互式的业务流程，资金集中管理系统、公文流转系统等。③ 对系统造成大的压力，频繁使用数据库的业务流程。④ 同其他系统集成的业务流程，这些集成会提高应用失败的风险。

这些业务系统庞大而牵涉面众多，需要一个综合业务管理平台进行整体的监测整合。好的解决方案是引进网管系统，对业务系统是否正常运行、各项具体参数指标是否超标等进行精确掌控，避免或降低业务系统故障的发生率。

第二计：用户体验同系统性能指标相关联

在制定监控策略时，应该考虑将网络中的所有网络基础架构都进行集中监测，包括对数据库服务器、应用服务器、路由器、交换机、防火墙的监控，从而判断哪里出了问题导致公司网络不能畅通运行。信息服务管理网的网管工程师通过使用 SiteView 网管工具收集网络运行信息，将性能数据同单位内部用户的体验相结合来分析网络的性能状况，诊断系统瓶颈。

第三计：建立网络运行基准指标并观察趋势

长期监测并建立基准指标对于保持网络和性能的正常性能水平是非常必要的。通过对网络运行的观察，运维工程师可以知道网络性能的变化和流量等指标的运行趋势；及时发现网络偏离系统基准模型时的异常状况，分析是单一故障还是严重问题的前兆，达到预警的目的，防止更严重问题的发生。

第四计：设计报警策略，避免警报泛滥

报警是管理网络和业务系统最重要的功能之一，配置报警的依据是根据信息服务管理网的网络运维目标，报警设置的原则：① 对影响网络和业务的重要指标设置报警；② 消除误报和重复报警；③ 报警应该以多种方式及时发送给相应的运维工程师。

第五计：创建自动化、规范化事件处理程序

信息服务管理网运维工程师人员少，日常处理事务较多，他们需要在网络、链路和系统运行出现问题时能够有自动化、规范化的处理问题程序，快速处理各种潜在故障并且分配他们到合适的管理工程师，帮助他们提高工作效率。建立规范事件处理程序的另一个好处，是将工程师长期积累的知识和工作经验系统化和固化，达到快速定位故障的目的。

第六计：网络服务质量 SLA 的量化管理

提高服务质量的第一步是设立量化指标，将其作为整个网络运维管理团队的整体目标。信息服务管理网络性能管理的总体目标包括网络和设备、业务的可用性、网络的吞吐量、带宽使用百分比、网络延时、CPU 和 MEMORY 的负载，对于不同的网络指标还要根据网络的上下级连接关系分解到每一个子指标，作为对网络故障诊断和性能管理的依据。

第七计：制定网络的升级和改进策略

网络的升级和改进应该以对现有网络和系统性能数据的测量为前提，以对网络整体运行的现状及趋势分析为依据。通过对单一网络系统和整体网络系统性能数据的比较、单一网络组件和其他网络组件的数据比较、系统负载量最大时的性能数据和一般负载时的性能数据的比较等，判断是否需要对系统的局部或者整体进行升级，发现网络系统性能的瓶颈，提出网络系统改进的方法。

资料来源：希赛网（http://www.csai.cn），此处有删改。

请分析： 阅读上述内容，请简单叙述你的理解和感想。

第6章

数据存储管理

数据备份就是将数据以某种方式加以保留，以便在系统遭受破坏或其他特定情况下，更新并加以重新利用的一个过程。数据备份的根本目的，是重新利用，也就是说，备份工作的核心是恢复，一个无法恢复的备份，对任何系统来说都是毫无意义的。一个成熟的备份系统能够安全、方便而又高效地恢复数据。

6.1 数据备份的概念

作为存储系统的一个重要组成部分，数据备份在其中的地位和作用都是不容忽视的。对一个完整的 IT 系统而言，备份工作的意义不仅在于防范意外事件的破坏，而且还是历史数据保存归档的最佳方式。换言之，即便系统正常工作，没有任何数据丢失或破坏发生，备份工作仍然具有非常大的意义——为我们进行历史数据查询、统计和分析，以及重要信息归档保存提供了可能。

在系统正常工作的情况下，数据备份是系统的"额外负担"，会给正常业务系统带来一定的性能和功能上的影响。所以，数据备份系统应尽量减少这种"额外负担"，从而更充分地保证系统正常业务的高效运行，这是数据备份技术发展过程中要解决的一个重要问题。对于一个相当规模的系统来说，完全自动化地进行备份工作是对备份系统的一个基本要求，此外，CPU占用、磁盘空间占用、网络带宽占用、单位数据量的备份时间等都是衡量备份系统性能的重要因素。一个好的备份系统，应该能够以很低的系统资源占用率和很少的网络带宽，来进行自动而高速度的数据备份。

数据备份与服务器高可用集群技术以及远程容灾技术在本质上是有所区别的。虽然这些技术都是为了消除或减弱意外事件给系统带来的影响，但是，由于其侧重的方向不同，实现的手段和产生的效果也不尽相同。

集群和容灾技术的目的是为了保证系统的可用性。也就是说，当意外发生时，系统所提供的服务和功能不会因此而间断。对数据而言，集群和容灾技术是保护系统的在线状态，保证数据可以随时被访问。

备份技术的目的，是将整个系统的数据或状态保存下来，这种方式不仅可以挽回硬件设备坏损带来的损失，也可以挽回逻辑错误和人为恶意破坏的损失。但是，数据备份技术并不保证系统的实时可用性。也就是说，一旦意外发生，备份技术只保证数据可以恢复，但恢复过程需要一定的时间，在此期间，系统是不可用的。在具有一定规模的系统中，备份技术、集群技术和容灾技术互相不可替代，并且稳定和谐地配合工作，共同保证着系统的正常运转。

6.2　常用的备份方式

常用的数据备份方式主要有 3 种。

1.　全备份

全备份（full backup）是指对整个系统进行包括系统和数据的完全备份。这种备份方式的好处是很直观，容易被人理解，而且当发生数据丢失的灾难时，只要用灾难发生前一天的备份，就可以恢复丢失的数据。但它也有不足之处：首先，由于每天都对系统进行完全备份，因此在备份数据中有大量内容是重复的，如操作系统与应用程序。这些重复的数据占用了大量的磁带空间，这对用户来说就意味着增加成本；其次，由于需要备份的数据量相当大，因此备份所需时间较长。对于那些业务繁忙，备份时间有限的单位来说，选择这种备份策略无疑是不方便的。

2.　增量备份

增量备份（incremental backup）是指每次备份的数据只是上一次备份后增加和修改过的数据。这种备份的优点很明显：没有重复的备份数据，节省磁带空间，又缩短了备份时间。但它的缺点在于：当发生灾难时，恢复数据比较麻烦。例如，如果系统在星期四的早晨发生故障，那么就需要将系统恢复到星期三晚上的状态。这时，管理员需要找出星期一的完全备份磁带进行系统恢复，然后再恢复星期二的数据，最后再恢复星期三的数据。很明显，这比第一种策略要麻烦得多。另外，在这种备份下，各磁带间的关系就像链子一样，一环套一环，其中任何一盘磁带出了问题，都会导致整条链子脱节。

3.　差分备份

差分备份（differential backup）是指每次备份的数据是上一次全备份之后新增加的和修改过的数据。管理员先在星期一进行一次系统完全备份；然后在接下来的几天里，再将当天所有与星期一不同的数据（增加的或修改的）备份到磁带上。差分备份无需每天都做系统完全备份，因此备份所需时间短，并节省磁带空间，它的灾难恢复也很方便，系统管理员只需两份磁带，即系统全备份的磁带与发生灾难前一天的备份磁带，就可以将系统完全恢复。

6.3　服务器存储管理（SAS）

服务器存储管理（sever attached storage，SAS，又称服务器附加存储）是一种传统的网络连接结构，各种计算机外部设备（如硬盘、磁盘阵列、打印机、扫描仪等）均挂接在通用服务器上，所有用户对信息资源的访问都必须通过服务器进行。

通常，在提供多种基本网络管理功能的同时，通用服务器还要运行各种应用软件来为用户提供应用服务。由于每一项服务都需要占用服务器 CPU、内存和 I/O 总线等系统资源，因此，当访问信息资源的并发用户数量增多时，必然会造成对系统资源的掠夺，严重降低整个网络的数据传送速度，甚至会产生服务器因不堪重负而中断服务的现象。SAS 模式的安全性和稳定性很差，一旦主服务器出现硬件故障、软件缺陷、操作失误或计算机病毒的危害等，将会导致整个网络瘫痪，服务器中的信息资源也因此而丢失。

SAS 模式的扩展性较差，其扩充存储容量的方法就是给服务器增加硬盘。虽然硬盘本身的成本并不高，但是关掉服务器安装硬盘所造成的停工会中断所有网络服务。如果服务器上挂接太多的硬盘或外设，会严重影响服务器的性能。为了不降低整个网络的性能，只能在网络中再增加价格昂贵的服务器。

6.4　资源存储管理（NAS）

随着网络应用的飞速发展，许多信息资源每天都要接受大量用户的访问，传统的 SAS 网络架构已无法适应这种极高的访问频率和访问速度，从而出现了把资源存储及共享服务从网络主服务器上分离出来的资源存储管理（network attached storage，NAS，又称网络附加存储）模式。在这种模式下，用户无需通过服务器就可直接访问 NAS 设备。NAS 技术不占用网络主服务器的系统资源，具有更快的响应速度和更高的数据带宽，即使主服务器发生崩溃，用户仍可访问 NAS 设备中的数据。

NAS 系统主要由 NAS 光盘服务器、NAS 硬盘服务器和 NAS 管理软件三部分组成。NAS 光盘服务器实现对光盘的存储共享；NAS 硬盘服务器不仅可实现对各种格式文件的存储共享，还能对存储空间进行分区，通过网络进行在线存储扩容；NAS 管理软件用于对网络中的多台 NAS 设备进行集中管理，网络管理员可对 NAS 设备进行远程设置、升级及管理。

6.5　存储区域网络（SAN）

存储区域网络（storage area network，SAN）是指独立于服务器网络系统之外的高速光纤存储网络，这种网络采用高速光纤通道作为传送体，以 SCSI-3 协议作为存储访问协议，将存储系统网络化，实现真正的高速共享存储。在 SAN 集中化管理的调整存储网络中，可以包含来自多个厂商的存储服务器、存储管理软件、应用服务器和网络硬件设备。

SAN 突破了传统存储技术的局限性，将网络管理的概念引入到存储管理中。SAN 技术面向大容量数据多服务器的高速处理，包括高速访问、安全存储、数据共享、数据备份、数据迁移、容灾恢复等各个层面，对电信、视频、因特网 ICP/ISP、石油、测绘、金融、气象、图书资料管理、军事、电台等行业应用有重要的实用价值。

SAN 与 NAS 是完全不同架构的存储方案，前者支持 Block 协议，后者支持 File 协议；SAN 的精髓在于分享存储配备（sharing storages），而 NAS 在于分享数据（sharing data）。NAS 与 SAN 因为架构及应用领域的不同，所以不会相互取代，而会共存于企业存储网络之中。

6.6　主流备份技术

在传统的备份模式下，每台主机都配备专用的存储磁盘或磁带系统，主机中的数据必须备份到位于本地的专用磁带设备或磁盘阵列中。这样，即使一台磁带机（或磁带库）处于空闲状态，另一台主机也不能使用它进行备份工作，磁带资源利用率较低。另外，不同的操作系统平台使用的备份恢复程序一般也不相同，这使得备份工作和对资源的总体管理变得更加复杂。后来就产生了一种克服专用磁带系统利用率低的改进办法：磁带资源由一个主备份/恢复服务器控制，而备份和恢复进程由一些管理软件来控制，主备份服务器接收其他服务器通过局域网或广域网发来的数据，并将其存入公用磁盘或磁带系统中。这种集中存储的方式极大地提高了磁带资源的利用效率。但它也存在一个致命的不足：网络带宽将成为备份和恢复进程中的潜在瓶颈。

LAN-free 备份和无服务器备份是两种目前的主流数据备份技术。

6.6.1 LAN-free 备份

数据不经过局域网直接进行备份，即用户只需将磁带机或磁带库等备份设备连接到 SAN 中，各服务器就可以把需要备份的数据直接发送到共享的备份设备上，不必再经过局域网链路。由于服务器到共享存储设备的大量数据传送是通过 SAN 网络进行的，局域网只承担各服务器之间的通信（而不是数据传送）任务。

LAN-free 备份的两种常见实施手段是：

① 用户为每台服务器配备光纤通道适配器，适配器负责把这些服务器连接到与一台或多台磁带机（或磁带库）相连的 SAN 上。同时，还需要为服务器配备特定的管理软件，通过它，系统能够把块格式的数据从服务器内存，经 SAN 传送到磁带机或磁带库中。

② 主备份服务器上的管理软件可以启动其他服务器的数据备份操作。块格式的数据从磁盘阵列通过 SAN 传送到临时存储数据的备份服务器的内存中，之后，再经 SAN 传送到磁带机或磁带库中。

6.6.2 无服务器备份

无服务器（Serverless）备份是 LAN-free 备份的一种延伸，使数据能够在 SAN 结构中的两个存储设备之间直接传送，通常是在磁盘阵列和磁带库之间。这种方案的主要优点之一是不需要在服务器中缓存数据，显著减少对主机 CPU 的占用，提高操作系统工作效率，帮助系统完成更多的工作。

无服务器备份的两种常见实施手段是：

① 备份数据通过数据移动器从磁盘阵列传送到磁带库上。数据移动器可能是光纤通道交换机、存储路由器、智能磁带（或磁盘设备，或是服务器）。数据移动器执行的命令其实是把数据从一个存储设备传送到另一个设备，实施这个过程的一种方法是借助于 SCSI-3 的扩展拷贝命令，它使服务器能够发送命令给存储设备，指示后者把数据直接传送到另一个设备，不必通过服务器内存。数据移动器收到扩展拷贝命令后，执行相应功能。

② 利用网络数据管理协议（NDMP）。这种协议实际上为服务器、备份和恢复应用及备份设备等部件之间的通信充当一种接口。在实施过程中，NDMP 把命令从服务器传送到备份应用中，而与 NDMP 兼容的备份软件会开始实际的数据传送工作，且数据的传送并不通过服务器内存。NDMP 的目的在于方便异构环境下的备份和恢复过程，并增强不同厂商的备份和恢复管理软件以及存储硬件之间的兼容性。

无服务器备份与 LAN-free 备份相比有着诸多优点。如果是无服务器备份，源设备、目的设备以及 SAN 设备是数据通道的主要部件。虽然服务器仍参与备份过程，但负担大大减轻。因为它的作用基本限于指挥，不是主要的备份数据通道。无服务器备份技术具有缩短备份及恢复所用时间的优点。因为备份过程在专用高速存储网络上进行，而且决定吞吐量的是存储设备的速度，而不是服务器的处理能力，所以系统性能将大为提升。此外，如果采用无服务器备份技术，数据可以数据流的形式传送给多个磁带库或磁盘阵列。

LAN-free 备份和无服务器备份并非适合所有应用。如果拥有的大型数据存储库必须 7×24 随时可用，无服务器备份或许是不错的选择。但必须确保已经清楚恢复过程需要多长时间，因为低估了这点会面临比开始更为严重的问题。另外，如果可以容忍一定的停机时间，那么传统的备份和恢复技术也许是比较不错的选择。

6.7 备份的误区

在计算机系统中，最重要的不是软件，更不是硬件，而是存储在其中的数据。虽然这种观念已被人们所广泛认同，但如何保护存储在网络系统中的数据，普遍存在以下误区。

1. 将硬件备份等同于数据备份

备份的一大误区是将磁盘阵列、双机热备份或磁盘镜像当成备份。从导致数据失效的因素可以看出，大部分造成整个硬件系统瘫痪原因，硬件备份是无能为力的，而硬件的备份是受其技术设计前提所约束的。

① 硬盘驱动器。硬盘驱动器是计算机中损坏率比较高的设备，这是由硬盘本身的工作原理所决定的。硬盘驱动器利用磁头与盘面间的相对运动来读写，磁头与磁盘间利用空气轴承原理保持一定的间隙。随着存储密度的增加，间隙越来越小、极易因振动或冲击而造成头盘相撞，或因密封失效，使灰尘进入盘腔而引起盘片划伤，并且划伤类损坏是无法修复的，通常会造成数据丢失的严重后果。硬盘的损坏通常是突发性、没有先兆。

② 磁盘阵列。磁盘阵列（RAID）是采用若干个硬磁盘驱动器按一定要求组成一个整体。其中有一个热备份盘，其余是数据盘和检验盘。整个阵列由阵列控制器管理，使用上与一个硬磁盘一样。磁盘阵列有许多优点。首先是提高了存储容量。单台硬磁盘的容量是有限的，组成阵列后形成的"一台"硬磁盘容量将是单台的几倍或几十倍。现在用于服务器的磁盘阵列容量已达 TB 数量级。其次，多台硬磁盘驱动器可以并行工作，提高了数据传送率。第三，由于有检验技术，提高了可靠性。如果阵列中有一台硬磁盘损坏，利用其他盘可以重组出损坏盘上原来的数据，不影响系统正常工作，并且可以在带电状态下更换坏的硬磁盘，阵列控制器自动把重组的数据写入新盘，或写入热备份盘而使用新盘作热备份。可见，磁盘阵列不会使还没有来得及写备份的数据因盘损坏而丢失。磁盘阵列的可靠性很高，但不等于不需要备份。理由之一是，磁盘总会损坏，一台坏了可以重组，两台同时坏了则无法重组。这种情况的概率并不等于零。因此，为了以防万一，重要的数据要及时做备份；理由之二是，磁盘阵列容量虽然大但也有限，而且每兆字节成本高，在阵列上长期保存不用的数据，既影响工作效率，同时也是浪费。

③ 双机热备份。在国外，一般称为高可用系统（high availability system），它的基本原理是同一个计算机应用软件系统，采用两个或两个以上的主机/服务器硬件系统来支持。当主要的主机/服务器发生故障时，通过相应的技术，由另外的主机/服务器来承担应用软件运行所需的环境。因此，它主要解决的问题是保持计算机应用软件系统的连续运作。对于一些柜台业务系统、大数据量连续处理系统来说，这种数据管理是必不可少的。但对于天灾人祸来说，双机备份也是无能为力的，根据统计数字，在所有造成系统失效的原因当中，人为的错误是第一位的，对于人为的误操作，如错误地覆盖系统文件，也会同样发生在热备份的机器上。此外，备份除了制作第二份拷贝的这一层含义，还有一层历史资料的，双机热备份也是无法做到的。

可见，无论是磁盘阵列，还是双机热备份，着重点是增强了系统连续运行时的性能与可靠性，这些硬件备份与真正的备份概念还相差很多。

2. 将拷贝等同于备份

备份不能仅仅通过拷贝完成，因为拷贝不能留下系统的注册表等信息，也不能将历史记录保存下来，以做追踪。当数据量很大时，手工的拷贝工作又是非常麻烦的。事实上，备份=拷贝+管理，而管理包括备份的可计划性、磁带机的自动化操作、历史记录的保存以及日志记录等。

6.7.1　主要术语

确保自己理解以下术语：

LAN-free 备份	服务器存储管理	双机热备份
NAS	服务器高可用集群技术	无服务器备份
SAN	全备份	硬件备份
SAS	数据备份	远程容灾技术
差分备份	数据备份技术	增量备份
存储区域网络	数据存储管理	资源存储管理

6.7.2　实训与思考：数据存储的案例与解决方案

1．实训目的

① 熟悉数据备份的基本概念，了解数据备份技术的基本内容。

② 通过案例分析，深入领会备份的真正含义及其意义，了解备份技术的学习和获取途径。

③ 通过因特网搜索与浏览，了解网络环境中主流的数据备份与存储技术网站以及主流的存储管理方案供应商，掌握通过专业网站不断丰富数据备份和存储管理技术最新知识的学习方法，尝试通过专业网站的辅助与支持来开展数据备份技术应用实践。

2．工具/准备工作

在开始本实训之前，请认真阅读课程的相关内容。

需要准备一台带有浏览器，能够访问因特网的计算机。

3．实训内容与步骤

（1）概念理解

阅读课文内容，请回答：

① 除了作为存储系统的重要组成部分之外，数据备份的另一个重要作用是什么？

_____

_____

② 请分别解释 3 种常用的备份方式：

全备份：_____

_____

增量备份：_____

_____

差分备份：_____

_____

③ 请分别解释下面 3 种资源存储管理的模式：

SAS：_____

NAS:＿＿＿＿＿＿＿＿＿＿＿＿＿＿＿＿＿＿＿＿＿＿＿＿＿＿＿＿＿＿＿＿＿＿

SAN:＿＿＿＿＿＿＿＿＿＿＿＿＿＿＿＿＿＿＿＿＿＿＿＿＿＿＿＿＿＿＿＿＿＿

（2）案例分析：9.11 事件中的摩根斯坦利证券公司

2001 年 9 月 11 日，一个晴朗的日子。

和往常一样，当 9 点的钟声响过后，美国纽约恢复了昼间特有的繁华。姊妹般的世贸大厦迎接着忙碌的人们，熙熙攘攘的人群在大楼中穿梭往来。在大厦的 97 层，是美国一家颇有实力的著名财经咨询公司——摩根斯坦利证券公司。这个公司的 3500 名员工大都在大厦中办公。

就在人们专心致志地做着他们的工作时，一件惊心动魄的足以让全世界目瞪口呆的事情发生了！这就是著名的“9.11”飞机撞击事件。在一声无以伦比的巨大响声中，世贸大楼像打了一个惊天的寒颤，所有在场的人员都被这撕心裂肺的声音和山摇地动的震撼惊呆了。继而，许多人像无头苍蝇似的乱窜起来。大火、浓烟、鲜血、惊叫，充斥着大楼的上部。场面如图 6-1 所示。

图 6-1　被撞后的世贸大厦

在一片慌乱中，摩根斯坦利公司却表现得格外冷静，该公司虽然距撞机的楼上只有十几米，但他们的人员却在公司总裁的指挥下，有条不紊地按紧急避险方案从各个应急通道迅速向楼下疏散。不到半个小时，3500 人除 6 人外都撤到了安全地点。后来知道，摩根斯坦利公司在“9.11”事件中共有 6 人丧生，其中 3 个是公司的安全人员，他们一直在楼内协助本公司外的其他人员撤离，同时在寻找公司其他 3 人。另外 3 人丧生情况不明。如果没有良好的组织，逃难的人即便是挤、踩，也会造成重大的死伤。据了解，摩根公司是大公司中损失最小的。当然，公司人员没有来得及带走他们的办公资料，在人员离开后不久，世贸大厦全部倒塌，公司所有的文案资料随着双塔的倒塌飞灰湮灭，不复存在。

然而，仅仅过了两天，又一个奇迹在摩根斯坦利公司出现，他们在新泽西州的新办公地点准确无误地全面恢复了营业！撞机事件仿佛对他们丝毫没有影响。原来，危急时刻公司的远程数据防灾系统忠实地工作到大楼倒塌前的最后一秒钟，他们在新泽西州设有第二套全部股票证券商业文档资料数据和计算机服务器，这使得他们避免了重大的业务损失。是什么原因使摩根斯坦利公司遇险不惊，迅速恢复营业，避免了巨大的经济和人员损失呢？事后人们了解到，摩根斯坦利公司制定了一个科学、细致的风险管理方案，并且，他们还居安思危，一丝不苟地执行着这个方案。

如今，"9.11"事件已经成为过去，但如何应付此类突发事件，使企业在各种危难面前把损失减小到最低限度，却是一个永久的话题。

据美国的一项研究报告显示，在灾害之后，如果无法在 14 天内恢复业务数据，75％的公司业务会完全停顿，43％的公司再也无法重新开业，20％的企业将在两年之内宣告破产。美国 Minnesota 大学的研究表明，遭遇灾难而又没有恢复计划的企业，60％以上将在两、三年后退出市场。而在所有数据安全策略中，数据备份是其中最基础的工作之一。

资料来源： 老兵网，http://www.laobing.com.cn/tyjy/lbjy1003.html，本文有删改

请分析：

① 通过因特网搜索和浏览，了解摩根斯坦利证券公司，以体会数据安全对该企业的意义，并请简单叙述之。

_____

_____

_____

② 本案例对你产生了哪些启迪？请简述之。

_____

_____

_____

③ 为什么说"在所有数据安全策略中，数据备份是其中最基础的工作之一"？

_____

_____

_____

④ 阅读网络新闻，了解摩根斯坦利证券公司与 IBM 公司在数据备份领域开展的最新合作。请简述其内容和意义。

_____

_____

_____

（3）对存储解决方案的网络搜索与浏览

① 请通过网络进行搜索浏览，了解 Microsoft、HP、SUN、IBM 等企业的"存储解决方案"和"备份解决方案"，并记录于表 6-1 中。

表 6-1 存储解决方案网站记录

网 站 名 称	网 址	主要内容描述

众多 IT 知名企业都关注着数据存储与备份，请简单介绍你的浏览感想。

_____

_____

_____

② 请通过网络搜索学习并记录：Windows Storage Server 是个什么样的产品？

_____

_____

_____

4. 实训总结

_____

_____

_____

_____

5. 单元学习评价

① 你认为本单元最有价值的内容是：

_____

② 下列问题我需要进一步地了解或得到帮助：

_____

③ 为使学习更有效，你对本单元的教学有何建议？

_____

_____

_____

6. 实训评价（教师）

_____

_____

6.8　阅读与思考：局域网环境中的网络维护

网络服务器的硬盘

办公自动化环境中的局域网用户经常会利用网络来打印材料和访问文件。如果由于某种原因导致网络访问速度不正常，这时我们往往会认为网速下降的原因是网络中的某些设备发生了瓶颈，例如网卡、交换机、集线器等，其实，对网速影响最大的还是服务器硬盘的速度。因此，正确地配置好局域网中服务器的硬盘，将对整个局域网中的网络性能有很大的改善。

通常，我们在设置硬盘时需要考虑以下几个因素：

① 服务器中的硬盘应尽量选择转速快、容量大的，因为硬盘转速快，通过网络访问服务器上的数据的速度也越快。

② 服务器中的硬盘接口最好是 SCSI 型号的，因为该接口比 IDE 或 EIDE 接口传送数据时速度要快，它采用并行传送数据的模式来发送和接受数据的。

③ 如果条件允许，可以给网络服务器安装硬盘阵列卡，因为硬盘阵列卡能较大幅度地提升硬盘的读写性能和安全性。当然，还要注意的是，在同一 SCSI 通道，不要将低速 SCSI 设备（如 CD）与硬盘共用，否则硬盘的 SCSI 接口高速传送数据的性能将得不到发挥。

正确使用"桥"式设备

"桥"式设备通常是用于同一网段的网络设备，而路由器则是用于不同区段的网络设备。笔者所在单位，曾经安装一套微波连网设备，物理设备连通以后，上网调试，服务器上老是提示当前网段号应是对方的网段号。将服务器的网段号与对方改为一致后，服务器的报警消失了。啊！原来这是一套具有桥接性质的设备。后来在另外一个地点安装微波连网设备，换用了其他一家厂商的产品，在连接以前我们就将两边的网段号改为一致，可当装上设备以后，服务器又出现了报警：当前路由错误。修改了一边的网段以后，报警消失了。由此可见，正确区分"路由"设备和"桥式"设备，在设置网络参数方面是很重要的。

按规则进行连线

连接局域网中的每台计算机都是用双绞线来实现的，但是并不是用双绞线把两台计算机简单地相互连接起来，就能实现通信目的的，我们必须按照一定的连线规则来进行连线。笔者曾经试图把两台相距 100m 以外的计算机用双绞线连接起来，从而实现通信，但无论怎么努力都没有连接成功，后来经行家指点，双绞线的连接距离不能超过 100m。另外，我们如果需要连接超过 100m 的两台计算机时，必须使用转换设备，在连接转换设备和交换机时，我们还必须进行跳线。这是因为以太网中，一般是使用两对双绞线，排列在 1、2、3、6 的位置，如果使用的不是两对线，而是将原配对使用的线分开使用，就会形成串绕，从而产生较大的串扰（NEXT）。对网络性能有较大影响。10Mbit/s 网络环境这种情况不明显，100Mbit/s 的网络环境下如果流量大或者距离长，网络就会无法连通。

严格执行接地要求

由于在局域网中，传送的都是一些弱信号，如果操作稍有不当或者没有按照网络设备的具体操作要求来办的话，就可能在连网中出现干扰信息，严重的能导致整个网络不通。特别是一些网络转接设备，由于涉及远程线路，它对接地的要求非常严格，否则该网络设备将达不到规定的连接速率，从而在连网的过程中产生各种莫名其妙的故障现象。笔者曾经无意将路由器的电源插头插在了市电的插座上，结果 128K DDN 专线就是无法和因特网连通。电信局来人检查线路都很正常，最后检查路由器电源的零地电压，发现不对，换回到 UPS 的插座上，一切恢复正常。另外一次，路由器的电源插头接地端坏掉，从而造成数据包经常丢失，做 ping 连接时，时好时坏，更换电源线后一切正常。由此可见，在使用网络设备时，一定要在设备规定的条件下进行，否则将会给工作带来很大的麻烦。

使用质量好、速度快的新式网卡

在局域网中，引起计算机与计算机之间不能通信的故障原因有很多，但大部分故障与网卡有关，或者是网卡没有正确安装好，或者是网络线接触不良，也有可能是网卡比较旧，不能被计算机正确识别，另外，有的网卡安装在服务器中，经受不住大容量数据的冲击，最终报废等。因此，为了避免上述的现象发生，安装在服务器中的网卡一定要使用质量好的，因为服务器一般都是不间断运行，只有质量好的网卡才能长时间进行工作。由于服务器传送数据的容量较大，因此，购买的网卡容量必须与之匹配。

合理设置交换机

交换机是局域网中的一个重要的数据交换设备，正确合理地使用交换机也能很好地改善网络中的数据传送性能。笔者曾经将交换机端口配置为 100Mbit/s 全双工，而服务器上安装了一块型号为 Intel100M EISA 网卡，安装以后一切正常，但在大流量负荷数据传送时，速度变得极慢，最后发现这款网卡不支持全双工。将交换机端口改为半双工以后，故障消失了。这说明交换机的端口与网卡的速率和双工方式必须一致。目前有许多自适应的网卡和交换机，按照原理，应能正确适应速率和双工方式，但实际上，由于品牌的不一致，往往不能正确实现全双工方式。明明服务器网卡设为全双工，但交换机的双工灯就是不亮，只有手工强制设定才能解决。因此，我们在设置网络设备参数时，一定要参考服务器或者其他工作站上的网络设备参数，尽量能使个设备匹配工作。

资料来源：希赛网 （http://www.csai.cn），本文有删改

请分析：阅读上述文章，请简单谈谈你的认识与感想。

第 **7** 章

网络安全管理

信息安全是指信息网络的硬件、软件及系统中的数据受到保护，不因偶然的或者恶意的原因而遭到破坏、更改或泄露，系统连续可靠正常地运行，使信息服务不中断。

信息安全是一门涉及计算机科学、网络技术、通信技术、密码技术、信息安全技术、应用数学、数论、信息论等多种学科的综合性学科。从广义上说，凡是涉及网络上信息的保密性、完整性、可用性、真实性和可控性的相关技术和理论都属于信息安全的研究领域。

7.1 网络安全管理概述

如今，基于网络的信息安全技术已是未来信息安全技术发展的重要方向。由于因特网是一个全开放的信息系统，窃密和反窃密、破坏与反破坏广泛存在于个人、集团甚至国家之间，资源共享和信息安全一直作为一对矛盾体存在，网络资源共享的进一步加强以及随之而来的信息安全问题也日益突出。

7.1.1 信息安全的目标

无论是在计算机上存储、处理和应用，还是在通信网络上传送，信息都可能被非授权访问而导致泄密，被篡改破坏而导致不完整，被冒充替换而导致否认，也有可能被阻塞拦截而导致无法存取。这些破坏可能是有意的，如黑客攻击、病毒感染；也可能是无意的，如误操作、程序错误等。因此，普遍认为，信息安全的目标应该是保护信息的机密性、完整性、可用性、可控性和不可抵赖性（即信息安全的五大特性），具体如下：

① 机密性，是指保证信息不被非授权访问，即使非授权用户得到信息也无法知晓信息的内容，因而不能利用。

② 完整性，是指维护信息的一致性，即在信息生成、传送、存储和使用过程中不发生人为或非人为的非授权篡改。

③ 可用性，是指授权用户在需要时能不受其他因素的影响，方便地使用所需信息。这一目标是对信息系统的总体可靠性要求。

④ 可控性，是指信息在整个生命周期内部可由合法拥有者加以安全控制。

⑤ 不可抵赖性，是指保障用户无法在事后否认曾经对信息进行的生成、签发、接收等行为。

事实上，安全是一种意识，一个过程，而不仅仅是某种技术。进入 21 世纪后，信息安全的理念发生了巨大的变化，从不惜一切代价把入侵者阻挡在系统之外的防御思想，开始转变为预防—检测—攻击响应—恢复相结合的思想，出现了 PDRR（protect/detect/react/restore）等网络动态防御体系模型，如图 7-1 所示。这种模型倡导一种综合的安全解决方法，即：针对信息的生存周期，以"信息保障"模型作为信息安全的目标，以信息的保护技术、信息使用中的检测技术、信息受影响或攻击时的响应技术和受损后的恢复技术作为系统模型的主要组成元素，在设计信息系统的安全方案时，综合使用多种技术和方法，以取得系统整体的安全性。

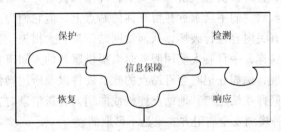

图 7-1　信息安全的 PDRR 模型

PDRR 模型强调的是自动故障恢复能力，把信息的安全保护作为基础，将保护视为活动过程；用检测手段来发现安全漏洞，及时更正；同时采用应急响应措施对付各种入侵；在系统被入侵后，采取相应的措施将系统恢复到正常状态，使信息的安全得到全方位的保障。

7.1.2　信息安全技术发展的四大趋势

信息安全技术的发展，主要呈现四大趋势，即：

① 可信化。可信化是指从传统计算机安全理念过渡到以可信计算理念为核心的计算机安全。面对愈演愈烈的计算机安全问题，传统安全理念很难有所突破，而可信计算的主要思想是在硬件平台上引入安全芯片，从而将部分或整个计算平台变为"可信"的计算平台。目前主要研究和探索的问题包括：基于 TCP 的访问控制、基于 TCP 的安全操作系统、基于 TCP 的安全中间件、基于 TCP 的安全应用等。

② 网络化。由网络应用和普及引发的技术和应用模式的变革，正在进一步推动信息安全关键技术的创新发展，并引发新技术和应用模式的出现，如安全中间件、安全管理与安全监控等都是网络化发展所带来的必然的发展方向。网络病毒、垃圾信息防范、网络可生存性、网络信任等都是重要的研究领域。

③ 标准化。安全技术要走向国际，也要走向应用，政府、产业界和学术界等将更加重视信息安全标准的研究与制定，如密码算法类标准（加密算法、签名算法、密码算法接口等）、安全认证与授权类标准（PKI、PMI、生物认证等）、安全评估类标准（安全评估准则、方法、规范等）、系统与网络类安全标准（安全体系结构、安全操作系统、安全数据库、安全路由器、可信计算平台等）、安全管理类标准（防信息遗漏、质量保证、机房设计等）。

④ 集成化。即从单一功能的信息安全技术与产品，向多种功能融于某一个产品，或者是几个功能相结合的集成化产品发展。安全产品呈硬件化/芯片化发展趋势，这将带来更高的安全度与更高的运算速率，也需要发展更灵活的安全芯片的实现技术，特别是密码芯片的物理防护机制。

7.1.3 因特网选择的几种安全模式

在因特网应用中采取的防卫安全模式归纳起来主要有以下几种：

① 无安全防卫。在因特网应用初期多数采取此方式，安全防卫上只使用随机提供的简单安全防卫措施，这种方法是不可取的。

② 模糊安全防卫。采用这种方式的网站总认为自己的站点规模小，对外无足轻重，没人知道，即使知道，黑客也不会对其实行攻击。事实上，许多入侵者并不是瞄准特定目标，只是想闯入尽可能多的机器，虽然它们不会永远驻留在你的站点上，但它们为了掩盖闯入你网站的证据，常常会对你网站的有关内容进行破坏，从而给网站带来重大损失。为此，各个站点一般要进行必要的登记注册。这样，一旦有人使用服务时，提供服务的人知道它从哪来，但是这种站点防卫信息很容易被发现，例如登记时会有站点的软、硬件以及所用操作系统的信息，黑客就能从这发现安全漏洞，同样在站点与其他站点连机或向别人发送信息时，也很容易被入侵者获得有关信息，因此，这种模糊安全防卫方式也是不可取的。

③ 主机安全防卫。这可能是最常用的一种防卫方式，即每个用户对自己的机器加强安全防卫，尽可能地避免那些已知的可能影响特定主机安全的问题，这是主机安全防卫的本质。主机安全防卫对小型网站是很合适的，但是，由于环境的复杂性和多样性，例如操作系统的版本不同、配置不同以及不同的服务和不同的子系统等都会带来各种安全问题。即使这些安全问题都解决了，主机防卫还要受到软件本身缺陷的影响，有时也缺少有合适功能和安全的软件。

④ 网络安全防卫。这是目前因特网中各网站所采取的安全防卫方式，包括建立防火墙来保护内部系统和网络、运用各种可靠的认证手段（如：一次性密码等），对敏感数据在网络上传送时，采用密码保护的方式进行。

7.1.4 安全防卫的技术手段

在因特网中，信息安全主要是通过计算机安全和信息传送安全这两个技术环节，来保证网络中各种信息的安全。

（1）计算机安全技术

① 健壮的操作系统。操作系统是计算机和网络中的工作平台，在选用操作系统时，应注意软件工具齐全和丰富、缩放性强等因素，例如当有多个版本可供选择时，应选用户群最少的那个版本，使入侵者用各种方法攻击计算机的可能性减少，另外还要有较高访问控制和系统设计等安全功能。

② 容错技术。尽量使计算机具有较强的容错能力，如组件全冗余、没有单点硬件失效、动态系统域、动态重组、错误校正互连；通过错误校正码和奇偶检验的结合保护数据和地址总线；在线增减域或更换系统组件，创建或删除系统域而不干扰系统应用的进行。也可以采取双机备份同步检验方式，保证网络系统在其中某一个系统由于意外而崩溃时，能够进行自动切换以确保正常运转，保证各项数据信息的完整性和一致性。

（2）防火墙技术

这是一种有效的网络安全机制，用于确定哪些内部服务允许外部访问，以及允许哪些外部服务访问内部服务，其准则就是：一切未被允许的就是禁止的；一切未被禁止的就是允许的。防火墙有下列几种类型：

①　包过滤技术。这种防火墙通常安装在路由器上，对数据进行选择，它以 IP 包信息为基础，对 IP 源地址、IP 目标地址、封装协议（如 TCP/UDP/ICMP/IPtunnel）、端口号等进行筛选，在 OSI 模型的网络层进行。

②　代理服务技术。这种防火墙技术通常由两部分构成，服务端程序和客户端程序、客户端程序与中间结点（Proxy Server）连接，中间结点与要访问的外部服务器实际连接等。与包过滤防火墙的不同之处在于内部网和外部网之间不存在直接连接，同时提供审计和日志服务。

③　复合型技术。这种防火墙技术把包过滤和代理服务两种方法结合起来，可形成新的防火墙，所用主机称为堡垒主机，负责提供代理服务。

④　审计技术。这种防火墙技术通过对网络上发生的各种访问过程进行记录和产生日志，并对日志进行统计分析，从而对资源使用情况进行分析，对异常现象进行追踪监视。

⑤　路由器加密技术。加密路由器对通过路由器的信息流进行加密和压缩，然后通过外部网络传送到目的端再进行解压缩和解密。

（3）信息确认技术

安全系统的建立依赖于系统用户之间存在的各种信任关系，目前在安全解决方案中，多采用两种确认方式，一种是第三方信任，另一种是直接信任，以防止信息被非法窃取或伪造。可靠的信息确认技术应具有：身份合法的用户可以检验所接收的信息是否真实可靠，并且十分清楚发送方是谁；发送信息者必须是合法身份用户，任何人不可能冒名顶替伪造信息；出现异常时，可由认证系统进行处理。目前，信息确认技术已较成熟，如信息认证、用户认证、密钥认证、数字签名等，为信息安全提供了可靠保障。

（4）密钥安全技术

网络安全中的加密技术种类繁多，它是保障信息安全最关键和最基本的技术手段和理论基础，常用的加密技术分为软件加密和硬件加密。信息加密的方法有对称和非对称密钥加密两种，各有所长。

①　对称密钥加密。在此方法中，加密和解密使用同样的密钥，目前广泛采用的密钥加密标准是 DES 算法，其优势在于加密解密速度快、算法易实现、安全性好，缺点是密钥长度短、密码空间小，"穷举"方式进攻的代价小。其机制就是采取初始置换、密钥生成、乘积变换、逆初始置换等几个环节。

②　非对称密钥加密。在此方法中加密和解密使用不同密钥，即公开密钥和秘密密钥，公开密钥用于机密性信息的加密；秘密密钥用于对加密信息的解密。一般采用 RSA 算法，优点在于易实现密钥管理，便于数字签名。不足是算法较复杂，加密解密花费时间长。

在安全防范的实际应用中，尤其是信息量较大，网络结构复杂时，常采取对称密钥加密技术。为了防范密钥受到各种形式的黑客攻击，如基于因特网的"联机运算"，即利用许多台计算机采用"穷举"方式进行计算来破译密码，密钥的长度越长越好。目前一般密钥的长度为 64 位、1024 位。实践证明它是安全的，同时也满足当前计算机速度的现状。2048 位的密钥长度，也已开始在某些软件中应用。

（5）病毒防范技术

计算机病毒实际上是一种在计算机系统运行过程中能够实现传染和侵害计算机系统的功能程序。在系统穿透或违反授权攻击成功后，攻击者通常要在系统中植入一种能力，为攻击系统、网络提供方便，如向系统中渗入病毒、蛀虫、特洛伊木马、逻辑炸弹；或通过窃听、冒充等方式来破坏系统正常工作。从因特网上下载软件和使用盗版软件是病毒的主要来源。

针对病毒的严重性，我们应提高防范意识，做到：所有软件必须经过严格审查，经过相应的控制程序后才能使用；采用防病毒软件，定时对系统中的所有工具软件、应用软件进行检测，防止各种病毒的入侵。

7.1.5　信息安全管理策略

信息安全管理策略是组织机构为发布、管理和保护敏感的信息资源（信息和信息处理设施）而制定的一组法律、法规和措施的总和，是对信息资源使用、管理规则的正式描述，是企业内所有成员都必须遵守的规则。它告诉组织成员在日常的工作中什么是必须做的，什么是可以做的，什么是不可以做的，哪里是安全区，哪里是敏感区等等。作为有关信息安全方面的行为规范，一个成功的信息安全策略应当遵循：

① 综合平衡（综合考虑需求、风险、代价等诸多因素）；

② 整体优化（利用系统工程思想，使系统总体性能最优）；

③ 易于操作和确保可靠。

信息安全策略应该简单明了、通俗易懂，并形成书面文件，发给组织内的所有成员；对所有相关员工进行信息安全策略的培训；对信息安全负有特殊责任的人员要进行特殊的培训，以使信息安全方针真正落实到实际工作中。当然，需要根据组织内各个部门的实际情况，分别制订不同的信息安全策略，为信息安全提供管理指导和支持。

1．制订策略的原则

在制定信息安全管理策略时，应严格遵守以下原则：

① 目的性。策略是为组织完成自己的信息安全使命而制定的，应该反映组织的整体利益和可持续发展的要求。

② 适用性。策略应该反映组织的真实环境和当前信息安全的发展水平。

③ 可行性。策略的目标应该可以实现，并容易测量和审核。

④ 经济性。策略应该经济合理，过分复杂和草率都不可取。

⑤ 完整性。策略能够反映组织的所有业务流程的安全需要。

⑥ 一致性。策略应该和国家、地方的法律法规保持一致；和组织已有的策略、方针保持一致；以及和整体安全策略保持一致。

⑦ 弹性。策略不仅要满足当前的要求，还要满足组织和环境在未来一段时间内发展的要求。

2．信息安全策略的主要内容

理论上，一个完整的信息安全策略体系应该保障组织信息的机密性、可用性和完整性。虽然每个组织的性质、规模和内、外部环境各不相同，但一个正式的信息安全策略应包含下列一些内容：

① 适用范围。包括人员范围和时效性，例如"本规定适用于所有员工"，"适用于工作时间和非工作时间"。

② 保护目标。安全策略中要包含信息系统中要保护的所有资产（包括硬件、软件和数据）以及每件资产的重要性和其要达到的安全程度。例如，"为确保企业的经营、技术等机密信息不被泄漏，维护企业的经济利益，根据国家有关法律，结合企业实际，特制定本条例。"

③ 策略主题。例如：设备及其环境的安全；信息的分级和人员责任；安全事故的报告与响应；第三方访问的安全性；外围处理系统的安全；计算机和网络的访问控制和审核；远程工作的安全；加密技术控制；备份、灾难恢复和可持续发展的要求等。

也可以划分为如账号管理策略、口令管理策略、防病毒策略、E-mail 使用策略，因特网访问控制策略等。每一种主题都可以借鉴相关的标准和条例。

④ 实施方法。明确对网络信息系统中各类资产进行保护所采用的具体方法，如对于实体安全可以用隔离、防辐射、防自然灾害的措施实现；对于数据信息可以采用授权访问技术来实现；对于网络传送可以采用安全隧道技术来实现，等等。另外，还要明确所采用的具体方法，如使用什么样的算法和产品等。

⑤ 明确责任。维护信息与网络系统的安全不仅仅是安全管理员的事，要调动大家的积极性，明确每个人在安全保护工程中的责任和义务。为了确保事故处理任务的落实，必须建立监督和管理机制，保证各项条款的严格执行。

⑥ 策略签署。信息安全管理策略是强制性的、带惩罚性的，策略的执行需要来自管理层的支持，因此，通常是信息安全主管或总经理签署信息安全管理策略。

⑦ 策略生效时间和有效期。旧策略的更新和过时策略的废除也是很重要的。

⑧ 重新评审策略的时机。除了常规的评审时机外，下列情况下也需要组织重新评审，例如：企业管理体系发生很大变化；相关的法律法规发生变化；企业信息系统或者信息技术发生大的变化；企业发生了重大的信息安全事故等。

⑨ 与其他相关策略的引用关系。因为多种策略可能相互关联，引用关系可以描述策略的层次结构，而且在策略修改时候也经常涉及其他相关策略的调整。

⑩ 策略解释。由于工作环境、知识背景等的不同，可能导致员工在理解策略时出现误解、歧义的情况。因此，应建立一个专门和权威的解释机构或指定专门的解释人员来进行策略的解释。

⑪ 例外情况的处理。策略不可能做到面面俱到，在策略中应提供特殊情况下的安全通道。

7.1.6　信息安全管理标准

信息安全管理的原则之一就是规范化、系统化，如何在信息安全管理实践中落实这一原则，需要相应的信息安全管理标准。

BS7799 是英国标准协会（BSI）制定的在国际上具有代表性的信息安全管理体系标准。该标准包括两个部分：《信息安全管理实施细则》BS7799-1:1999 和《信息安全管理体系规范》BS7799-2:2002。

其中，BS7799-1 目前已正式转换成 ISO 国际标准，即《信息安全管理体系实施指南》ISO17799:2005C，并于 2000 年 12 月 1 日颁布。该标准综合了信息安全管理方面优秀的控制措施，为组织在信息安全方面提供建议性指南。该标准不是认证标准，但组织在建立和实施信息安全管理体系时，可考虑采取该标准建议性的措施。BS7799-2 标准也转换成 ISO 国际标准的过程中。BS7799-2 标准主要用于对组织进行信息安全管理体系的认证，因此，组织在建立信息安全管理体系时，必须考虑满足 BS7799-2 的要求。

ISO/IEC17799 的目的并不是告诉用户有关"怎么做"的细节，它所阐述的主题是安全策略和优秀的、具有普遍意义的安全操作。该标准特别声明，它是"制定一个机构自己的标准时的出发点"，它所包含的所有方针和控制策略并非准则，也不是其他未列出的便不再要求。该标准主要讨论了如下的主题：建立机构的安全策略、机构的安全基础设施、资产分类和控制、人员安全、物理与环境安全、通信与操作管理、访问控制、系统开发和维护、业务连续性管理、遵循性。采用 ISO/IEC17799 标准建立起来的信息安全管理体系（ISMS），是建立在系统、全面、科举的安全风险评估之上的一个系统化、文件化、程序化、科学化的管理体系。它体现预防控制为主思想，强调遵守国家有关信息安全的法律、法规及其他要求，强调全过程和动态控制，本着成本费用与风险平衡的原则选择安全控制方式，保护组织所拥有的关键信息资产，确保信息的保密性、完整性、可用性，对网络环境下的信息安全管理无疑具有十分重要的意义。

7.1.7　主要术语

确保自己理解以下术语：

PDRR 模型	可控性	网络安全防卫模式
病毒防范技术	可用性	网络安全管理
不可抵赖性	密钥安全技术	无安全防卫模式
防火墙技术	模糊安全防卫模式	信息安全
机密性	容错技术	信息确认技术
计算机安全技术	完整性	主机安全防卫模式

7.1.8　实训与思考：信息安全技术的计算环境

1．实训目的

① 熟悉信息安全技术的基本概念，了解信息安全技术的基本内容。

② 通过因特网搜索与浏览，了解网络环境中主流的信息安全技术网站，掌握通过专业网站不断丰富信息安全技术最新知识的学习方法，尝试通过专业网站的辅助与支持来开展信息安全技术应用实践。

2．工具/准备工作

在开始本实训之前，请回顾教科书的相关内容。

需要准备一台带有浏览器，能够访问因特网的计算机。

3．实训内容与步骤

（1）概念理解

① 查阅有关资料，根据你的理解和看法，请给出"网络安全技术"的定义：

_____

_____

_____

_____

这个定义的来源是：_____

② 请通过阅读教科书和查阅网站资料，尽量用自己的语言解释以下信息安全技术的基本概念：

a．信息：_____

_____

_____

b. 信息系统：_____

_____

_____

c. 信息安全：_____

_____

_____

d. 信息安全的五大特性是指（请简单介绍）：

（a）_____：_____

_____

（b）_____：_____

_____

（c）_____：_____

_____

（d）_____：_____

_____

（e）_____：_____

_____

e. 信息安全技术发展的四大趋势是：

（a）_____：_____

_____

（b）_____：_____

_____

（c）_____：_____

_____

（d）_____：_____

_____

f. 加密技术：_____

_____

_____

g. 认证技术：_____

_____

_____

h. 病毒防治技术：_____

_____

_____

i. 防火墙与隔离技术：_____

_____

j. 入侵检测技术：_____

_____

③ 信息安全管理策略主要包括哪些内容？

_____

_____

_____

（2）上网搜索和浏览

看看哪些网站在做着信息安全的技术支持工作？请在表 7-1 中记录搜索结果。

> **提示：**
>
> 一些信息安全技术专业网站的例子包括：
>
> http：//www.itsec.gov.cn/（中国信息安全产品测评认证中心）
>
> http：//safe.it168.com/（IT 主流资讯平台——安全）
>
> http：//soft.yesky.com/security/（天极网——软件频道——网络安全）
>
> http：//www.isec.org.cn/（国家信息化安全教育认证）
>
> http：//tech.itzero.com/security/index.html（IT 动力源——安全）

你在本次搜索中使用的关键词主要是：_____

表 7-1 信息安全技术专业网站实训记录

网 站 名 称	网　　　　址	主要内容描述

请记录：在本实训中你感觉比较重要的两个信息安全技术专业网站是：

① 网站名称：_____

② 网站名称：_____

请分析：你认为各信息安全网站当前的技术热点（例如从培训项目中得知）是：

① 名称：_____

技术热点：_____

_____

_____

② 名称：_____

技术热点：_____

_____

_____

③ 名称：_____

技术热点：_____

_____

_____

_____

4. 实训总结

_____

_____

_____

_____

5. 实训评价（教师）

_____

_____

7.1.9　阅读与思考：互联网之父 Cerf

　　Vinton G. Cerf 博士（见图 7-2）是互联网基础协议——TCP/IP 协议和互联网架构的联合设计者之一，是当今互联网的先驱，被人誉为互联网之父。

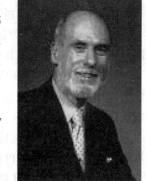

　　Cerf 博士出生于 1943 年，童年时期就酷爱算术和科学，并于 1965 年在斯坦福大学获得了数学学士学位。在毕业后的两年间，他曾就职于 IBM 公司，并随后考取了美国加州大学洛杉矶分校的研究生院。求学期间，他潜心研究 ARPANET 协议，并取得计算机科学博士学位。

　　1972，Cerf 博士作为助理教授回到斯坦福大学，并任教至 1976 年。其间他与 Robert Kahn 一道领导 TCP/IP 协议的研发小组，为 ARPANET 成功开发了主机协议，使 ARPANET 成为第一个大规模的数据包网络。

　　1997 年克林顿总统向 Vinton G. Cerf 和他的合作者 Kahn 授予了美国国家技术勋章，以表彰其为互联网的建立和发展所做的贡献。

图 7-2　Cerf 博士

　　2005 年 2 月 16 日，美国计算机协会（ACM, the Association for Computing Machinery）授予 Vinton G. Cerf 和 Robert E. Kahn 2004 年图灵奖（A.M.Turing），以表彰他们在计算机网络领域的先锋性工作，包括设计和实现了 TCP/IP 协议栈。

　　Cerf 博士现任互联网名字和号码分配机构（ICANN）主席。ICANN 成立于 1998 年 10 月，是一个集合了全球网络界商业、技术及学术各领域专家的非营利机构，是国际互联网域名和地址管理的权威机构。ICANN 目前负责全球许多重要的互联网网络的基础工作，如互联网地址空间的分配、互联网协议参数的配置、域名系统与域名根服务器系统的管理等。他同时还兼任美国 MCI 公司技术战略高级副总裁。

    资料来源：根据网络资料整理

    请分析：阅读以上文章，并根据你的理解和看法，回答以下问题。

    ① 作为一个年轻的同行，你怎么看待 Cerf 的职业生涯？

---

    ② 从以上案例，你能得到什么启发？请简述之。

7.2　Windows 安全设置

    Windows 为用户提供了一套广泛的安全性防卫措施，以确保系统能够阻止非法访问、故意破坏和错误操作等的侵害。

7.2.1　Windows 安全特性

    Windows 的安全特性包括安全区域、安全模型、公用密钥和数据保护等内容。

    1. 安全区域

    通常所说的数据安全大部分是指数据在网络上的安全。在计算机领域，网络操作系统的安全性定义为用来阻止未授权用户的使用、访问、修改或毁坏，也就是对客户的信息进行保密，以防止他人的窥视和破坏。

    如果将网络按区域划分，可分为四大区域：

    ① 本地企业网。该区域包括不需要代理服务器的地址，其中包含的地址由系统管理员用 Internet Explorer 管理工具包定义。本地企业网区域的默认安全级为中级。

    ② 可信站点。该区域包含可信的站点，即可以直接从该站点下载或运行文件而不用担心会危害到用户的计算机或数据的安全，因此用户可以将某些站点分配到该区域。可信站点区域的默认安全级为低级。

    ③ 受限站点。该区域包括不可信站点，即不能确认下载或运行程序是否会危害到用户的计算机或数据，用户也可以将某些站点分配到该区域。受限站点区域的默认安全级别为高级。

    ④ 因特网。在默认情况下，该区域包括用户的计算机或因特网上的全部站点，因特网区域的默认安全级别为中级。

    另外，本地计算机上所有文件都认为是安全的，不需进行安全设置。这样，打开和运行本机上的文件和程序时不会出现任何提示，而且用户也无法将本机上的文件夹或驱动器分配到所谓安全区域。

    2. 安全模型

    Windows 安全模型的主要特性是用户验证和访问控制：

    ① 用户验证：它检查尝试登录到域或访问网络资源的所有用户的身份。

② 基于对象的访问控制：允许管理员控制对网络中资源或对象的访问。管理员通过对存储在活动目录中的对象指定安全描述符的方式来执行访问控制。安全描述符将列出获得访问许可权限的用户和组以及指定给这些用户和组的特殊权限。安全描述符还指定了针对对象审核的各类访问事件，对象实例包括文件、打印机和服务等。通过管理对象属性，管理员可以设置权限、指定所有权和监视用户访问。

③ 活动目录和安全性：活动目录通过使用对象的访问控制和用户凭据提供用户账户和组信息的保护存储。由于活动目录不仅存储用户凭据，还包括访问控制信息，所以登录到网络的用户可同时获得访问系统资源的验证和授权。

3. 公用密钥

公用密钥加密技术是保证认证和完整性的安全质量最高的加密方法，用来确定某一特定电子文档是否来自于某一特定客户机。公用密钥基本系统简称 DKI，是一个进行数字认证、证书授权和其他注册授权的系统。

通过公用系统密钥基本体系，管理员验证访问信息人员身份，并在验证身份的前提下控制其访问信息的范围，在组织中方便安全地分配和管理识别凭据等安全问题。

4. 数据保护

数据的保密性和完整性从网络验证开始，用户可以使用正确的凭据登录到网络，并在该过程中获得访问存储数据的权限。

Windows 支持两种数据保护类型——存储数据和网络数据：

① 存储数据保护。用户可以使用加密文件系统（EFS）和数字签名方法存储数据。

② 网络数据保护。站点内的网络数据由验证协议保护。用户可以用来保护传入和传出站点网络数据的实用工具，包括：IP Security、路由和远程访问、代理服务器。

7.2.2 账户和组的安全性

在 Windows 计算机上建立安全体系需要一个管理员。管理员为访问 Windows 计算机的用户建立账户，否则此用户将无法对网络进行访问。建立了账户的用户其使用权限和特权都由他所在的组决定。

在域内建立安全体系需要域管理员。域管理员首先需要为用户和计算机建立账户，然后把用户和计算机进行分组并放入账户数据库中。域管理员还可以选择哪一个组被包括进哪一个安全策略之中，并将这些操作的结果放进安全策略数据库。

在 Windows XP 中，组内可以包含任何用户、计算机和组账户，而不用顾及这些用户和账户在域目录中的什么位置。另外，动态目录服务把域详细地划分成组织单元（OU），分别管理域中的一些用户、计算机、组、文件和打印机等资源对象。

7.2.3 域的安全性

域在活动目录中是用来定义安全边界的。活动目录由一个或多个域组成。每个域均拥有与其他域相关的安全策略和安全关系。域提供以下便利：

① 两个不同域的安全策略和设置（如管理权限和访问控制列表）不能相互交叉；

②　分派管理权限消除了需要大量具有广泛管理权限的管理员的必要；

③　将对象分成不同的组放入域中有助于在网络中反映公司的组织结构；

④　每个域只存储有关该域中对象的信息，活动目录可通过拆分目录信息的存储组织扩展成数量庞大的对象。

域通常分为两种类型：主域（存储用户和组账户）和资源域（存储文件、打印机、应用服务等等）。在这种多域计算环境中，资源域需要具有所有主域的多委托关系。这些委托关系允许主域中的用户访问资源域中的资源。

7.2.4　文件系统的安全性

Windows 推荐使用的 NTFS 文件系统提供了 FAT 和 FAT32 文件系统所没有的全面的性能、可靠性和兼容性。NTFS 文件系统的设计目标就是能够在很大的硬盘上很快地执行诸如读、写和搜索这样的标准文件操作，甚至包括像文件系统恢复这样的高级操作。NTFS 文件系统包括了公司环境中文件服务器和高端个人计算机所需的安全特性，它还支持对于关键数据完整性的数据访问控制和私有权限。除了可以赋予 Windows 计算机中的共享文件夹特定权限外，NTFS 文件和文件夹无论共享与否都可以赋予权限。

在 NTFS 卷中设置权限就是指定一个组或用户对该目录的访问许可。设置目录权限时，对已有的子目录和文件除非特别指定，否则是不会更改其权限的。生成新的子目录和文件时，它们就从目录中继承了新设置的权限。

与目录权限类似，在 NTFS 卷中设置文件权限就是指定组或用户对该文件的访问许可。在目录中创建一个文件时，该文件也从目录中继承了这种权限。需要注意的是，赋予了对一个目录的"完全控制"权限的组或用户可以删除该目录中的文件，而无论该文件有何保护权限。

通过设置目录和文件权限，用户可以保护自己的文件和目录，也可以通过设置 NTFS 卷中的文件和目录的特殊访问权限来加强对自己的文件和目录的保护。特殊访问权限可以对目录、所选目录的所有文件或选定文件有效。

7.2.5　IP 安全性管理

在 Windows 中使用了因特网安全协议，即通常所说的 IP 安全性，简称为 IPSec，它能够定义与网络通信相联系的安全策略。

IP 安全性可以自动对进出该系统的 IP 网络包进行加密或解密。从而，可以防止通信内容被窃取。另外在 IP 网络中安装 IP 安全性时，与所送的 TCP/IP 包的类型和 TCP/IP 端口一样，既可以使其覆盖所有的机器，也可以只覆盖一部分机器。

7.2.6　主要术语

确保自己理解以下术语：

IPSec	Windows 数据保护类型	文件系统的安全性
IP 安全性管理	安全区域	用户验证
NTFS	访问控制	域
Windows 安全模型	活动目录和安全性	账户和组
Windows 安全设置	信息安全管理策略	信息安全管理标准

7.2.7　实训与思考：Windows 安全管理

1．实训目的

① 通过学习 Windows 安全管理，进一步熟悉 Windows 操作系统的应用环境。

② 通过使用和设置 Windows XP 的安全机制，回顾和加深了解现代操作系统的安全机制和特性，熟悉 Windows 的网络安全特性及其安全措施。

2．工具/准备工作

在开始本实训之前，请认真阅读课程的相关内容。

需要准备一台运行 Windows XP Professional 操作系统的计算机。

3．实训内容与步骤

在"Windows 资源管理器"中，分别右击各个硬盘标志，在弹出的快捷菜单中选择"属性"命令，在弹出对话框的"常规"选项卡中分别了解各个硬盘设置的"文件系统"：

C 盘：_____

D 盘：_____

E 盘：_____

通过复习课程教学内容，请回答：Windows XP 的安全机制包括哪几个方面？

_____

_____

_____

_____

_____

_____

（1）设置安全区域

步骤 1：选择"开始"|"控制面板"命令，打开"控制面板"窗口，在"控制面板"窗口中双击"Internet 选项"图标，弹出"Internet 属性"对话框，选择"安全"选项卡。

如果将网络按区域划分，可分为哪四大区域，各区域分别包含哪类站点：

① _____

② _____

③ _____

④ _____

步骤 2：选择"本地 Intranet"选项，单击"站点"按钮，了解此类站点可以进行哪 3 类设置选择：

① _____

② _____

③ _____

步骤 3：尝试为每个区域设置不同的安全级。各级别的含义分别是：

高：_____

中：_____

中低：_____

低：_____

步骤 4：指定自定义级别。

如何指定安全级别和 Web 站点完全取决于用户，虽然已经定义了每个安全级的操作，但用户仍可以为每个安全级创建自定义的安全设置。

在"安全"选项卡的"该区域的安全级别"选项区域中单击"自定义级别"按钮，了解自定义设置的内容。

步骤 5：在上面的操作中改变了区域的安全级别后，为各区域恢复系统默认的级别（如果需要的话）。

（2）设置"证书"

步骤 1：在"Internet 属性"对话框中选择"内容"选项卡。分别描述"内容"选项卡包含的内容：

内容审查程序：_____

证书：_____

自动完成：_____

源：_____

步骤 2：在"证书"栏中单击"证书"按钮，"证书"对话框中的选项卡分别是：

① _____

② _____

③ _____

④ _____

⑤ _____

⑥ _____

"证书"的主要作用是：

_____

_____

_____

_____

（3）"高级"安全设置

步骤 1：在"Internet 属性"对话框中选择"高级"选项卡。

步骤 2："高级"对话框中列举了可以进行设置的高级安全项目。请浏览各选项，并列举你认为的主要项目及其当前值，填入表 7-2 中。

表 7-2　实训记录

序号	项 目 内 容	当前是否选中
1		
2		
3		
4		

续表

序号	项 目 内 容	当前是否选中
5		
6		
7		
8		
9		
10		

4．实训总结

5．实训评价（教师）

7.2.8 阅读与思考：Windows 网管技巧十二招

网络给应用带来了方便也带来了风险，因此，管理与安全成为非常严重的问题。Windows 操作系统在这方面提供了丰富的功能。

① 保护密码。即使您对自己的记忆力充满信心，最好还是要保存一张含有密码的启动磁盘，这样，万一您忘记了密码，就可以有方便的解决办法。

具体操作步骤是：第一，找一张已经格式化好的空白软盘，然后在"控制面板"窗口中双击"用户账户"图标，或者 IE 窗口的地址栏中键入"控制面板/用户账户"并按【Enter】键，在打开的"用户账户"窗口中选择您的账户，在相关的任务列表中，选择"阻止一个已忘记的密码"命令，然后根据后面的"忘记密码向导"的提示完成相应的操作。

② 绕过忘记的密码。如果没有准备带有密码的启动盘，可以使用其他管理级别的账户登录，按照前述方法打开"用户账户"窗口，选择忘记了密码的那个账户，单击"更改密码"，然后按照提示重新设置新的密码。

如果无法使用另外一个管理员级别的用户名进行登录，则应重新启动计算机，然后在 Windows 启动标志出现时按【F8】键，进入 Windows 的启动选项界面。使用上下键移动到"安全模式"，然后按【Enter】键。当看到欢迎界面时，选择 Administrator（这是一个隐藏的账户，而且默认不需要任何密码），接着重新设置账户密码，最后重新启动计算机。

③ 成为一个 Power User。在 Windows 中这是高权限的用户。当您以管理员用户登录系统的时候，系统容易受到特洛伊木马等恶意程序的攻击。但以一个"Power User"登录系统时，就可以避免很多危险，而且通常需要使用的功能基本上和管理员级别的用户一样，当然，如果有必要的话，切换回管理员级别用户也比较方便。

设置 Power User 的操作步骤是：选择"开始"｜"运行"命令，键入"lusrmgr.msc"命令后按【Enter】键，打开"本地用户和组"窗口，在左边选择"组"选项，然后双击右侧的"Administrators"选项。在这里，需要确认一下"成员"列表里有另外一个账户，即当您需要完全的管理员级别的权限时还可以用这个账户登录系统。选择您想降级的账户，单击"删除"、"确认"按钮。接下来在"本地用户和组"窗口双击"Power Users"、"添加"，键入您指定的账户名称，最后单击"确认"按钮两次。

④ 当一次临时管理员。Power User 可以运行管理员级别的程序，而无须注销后再以管理员级别的账户重新登录。

具体的操作是：选择"开始"｜"控制面板"命令，在打开的"控制面板"窗口中，按住【Shift】键，然后右击您想运行的程序或快捷方式，从弹出的快捷菜单中选择"运行方式"命令，然后选中"下列用户"复选框（Windows XP 中），然后键入您希望使用的管理员级别的用户身份名称和密码（如果有必要的话还需要键入域名），最后单击"确认"按钮即可。

⑤ 使用 Windows 的网络安装向导。如果是第一次连接计算机网络，Windows XP 的"网络安装向导"是个不错的选择，它可以一步一步地帮助您设置好各种细节。如果您想手动运行该向导，可以选择"开始"｜"运行"命令，然后在命令行的位置键入"netsetup"，按【Enter】键即可。

⑥ 安装无线网络。当您在计算机中插入一块无线网卡时，XP 会自动弹出一个"连接到无线网络"的对话框。右击系统栏中的无线网络图标，然后在弹出的快捷菜单中选择"查看可以使用的无线网络"，并从中选择您指定的无线连接，最后单击"连接"按钮。如果没有看到这个图标，请在"控制面板"窗口双击"网络连接"图标，或者文件夹窗口的地址栏键入"控制面板/网络连接"，然后右击无线网络连接的图标。

⑦ 连接到一个非安全的无线网络。如果前面提到的"连接到无线网络"对话框中的"连接"按钮无法使用（呈灰色），该网络可能是缺少"与有线连接相对等的隐私保护"或者更新版本的"Wi-Fi 保护安全连接"。如果您想解决这个问题，可以选中"允许我连接到选择的无线网络，即便是非安全的"选项。不过需要注意的是，这个时候您的隐私保护又可能出现问题。

⑧ 自己动手完成无线网络连接。在默认情况下，Windows XP 会自动设置无线网络连接参数，也就是 XP 所谓的"无线网络零设置功能"。但是，如果您的无线设备随机附有自己的驱动程序，最好还是把 Windows 的这项功能关掉。具体操作是：双击"网络连接"窗口中的"无线网络连接"图标，或者单击任务栏里该图标的缩小版。选择"属性"命令，然后在"无线网络连接属性"对话框中单击"无线网络"，取消选择"使用 Windows 来配置我的无线网络"，最后单击"确定"按钮。

⑨ 快速切换账户。如果您的计算机内存足够大，就可以从一个账户直接切换到另一个账户，而无需先注销第一个账户。具体操作步骤是：选择"开始"｜"注销"｜"切换用户"命令。这项功能在您需要马上使用另一个账户的时候非常有用，可以节省时间。但是这项功能可能带来系统运行的滞后，尤其是当您在运行游戏、系统工具或其他需要消耗大量系统资源的程序时，影响更加明显。

⑩ 关闭快速用户切换功能。使用"快速用户切换"功能的另一个缺点是，当使用这个功能时，就无法使用 Windows 的"离线文件（Offline Files）"功能。而该功能可以自动下载网页供您离线浏览。如果想关闭"快速用户切换"功能，可以在"控制面板"窗口双击"用户账户"

图标，或在 IE 浏览器的地址栏中键入"控制面板/用户账户"，然后按【Enter】键，接着在"用户账户"窗口中选择"更改用户登录或注销的方式"选项，关闭"使用快速用户切换"项目，最后单击"应用选项"按钮即可。

⑪ 关闭账户而不是删除账户。如果某位员工要长期离开公司，出于安全预防的考虑，需要更改账户设置，但是最好不要直接删除该账户。这是因为以后重新建立该账户时，该员工的账户的权限都不是以前的配置了，而且该员工也无法使用新账户来访问他自己的加密文件。如果您认为某个账户将来还有可能开启，最好是关闭该账户而不是整个删除该账户，具体操作如下（在 Windows XP 的 Home Edition 版中该功能无法使用）：按【Windows+R】组合键，键入"lusrmgr.msc"命令，然后按【Enter】键。单击"用户"文件夹，然后双击您要关闭的账户，打开"关闭该账户"项目，最后单击"确定"按钮。如果之后要重新开启该账户，只要在这里再次关闭该项目即可。

⑫ 为已删除账户保留文件。如果确定某员工的账户不会再使用了，可以彻底删除该账户并保存他的用户文件。具体操作步骤是：以一个管理员级别的账户身份登录系统，在"控制面板"窗口双击"用户账户"图标，或 IE 浏览器的地址栏中键入"控制面板/用户账户"，然后按【Enter】键。下一步，在"控制面板"窗口中选中想删除的账户名，单击"删除账户"，然后单击"保留文件"按钮，最后单击"删除账户"按钮即可。经过这些操作，尽管该员工的账户已经被彻底删除，但是他的桌面设置以及"我的文档"中的所有文件还会被放到一个管理员账户桌面上的新建文件夹中进行保存。需要注意的是，该员工的电子邮件和其他设置在账户删除之后就彻底地消失了。

资料来源：PCword，本处有删改。

请记录：请尝试实践上述操作，并简述你操作后的感想。你还知道其他类似的管理操作技巧吗？

7.3　防火墙技术及 Windows 防火墙配置

传统情况下，当构筑和使用木结构房屋的时候，为防止火灾的发生和蔓延，人们将坚固的石块堆砌在房屋周围作为屏障，这种防护构筑物被称为防火墙。如今，人们借助这个概念，使用"防火墙"来保护敏感的数据不被窃取和篡改，不过，这些防火墙是由先进的计算机系统构成的。防火墙犹如一道护栏隔在被保护的内部网与不安全的非信任网络之间，用来保护计算机网络免受非授权人员的骚扰与黑客的入侵。

7.3.1　防火墙技术

防火墙可以是非常简单的过滤器，也可能是精心配置的网关，但它们的原理是一样的，都是监测并过滤所有内部网和外部网之间的信息交换。防火墙通常是运行在一台单独计算机之上的一个特别的服务软件，它可以识别并屏蔽非法的请求，保护内部网络敏感的数据不被偷窃和破坏，并记录内外通信的有关状态信息日志，如通信发生的时间和进行的操作等。

防火墙技术是一种有效的网络安全机制，它主要用于确定哪些内部服务允许外部访问，以及允许哪些外部服务访问内部服务。其基本准则就是：一切未被允许的就是禁止的；一切未被禁止的就是允许的。

防火墙是建立在现代通信网络技术和信息安全技术基础上的应用性安全技术，并越来越多地应用于专用与公用网络的互连环境之中。

1．防火墙的作用

防火墙应该是不同网络或网络安全域之间信息的唯一出入口，能根据企业的安全政策控制（允许、拒绝、监测）出入网络的信息流，且本身具有较强的抗攻击能力，是提供信息安全服务，实现网络和信息安全的基础设施。在逻辑上，防火墙是一个分离器，一个限制器，也是一个分析器，它有效地监控着内部网和因特网之间的任何活动，保证了内部网络的安全，如图7-3所示。

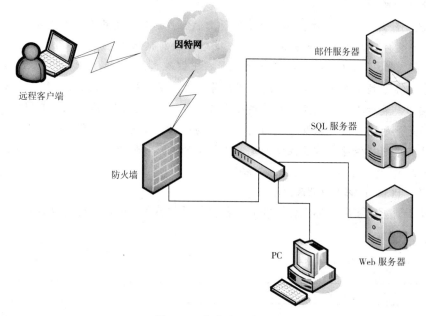

图 7-3　防火墙示意图

（1）防火墙是网络安全的屏障

由于只有经过精心选择的应用协议才能通过防火墙，所以防火墙（作为阻塞点、控制点）能极大地提高内部网络的安全性，并通过过滤不安全的服务而降低风险，使网络环境变得更安全。防火墙同时可以保护网络免受基于路由的攻击，如 IP 选项中的源路由攻击和 ICMP 重定向中的重定向路径等。

（2）防火墙可以强化网络安全策略

通过以防火墙为中心的安全方案配置，能将所有安全软件（如口令、加密、身份认证、审计等）配置在防火墙上。与将网络安全问题分散到各个主机上相比，防火墙的集中安全管理更经济。例如在网络访问时，一次一密口令系统和其他的身份认证系统完全可以集中于防火墙一身。

（3）对网络存取和访问进行监控审计

如果所有的访问都经过防火墙，那么，防火墙就能记录下这些访问并做出日志记录，同时也能提供网络使用情况的统计数据。当发生可疑动作时，防火墙能进行适当的报警，并提供网络是否受到监测和攻击的详细信息。另外，收集一个网络的使用和误用情况也是非常重要的，这样可以清楚防火墙是否能够抵挡攻击者的探测和攻击，清楚防火墙的控制是否充分。而网络使用统计对网络需求分析和威胁分析等而言也是非常重要的。

（4）防止内部信息的外泄

通过利用防火墙对内部网络的划分，可实现内部网重点网段的隔离，从而限制局部重点或敏感网络安全问题对全局网络造成的影响。再者，隐私是内部网络非常关心的问题，一个内部网络中不引人注意的细节可能包含了有关安全的线索而引起外部攻击者的兴趣，甚至因此而暴露了内部网络的某些安全漏洞。使用防火墙就可以隐蔽那些透漏内部细节（例如 Finger、DNS 等）的服务。Finger 显示了主机的所有用户的注册名、真名、最后登录时间和使用 shell 类型等，这些信息非常容易被攻击者所获悉。攻击者可以由此而知道一个系统使用的频繁程度，这个系统是否有用户正在连线上网，这个系统是否在被攻击时引起注意等等。防火墙可以同样阻塞有关内部网络中的 DNS 信息，这样一台主机的域名和 IP 地址就不会被外界所了解。除了安全作用，防火墙还支持具有因特网服务特性的企业内部网络技术体系 VPN（虚拟专用网络）。

2．防火墙的种类

根据防范的方式和侧重点的不同，防火墙技术可分成很多类型，但总体来讲还是两大类：分组过滤和应用代理。

（1）分组过滤或包过滤技术（Packet filtering）

这种防火墙技术作用于网络层和传送层，通常安装在路由器上，对数据进行选择，它根据分组包头源地址、目的地址和端口号、协议类型（TCP/UDP/ICMP/IPtunnel）等标志，确定是否允许数据包通过。只有满足过滤逻辑的数据包才被转发到相应的目的地出口端，其余数据包则被从数据流中丢弃。

包过滤的优点是不用改动客户机和主机上的应用程序，因为它工作在网络层和传送层，与应用层无关。但其弱点也是明显的：据以过滤判别的只有网络层和传送层的有限信息，因而各种安全要求不可能得到充分满足；在许多过滤器中，过滤规则的数目是有限制的，且随着规则数目的增加，性能会受到很大影响；由于缺少上下文关联信息，不能有效地过滤如 UDP、RPC 一类的协议；另外，大多数过滤器中缺少审计和报警机制，且管理方式和用户界面较差；对安全管理人员素质要求高，因为建立安全规则时，必须对协议本身及其在不同应用程序中的作用有较深入的理解。因此，过滤器通常是和应用网关配合使用，共同组成防火墙系统。

（2）代理服务技术

也称应用代理（application proxy）和应用网关（application gateway）。它作用在应用层，其特点是完全"阻隔"了网络通信流，通过对每种应用服务编制专门的代理程序，实现监视和控制应用层通信流的作用。与包过滤防火墙不同之处在于内部网和外部网之间不存在直接连接，同时提供审计和日志服务。实际中的应用网关通常由专用工作站实现，如图 7-4 所示。

应用代理型防火墙是内部网与外部网的隔离点，工作在 OSI 模型的最高层，掌握着应用系统中可用作安全决策的全部信息，起着监视和隔绝应用层通信流的作用，同时也常结合过滤器的功能。

（3）复合型技术

针对更高安全性的要求，常把基于包过滤的方法与基于应用代理的方法结合起来，形成复合型防火墙产品。所用主机称为堡垒主机,负责提供代理服务。这种结合通常有屏蔽主机和屏蔽子网这两种防火墙体系结构方案。

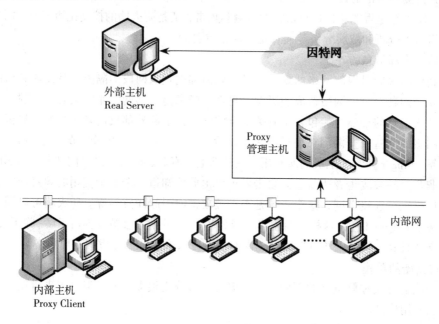

图 7-4　应用代理型防火墙

在屏蔽主机防火墙体系结构中,分组过滤路由器或防火墙与因特网相连,同时一个堡垒主机安装在内部网络,通过在分组过滤路由器或防火墙上过滤规则的设置,使堡垒主机成为因特网上其他结点所能到达的唯一结点,确保内部网络不受未授权外部用户的攻击。

在屏蔽子网防火墙体系结构中,堡垒主机放在一个子网内,两个分组过滤路由器放在这一子网的两端,使这一子网与因特网及内部网分离,堡垒主机和分组过滤路由器共同构成了整个防火墙的安全基础。

（4）审计技术

通过对网络上发生的各种访问过程进行记录和产生日志,并对日志进行统计分析,从而对资源使用情况进行分析,对异常现象进行追踪监视。

3．防火墙操作系统

防火墙应该建立在安全的操作系统之上,而安全的操作系统来自对专用操作系统的安全加固和改造。从现有的诸多产品看,对安全操作系统内核的固化与改造主要从以下几方面进行:

① 取消危险的系统调用;

② 限制命令的执行权限;

③ 取消 IP 的转发功能;

④ 检查每个分组的接口;

⑤ 采用随机连接序号;

⑥ 驻留分组过滤模块;

⑦ 取消动态路由功能;

⑧ 采用多个安全内核,等等。

作为一种安全防护设备，防火墙在网络中自然是众多攻击者的目标，故抗攻击能力也是防火墙的必备功能。

防火墙也有局限性，存在着一些防火墙不能防范的安全威胁，如防火墙不能防范不经过防火墙的攻击（例如，如果允许从受保护的网络内部向外拨号，一些用户就可能形成与因特网的直接连接）。另外，防火墙很难防范来自于网络内部的攻击以及病毒的威胁等。

7.3.2　防火墙的功能指标

防火墙的功能指标主要包括：

① 产品类型。从产品和技术发展来看，防火墙分为基于路由器的包过滤防火墙、基于通用操作系统的防火墙和基于专用安全操作系统的防火墙。

② 局域网（LAN）接口。指防火墙所能保护的网络类型，如以太网、快速以太网、千兆以太网、ATM、令牌环及 FDDI 等。

支持的最大 LAN 接口数：指防火墙所支持的局域网络接口数目，也是其能够保护的不同内网数目。

服务器平台：防火墙所运行的操作系统平台（如 Linux、UNIX、Windows 2000/XP、专用安全操作系统等）。

③ 协议支持。除支持 IP 协议之外，还支持 AppleTalk、DECnet、IPX 及 NETBEUI 等非 IP 协议。此外还有建立 VPN 通道的协议、可以在 VPN 中使用的协议等。

④ 加密支持。支持 VPN 中的加密算法，例如数据加密标准 DES、3DES、RC4 以及国内专用的加密算法等。此外还支持加密的其他用途，如身份认证、报文完整性认证、密钥分配等，以及是否提供硬件加密方法等。

⑤ 认证支持。指防火墙支持的身份认证协议，以及是否支持数字证书等。一般情况下防火墙具有一个或多个认证方案，如 RADIUS、Kerberos、TACACS/TACACS+、口令方式、数字证书等。防火墙能够为本地或远程用户提供经过认证与授权的网络资源的访问，防火墙管理员必须决定客户以何种方式通过认证。

⑥ 访问控制。包过滤防火墙的过滤规则集由若干条规则组成，它应涵盖对所有出入防火墙的数据包的处理方法，对于没有明确定义的数据包，应该有一个默认处理方法；过滤规则应易于理解，易于编辑修改；同时应具备一致性检测机制，防止冲突。

应考虑防火墙是否支持应用层代理，如 HTTP、FTP、TELNET、SNMP 等；是否支持传送层代理服务；是否支持 FTP 文件类型过滤，允许 FTP 命令防止某些类型文件通过防火墙；用户操作的代理类型，如 HTTP、POP3；支持网络地址转换（NAT）；是否支持硬件口令、智能卡等。

⑦ 防御功能。指防火墙是否支持防病毒功能，是否支持信息内容过滤，是否能防御的 DoS 攻击类型；以及是否能阻止 ActiveX、Java、Cookies、Javascript 侵入等。

⑧ 安全特性。指防火墙是否支持 ICMP（网间控制报文协议）代理、提供实时入侵报警功能、提供实时入侵响应功能、识别/记录/防止企图进行 IP 地址欺骗等。

⑨ 管理功能。通过集成策略集中管理多个防火墙。防火墙管理是指对防火墙具有管理权限的管理员行为和防火墙运行状态的管理，管理员的行为主要包括：通过防火墙的身份鉴别，编写防火墙的安全规则，配置防火墙的安全参数，查看防火墙的日志等。防火墙的管理一般分为本地管理、远程管理和集中管理等。

⑩ 记录和报表功能。防火墙规定了对符合条件的报文须做日志，因此应该提供日志信息管理和存储方法。还应考虑防火墙是否具有日志的自动分析和扫描功能，这可以获得更详细的统计结果，达到事后分析、亡羊补牢的目的。

国内有关部门的许可证类别及号码是防火墙合格与销售的关键要素之一，其中包括：公安部的销售许可证、国家信息安全测评中心的认证证书、总参的国防通信入网证和国家保密局的推荐证明等。

7.3.3 防火墙技术的发展

目前对防火墙的发展普遍存在着两种观点，即所谓的胖、瘦防火墙之争。一种观点认为，要采取分工协作，防火墙应该做得精瘦，只做防火墙的专职工作，可采取多家安全厂商联盟的方式来解决；另一种观点认为，应该把防火墙做得尽量的胖，把所有安全功能尽可能多地附加在防火墙上，成为一个集成化的网络安全平台。

从本质上讲，"胖、瘦"防火墙没有好坏之分，只有需求上的差别。低端的防火墙是一个集成的产品，它可以具有简单的安全防护功能，还可以具有一定的 IDS（入侵检测系统）功能，但一般不会集成防病毒功能。而中高端的防火墙更加专业化，安全和访问控制并重，主要对经过防火墙的数据包进行审核，安全会更加深化，对协议的研究更加深入，同时会支持多种通用的路由协议，对网络拓扑更加适应，VPN 会集成到防火墙内，作为建立广域网安全隧道的一种手段，但防火墙不会集成 IDS 和防病毒，这些还是由专门的设备负责完成。

7.3.4 网络隔离技术

尽管我们正在广泛地采用着各种复杂的安全技术，如防火墙、代理服务器、入侵检测机制、通道控制机制等，但是，由于这些技术基本上都是一种逻辑机制，这对于逻辑实体（如黑客或内部用户等）而言，是可能被操纵的。在政府、军队、企业等领域，由于核心部门的信息安全关系着国家安全、社会稳定，因此迫切需要比传统产品更为可靠的技术防护措施，由此产生了物理隔离技术，该技术主要基于这样的思想：如果不存在与网络的物理连接，网络安全威胁便受到了真正的限制。

在电子政务建设中，会遇到安全域的问题。安全域是以信息涉密程度划分的网络空间，包括：

① 涉密域。就是涉及国家秘密的网络空间。

② 非涉密域。就是不涉及国家的秘密，但是涉及本单位、本部门或者本系统的工作秘密的网络空间。

③ 公共服务域。是指既不涉及国家秘密也不涉及工作秘密，是一个向互联网络完全开放的公共信息交换空间。

国家有关文件严格规定，政务的内网和外网要实行严格的物理隔离。政务的外网和互联网络要实行逻辑隔离，按照安全域的划分，政府的内网就是涉密域，政府的外网就是非涉密域，因特网就是公共服务域。

网络隔离（network isolation）主要是指把两个或两个以上可路由的网络（如 TCP/IP）通过不可路由的协议（如 IPX/SPX、NetBEUI 等）进行数据交换而达到隔离目的。由于其原理主要是采用了不同的协议，所以通常也称协议隔离（protocol isolation）。

隔离概念是在保护高安全度网络环境的情况下产生的，而隔离产品的大量出现，也经历了五代隔离技术的不断的理论和实践相结合的过程。

第一代隔离技术——完全隔离。此方法使得网络处于信息孤岛状态，做到了完全的物理隔离，一般需要至少两套网络和系统，更重要的是信息交流的不便和成本的提高，给维护和使用带来了极大的不便。

第二代隔离技术——硬件卡隔离。在客户机端增加一块硬件卡，客户机端硬盘或其他存储设备首先连接到该卡，然后再转接到主板上，通过该卡能控制客户机端硬盘或其他存储设备。而在选择不同的硬盘时，同时选择了该卡上不同的网络接口，连接到不同的网络。但是，这种隔离产品有的仍然需要网络布线为双网线结构，产品存在着较大的安全隐患。

第三代隔离技术——数据转播隔离。这种技术利用转播系统分时复制文件的途径来实现隔离，但切换时间非常长，甚至需要手工完成，这不仅明显地减缓了访问速度，更不支持常见的网络应用，失去了网络存在的意义。

第四代隔离技术——空气开关隔离。它通过使用单刀双掷开关、使得内外部网络分时访问临时缓存器来完成数据交换，但在安全和性能上存在有许多问题。

第五代隔离技术——安全通道隔离。此技术通过专用通信硬件和专有安全协议等安全机制，来实现内、外部网络的隔离和数据交换。不仅解决了以前隔离技术存在的问题，并有效地把内、外部网络隔离开来，而且高效地实现了内、外网数据的安全交换，透明支持多种网络应用，成为当前隔离技术的发展方向。

7.3.5　Windows 防火墙

Windows XP Service Pack 2（SP2）为连接到因特网上的小型网络提供了增强的防火墙安全保护。默认情况下，会启用 Windows 防火墙，以便帮助保护所有因特网和网络连接。用户还可以下载并安装自己选择的防火墙。Windows 防火墙将限制从其他计算机发送来的信息，使用户可以更好地控制自己计算机上的数据，并针对那些未经邀请而尝试连接的用户或程序（包括病毒和蠕虫）提供了一条防御线。

用户可以将防火墙视为一道屏障，它检查来自因特网或网络的信息，然后根据防火墙设置，拒绝信息或允许信息到达计算机。当因特网或网络上的某人尝试连接到你的计算机时，我们将这种尝试称为"未经请求的请求"。当收到"未经请求的请求"时，Windows 防火墙会阻止该连接。如果运行的程序（如即时消息程序或多人网络游戏）需要从因特网或网络接收信息，那么防火墙会询问阻止连接还是取消阻止（允许）连接。如果选择取消阻止连接，Windows 防火墙将创建一个"例外"，这样当该程序日后需要接收信息时，防火墙就会允许信息到达你的计算机。虽然可以为特定因特网连接和网络连接关闭 Windows 防火墙，但这样做会增加计算机安全性受到威胁的风险。

Windows 防火墙有 3 种设置："开"、"开并且无例外"和"关"。具体如下：

①"开"：Windows 防火墙在默认情况下处于打开状态，而且通常应当保留此设置不变。选择此设置时，Windows 防火墙阻止所有未经请求的连接，但不包括那些对"例外"选项卡上选中的程序或服务发出的请求。

②"开并且无例外"：当选中"不允许例外"复选框时，Windows 防火墙会阻止所有未经请求的连接，包括那些对"例外"选项卡上选中的程序或服务发出的请求。当需要为计算机提供最大程度的保护时（例如，当你连接到旅馆或机场中的公用网络时，或者当危险的病毒或蠕虫

正在因特网上扩散时），可以使用该设置。但是，不必始终选择"不允许例外"，其原因是，如果该选项始终处于选中状态，某些程序可能会无法正常工作，并且文件和打印机共享、远程协助和远程桌面、网络设备发现、例外列表上预配置的程序和服务以及已添加到例外列表中的其他项等服务会被禁止接受未经请求的请求。

如果选中"不允许例外"，仍然可以收发电子邮件、使用即时消息程序或查看大多数网页。

③"关"：此设置将关闭 Windows 防火墙。选择此设置时，计算机更容易受到未知入侵者或因特网病毒的侵害。此设置只应由高级用户用于计算机管理目的，或者在计算机有其他防火墙保护的情况下使用。

在计算机加入域时创建的设置与计算机没有加入域时创建的设置是分开存储的。这些单独的设置组称为"配置文件"。

7.3.6　主要术语

确保自己理解以下术语：

Windows 防火墙	防火墙功能指标	复合型技术
包过滤技术	防火墙技术	审计技术
代理服务技术	分组过滤技术	网络隔离技术
防火墙操作系统		

7.3.7　实训与思考：Windows 防火墙应用

1．实训目的

① 熟悉防火墙技术的基本概念，了解防火墙技术的基本内容。

② 通过因特网搜索与浏览，了解网络环境中主流的防火墙技术网站，掌握通过专业网站不断丰富防火墙技术最新知识的学习方法，尝试通过专业网站的辅助与支持来开展防火墙技术应用实践。

③ 在 Windows XP 中配置简易防火墙（IP 筛选器），完成后，将能够在本机实现对 IP 站点、端口、DNS 服务屏蔽，实现防火墙功能。

2．工具/准备工作

在开始本实训之前，请认真阅读课程的相关内容。

需要准备一台运行 Windows XP Professional 并带有浏览器，能够访问因特网的计算机。

3．实训内容与步骤

（1）概念理解

① 请通过查阅有关资料，尽量用自己的语言，简述防火墙的作用是什么？

_____

_____

_____

_____

② 根据防范的方式和侧重点的不同，防火墙技术可分成很多类型，但总体来讲还是两大类：分组过滤和应用代理。请分别简单介绍这两种防火墙技术。

分组过滤或包过滤技术：_____

_____

_____

应用代理技术：_____

_____

_____

③ 请分别简单介绍：

什么是"胖"防火墙：_____

_____

_____

什么是"瘦"防火墙：_____

_____

_____

（2）Windows 防火墙的应用

Windows 防火墙能做到和不能做到的功能情况请参见表 7-3。

表 7-3　Windows 防火墙的功能

能　做　到	不　能　做　到
阻止计算机病毒和蠕虫到达你的计算机	检测或禁止计算机病毒和蠕虫（如果它们已经在你的计算机上）。由于这个原因，还应该安装防病毒软件并及时进行更新，以防范病毒、蠕虫和其他安全威胁破坏你的计算机或使用你的计算机将病毒扩散到其他计算机
请求你的允许，以阻止或取消阻止某些连接请求	阻止你打开带有危险附件的电子邮件。不要打开来自不认识的发件人的电子邮件附件。即使你知道并信任电子邮件的来源，仍然要格外小心。如果你认识的某个人向你发送了电子邮件附件，请在打开附件前仔细查看主题行。如果主题行比较杂乱或者你认为没有任何意义，那么请在打开附件前向发件人确认
创建记录（安全日志），可用于记录对计算机的成功连接尝试和不成功的连接尝试，可用作故障排除工具	阻止垃圾邮件或未经请求的电子邮件出现在你的收件箱中。不过，某些电子邮件程序可以帮助你做到这一点

① 打开或关闭 Windows 防火墙。为打开或关闭 Windows 防火墙，必须以管理员身份登录计算机，并按以下步骤执行：

步骤 1：在 Windows 中选择"开始"|"控制面板"命令，然后在打开的窗口中双击"Windows 防火墙"图标，弹出"Windows 防火墙"对话框，如图 7-5 所示。

步骤 2：在"常规"选项卡上，单击下列选项之一：

a. 启用（推荐）：通常应当使用此设置。

b. 关闭（不推荐）：关闭 Windows 防火墙可能会使你的计算机以及网络更容易受到病毒或未知入侵者的损坏。

如果使用"高级"选项卡关闭一个或多个单个连接的 Windows 防火墙，那么 Windows 安全中心将报告防火墙已关闭，即使其他连接的防火墙并未关闭。并且，在"常规"选项卡中，Windows 防火墙将仍旧设置为"启用"。

② 启用安全记录。当 Windows 防火墙处于打开状态时，在默认情况下并不启用安全记录。

但是，无论安全记录是否被启用，防火墙都能正常工作。而只有启用了 Windows 防火墙的连接才能使用日志记录功能。

为启用安全记录选项，用户必须以管理员身份登录计算机，并执行以下操作：

步骤 1：在"Windows 防火墙"对话框中选择"高级"选项卡，如图 7-6 示。

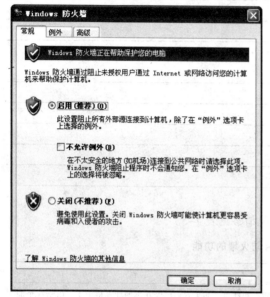

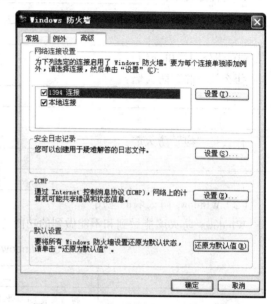

图 7-5　"Windows 防火墙"（常规）对话框　　　图 7-6　Windows 防火墙的"高级"选项卡

步骤 2：在其中的"安全日志记录"选项区域中单击"设置"按钮，弹出"日志设置"对话框，如图 7-7 所示。

步骤 3：单击下面的选项之一：

a. 若要启用对不成功的入站连接尝试的记录，请选中"记录被丢弃的数据包"复选框。

b. 若要启用对成功的出站连接的记录，请选中"记录成功的连接"复选框。

步骤 4：单击"确定"按钮，完成操作。

③ 查看安全日志文件。为查看安全日志文件，请按以下步骤操作：

步骤 1：在图 7-7 所示对话框中单击"另存为"按钮，在对话框中进行浏览查看。

图 7-7　"日志设置"对话框

步骤 2：右击 pfirewall.log，然后在弹出的快捷菜单中选择"打开"命令。

防火墙日志的默认名称是 pfirewall.log，其存放位置在 Windows 文件夹中。但必须选中"记录被丢弃的数据包"或"记录成功的连接"复选框，才能使 pfirewall.log 文件出现在 Windows 文件夹中。

如果超过了 pfirewall.log 可允许的最大大小（4096 KB），则日志文件中原有的信息将转移到一个新文件中，并用文件名 pfirewall.log.old 进行保存。新的信息将保存在所创建的第一个文件（名为 pfirewall.log）中。

请记录：上述各项操作能够顺利完成吗？如果不能，请分析原因。

（3）简易防火墙设置

我们尝试在 Windows XP Professional 上学习设置简易的防火墙。

① 运行 IP 筛选器。为运行 IP 筛选器，请按以下步骤执行：

步骤 1：在 Windows XP 中选择"开始"|"运行"命令，在"运行"对话框的"打开"文本框中输入 mmc，单击"确定"按钮，屏幕显示"控制台 1"窗口，如图 7-8 所示。其中包含了"控制台根结点"选项。

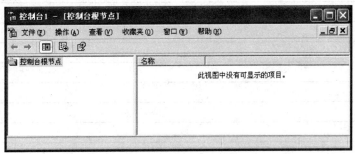

图 7-8　"控制台 1"窗口

步骤 2：在"控制台 1"窗口中选择"文件"|"添加/删除管理单元"命令，弹出"添加/删除管理单元"对话框（见图 7-9）。在其中选择"独立"选项卡。

步骤 3：在"管理单元添加到"下拉列表框中，选择"控制台根结点"选项，单击"添加"按钮，弹出"添加独立管理单元"对话框，如图 7-10 所示。

图 7-9　"添加/删除管理单元"对话框

图 7-10　"添加独立管理单元"对话框

请记录：在"可用的独立管理单元"选项区域中有哪些选项（请阅读相关的描述信息）：

a. _____

b. _____

c. _____

d. _____

e. _____

f. _____

g. _____

h. _____

i. _____

j. _____

k. _____

l. _____

m. _____

n. _____

o. _____

p. _____

q. _____

r. _____

s. _____

t. _____

u. _____

v. _____

w. _____

x. _____

y. _____

步骤 4：在"可用的独立管理单元"列表框中选择"IP 安全策略管理"选项，单击"添加"按钮，弹出"选择计算机"对话框，如图 7-11 所示。在其中选择"本地计算机"单选按钮，单击"完成"按钮，返回"添加独立管理单元"对话框。

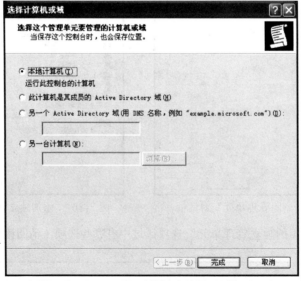

图 7-11 "选择计算机或域"对话框

步骤 5：单击"关闭"按钮，返回"添加/删除管理单元"对话框。

请记录：此时，在"添加/删除管理单元"对话框下部的"描述"框中，显示的"IP 安全策略"描述信息是：＿＿＿＿＿＿＿＿＿＿＿＿＿＿＿＿＿＿＿＿＿＿＿＿＿

＿＿＿＿＿＿＿＿＿＿＿＿＿＿＿＿＿＿＿＿＿＿＿＿＿＿＿＿＿＿＿＿＿＿＿＿＿

＿＿＿＿＿＿＿＿＿＿＿＿＿＿＿＿＿＿＿＿＿＿＿＿＿＿＿＿＿＿＿＿＿＿＿＿＿

＿＿＿＿＿＿＿＿＿＿＿＿＿＿＿＿＿＿＿＿＿＿＿＿＿＿＿＿＿＿＿＿＿＿＿＿＿

单击"确定"按钮，返回"控制台 1"窗口，完成"IP 安全策略，在本地计算机"的设置。

② 添加 IP 筛选器表。在本机中添加一个能对指定 IP 地址（192.168.14.1）进行筛选的 IP 筛选器表。

步骤 1：在"控制台 1"窗口的"控制台根结点"选项中，选择刚建立的"IP 安全策略，在本地计算机"选项，右边框中出现 3 个默认的安全规则，请分别记录其描述信息。

a. 安全服务器（需要安全）：＿＿＿＿＿＿＿＿＿＿＿＿＿＿＿＿＿＿＿＿＿＿＿

＿＿＿＿＿＿＿＿＿＿＿＿＿＿＿＿＿＿＿＿＿＿＿＿＿＿＿＿＿＿＿＿＿＿＿＿＿

b. 客户端（仅响应）：＿＿＿＿＿＿＿＿＿＿＿＿＿＿＿＿＿＿＿＿＿＿＿＿＿＿＿

＿＿＿＿＿＿＿＿＿＿＿＿＿＿＿＿＿＿＿＿＿＿＿＿＿＿＿＿＿＿＿＿＿＿＿＿＿

c. 服务器（请求安全）：＿＿＿＿＿＿＿＿＿＿＿＿＿＿＿＿＿＿＿＿＿＿＿＿＿＿

＿＿＿＿＿＿＿＿＿＿＿＿＿＿＿＿＿＿＿＿＿＿＿＿＿＿＿＿＿＿＿＿＿＿＿＿＿

步骤 2：选中左边的"IP 安全策略，在本地计算机"选项并右击，从弹出的快捷菜单中选择"管理 IP 筛选器表和筛选器操作"命令，弹出"管理 IP 筛选器表和筛选器操作"对话框，如图 7–12 所示。

步骤 3：在对话框中单击"添加"按钮，弹出"IP 筛选器列表"对话框（见图 7–13）。

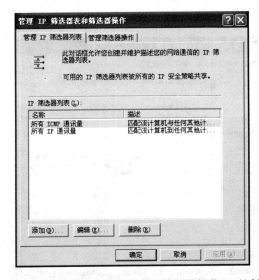

图 7–12　"管理 IP 筛选器表和筛选器操作"对话框

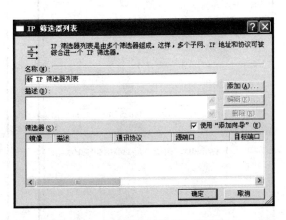

图 7–13　"IP 筛选器列表"对话框

在打开的"IP 筛选器列表"对话框中输入此 IP 筛选器的名称和描述。例如："名称"为"屏蔽特定 IP"，"描述"为"屏蔽 192.168.14.1"，并取消选择"使用'添加向导'"复选框，然后单击"添加"按钮,弹出"筛选器属性"对话框(见图7-14),可对"屏蔽特定IP"进行设置。

步骤4:在"筛选器属性"对话框中选择"寻址"选项卡,在"源地址"和"目标地址"下拉列表框框中分别选择"我的IP地址"和"一个特定的IP地址"选项。当选择"一个特定的IP地址"时,会出现"IP地址"文本框,可输入要屏蔽的IP地址,如"192.168.14.1"。选择IP地址设定的方法有5种,容易理解。

默认情况下,"IP筛选器"的作用是单方面的,比如源地址为A,目标地址为B,则防火墙只对A→B的流量起作用,对B→A的流量则略过不计。选中"镜像"复选框,则防火墙对A←→B的双向流量都进行处理(相当于一次添加了两条规则)。

步骤5:在"协议"选项卡中,可选择协议类型及设置IP协议端口。

步骤6:在"描述"选项卡的"描述"文本框中,可输入描述文字,作为筛选器的详细描述。

步骤7:然后,单击"确定"按钮,返回"IP筛选器列表"对话框,再单击"确定"按钮,返回"管理IP筛选器表和筛选器操作"对话框,"屏蔽特定IP"被填入了"IP筛选器列表"中。

步骤8:单击"确定"按钮,完成本次操作。

③ 添加IP筛选器操作。上述操作将一个虚拟的C类网段192.168.14.1加入到了"待屏蔽IP列表",但它只是一个列表,没有防火墙功能,只有再加入动作后,才能够发挥作用。下面,我们将建立一个"阻止"操作,通过操作与刚才的列表结合,就可以屏蔽特定的IP地址。

步骤1:在"控制台1"窗口的"控制台根结点"窗口中,选中左边的"IP安全策略,在本地计算机"选项并右击,在弹出的快捷菜单中选择"管理IP筛选器表和筛选器操作"命令,弹出"管理IP筛选器表和筛选器操作"对话框。

步骤2:在对话框的"管理IP筛选器列表"选项卡中选择"屏蔽特定IP"选项,然后选择"管理筛选器操作"选项卡(见图7-15),取消对其中的"使用'添加向导'"复选框的选择,再单击"添加"按钮,弹出"新筛选器操作属性"对话框(见图7-16)。

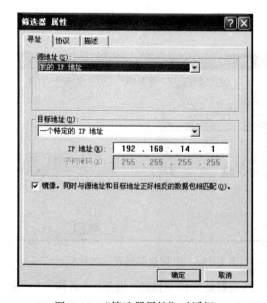

图7-14 "筛选器属性"对话框

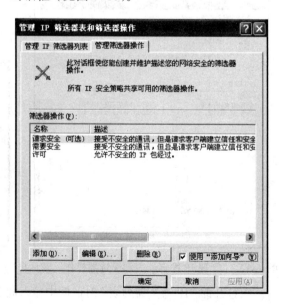

图7-15 "管理筛选器操作"选项卡

步骤 3：在"新筛选器操作属性"对话框"安全措施"选项卡中选择"阻止"单选按钮，然后选择"常规"选项卡，在"名称"文本框中输入"阻止"（见图 7-17）。

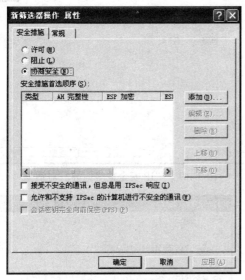

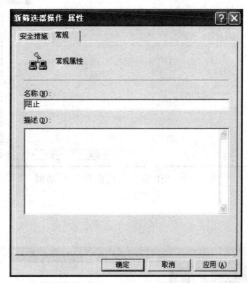

图 7-16　"新筛选器操作属性"对话框　　　　图 7-17　"常规"选项卡

步骤 4：单击"确定"按钮，此时"阻止"加入到筛选器操作列表中。

步骤 5：请在"管理 IP 筛选器表和筛选器操作"对话框的"筛选器操作"列表中查阅和记录各筛选器操作的描述信息：

a. 请求安全（可选）：_____

_____

b. 需要安全：_____

_____

c. 许可：_____

_____

④ 创建 IP 安全策略。筛选器表和筛选器操作已建立完毕，将它们结合起来发挥防火墙的作用。

步骤 1：返回"控制台 1"的"控制台根结点"窗口，选择"IP 安全策略，在本地计算机"选项并右击，在快捷菜单中选择"创建 IP 安全策略"命令，弹出"IP 安全策略向导"对话框之一，单击"下一步"按钮。

步骤 2：在"IP 安全策略向导"对话框（见图 7-18）的"名称"文本框中输入"我的安全策略"，还可以在"描述"文本框中输入对安全策略设置的描述。

步骤 3：单击"下一步"按钮，在继续显示的"IP 安全策略向导"对话框中，取消选择"激活默认响应规则"复选框（见图 7-19）。

步骤 4：再单击"下一步"按钮，在"IP 安全策略向导"对话框中选中"编辑属性"复选框（见图 7-20），再单击"完成"按钮，这时，将弹出"我的安全策略属性"对话框（见图 7-21）。

步骤 5：在"我的安全策略属性"对话框的"规则"选项卡中，取消对其中的"使用'添加向导'"选项的选择，再单击"添加"按钮，弹出"新规则属性"对话框（见图 7-22）。

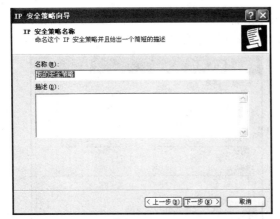

图 7-18 "IP 安全策略向导"对话框

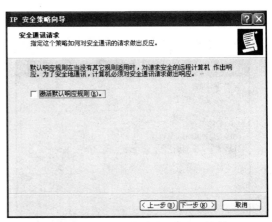

图 7-19 "IP 安全策略向导"对话框

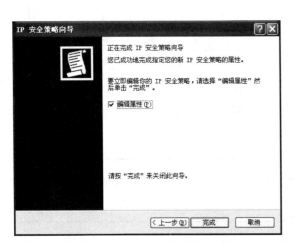

图 7-20 "IP 安全策略向导"对话框

图 7-21 "我的安全策略属性"对话框

步骤 6：我们来修改策略的属性，用筛选器表和筛选器操作建立规则。为此，在"新规则属性"对话框的"IP 筛选器列表"选项卡中，选择新建立的 IP 筛选器（即"屏蔽特定 IP"）单选按钮；再在"筛选器操作"选项卡中，选择"阻止"单选按钮；然后单击"确定"按钮，返回"我的安全策略属性"对话框，可以看到新规则已经建立。至此，屏蔽特定 IP 的操作已完成。

⑤ 用 IP 筛选器屏蔽特定端口。下面，我们建立一个名为"屏蔽 139 端口"的 IP 筛选器规则，关闭本机的 139 端口，然后结合上述任务添加的"阻止"动作进行设置。同样，也可以关闭其他端口。

步骤 1：在"控制台 1"窗口的"控制台根结点"选项中，选中左边的"IP 安全策略，在本地计算机"选项并右击，在弹出的快捷菜单中选择"管理 IP 筛选器表和筛选器操作"命令。

步骤 2：在"管理 IP 筛选器表和筛选器操作"对话框中单击"添加"按钮，在"IP 筛选器列表"对话框的"名称"文本框中，输入"屏蔽 139 端口"，继续单击"添加"按钮，弹出"筛选器属性"对话框。

步骤 3：在"筛选器属性"对话框"寻址"选项卡的"源地址"下拉列表框中选择"任何 IP

地址"；在"目的地址"下拉列框中，选择"我的 IP 地址"；取消"镜像"复选框选择，如图 7-23
所示。

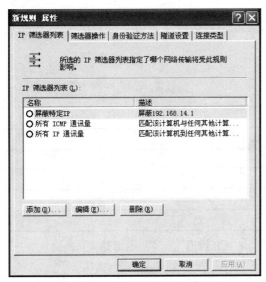

图 7-22 "新规则属性"对话框

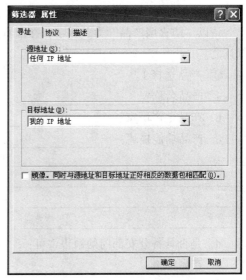

图 7-23 "寻址"选项卡

"筛选器属性"对话框中的"协议"选项卡和"描述"选项卡，请参考图 7-24 进行设置。

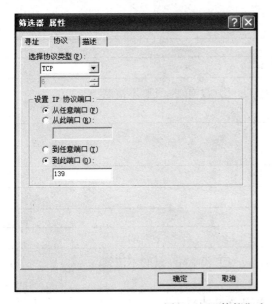

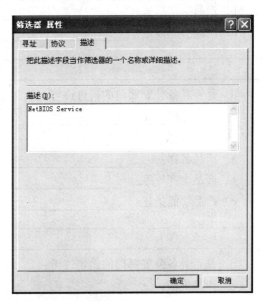

图 7-24 "协议"和"描述"选项卡的设置

步骤 4：单击"确定"按钮，返回"管理 IP 筛选器表和筛选器操作"对话框，可以看到'屏蔽 139 端口"已建立。

⑥ 应用 IP 安全策略规则。为应用 IP 安全策略规则，可执行以下步骤：

步骤 1：在"控制台 1"窗口的"控制台根结点"选项中，在右边新建立的"我的安全策略"规则上右击，在快捷菜单中选择"指派"命令。

步骤 2：在窗口的左边选择"IP 安全策略，在本地计算机"选项并右击，在快捷菜单中选择

"所有任务" | "导出策略"命令，备份所设置的安全策略。同样，也可以使用"导入策略"命令恢复。

（4）防火墙产品选择

请以"防火墙产品"为关键字，在因特网上搜索，选择至少 3 款防火墙产品，并分别简单描述之。

① 产品选择 1。

a. 产品名称： _____

b. 产品生产厂家： _____

c. 产品功能描述： _____

_____

_____

_____

_____

d. 是否具备公安部门的销售许可： □ 有　　□ 没有　　□ 不清楚

e. 产品价格： _____

② 产品选择 2。

a. 产品名称： _____

b. 产品生产厂家： _____

c. 产品功能描述： _____

_____

_____

d. 是否具备公安部门的销售许可： □ 有　　□ 没有　　□ 不清楚

e. 产品价格_____

③ 产品选择 3。

a. 产品名称： _____

b. 产品生产厂家： _____

c. 产品功能描述： _____

_____

_____

d. 是否具备公安部门的销售许可： □ 有　　□ 没有　　□ 不清楚

e. 产品价格： _____

④ 上述 3 款产品中，你向用户首推哪一款，为什么？请简述之。

_____

_____

4. 实训总结

_____

_____

_____

5. 单元学习评价

① 你认为本单元最有价值的内容是：

_____

_____

② 下列问题我需要进一步地了解或得到帮助：

_____

_____

③ 为使学习更有效，你对本单元的教学有何建议？

_____

_____

_____

6. 实训评价（教师)

_____

_____

7.3.8 阅读与思考：计算机职业人员的职业道德

作为一种特殊职业，计算机职业有其自己的职业道德和行为准则，这些职业道德和行为准则是每一个计算机职业人员都应该遵守的。

（1）职业道德的概念

所谓职业道德，是同人们的职业活动紧密联系的符合职业特点所要求的道德准则、道德情操与道德品质的总和。每个从业人员，不论从事哪种职业，在职业活动中都要遵守道德。如教师要遵守教书育人、为人师表的职业道德，医生要遵守救死扶伤的职业道德等等。职业道德不仅是从业人员在职业活动中的行为标准和要求，而且是本行业对社会所承担的道德责任和义务。职业道德是社会道德在职业生活中的具体化。

作为一种特殊的道德规范，职业道德有以下 4 个主要特点：

① 在内容方面，职业道德要鲜明地表达职业义务、职业责任以及职业行为上的道德准则。

② 在表现形式方面，职业道德往往比较具体、灵活、多样。它从本职业的交流活动的实际出发，采用制度、守则、公约、承诺、誓言以及标语口号等形式。

③ 从调节范围来看，职业道德一方面用来调节从业人员内部关系，加强职业、行业内部人员的凝聚力，另一方面也用来调节从业人员与其服务对象之间的关系，用来塑造本职业从业人员的形象。

④ 从产生效果来看，职业道德既能使一定的社会或阶层的道德原则和规范"职业化"，又能使个人道德品质"成熟化"。

（2）职业道德基础规范

作为一名合格的计算机职业人员，在遵守特定的计算机职业道德的同时，还要遵守一些最基本的通用职业道德规范，这些规范也是计算机职业道德的基础组成部分。它们包括：

① 爱岗敬业：所谓爱岗就是热爱自己的工作岗位，热爱本职工作；而敬业是指用一种严肃

的态度对待自己的工作，勤勤恳恳，兢兢业业，忠于职守，尽职尽责。爱岗与敬业总的精神是相通的，是相互联系在一起的，爱岗是敬业的基础，敬业是爱岗的表现。爱岗敬业是任何行业职业道德中都具有的一条基础规范。

②　诚实守信：是指忠诚老实信守承诺。诚实守信是为人处世的一种美德。诚实守信不仅是做人的准则也是做事的原则。诚实守信是每一个行业树立形象的根本。

③　办事公道：是在爱岗敬业、诚实守信的基础上提出的更高一个层次的职业道德的基本要求，是指从业人员办事情处理问题时，要站在公正的立场上，按照同一标准和同一原则办事的职业道德规范。

④　服务群众：这是为人民服务精神更集中的表现，服务群众就是为人民群众服务，这一规范要求从业人员要树立服务群众的观念，做到真心对待群众，做每件事都要方便群众。

⑤　奉献社会：就是不期望等价的回报和酬劳，而愿意为他人、为社会或为真理、为正义献出自己的力理，全心全意地为社会做贡献，是为人民服务精神的更高体现。

（3）计算机职业人员职业道德的最基本要求

法律是道德的底线，计算机职业人员职业道德的最基本要求就是国家关于计算机管理方面的法律法规。多年来，全国人大、国务院和国家机关各部委等陆续制定了一批管理计算机行业的法律法规，例如《全国人民代表大会常务委员会关于维护互联网安全的决定》、《计算机软件保护条例》、《互联网信息服务管理办法》、《互联网电子公告服务管理办法》，等等，这些法律法规应当被每一位计算机职业人员牢记，严格遵守这些法律法规正是计算机职业人员职业道德的最基本要求。

资料来源：李晨，文化发展网（http://www.ccmedu.com/），此处有删改。

请分析：阅读上述内容，请简单叙述你的理解和感想。

_____

_____

_____

第**8**章

网管工具与职业素质

对于网络管理员来说，好的软件工具将给自己的网络管理工作带来更多的便捷。虽然一个网络管理员并不一定是个全面手，例如有的精通 UNIX 而有的精通 Windows，有的熟悉 ASP 而有的熟悉 JSP 或是 PHP 等。但也有的网管人员，例如网吧的网管人员，一般就需要具有较全面的知识和动手能力。

8.1   网管工具与网络故障诊断

网络管理工具，包括 IP/MAC 地址工具、IP 链路测试工具、网络查看与搜索工具、网络监管诊断工具、网络设备管理工具、网络性能测试工具、流量监控与分析工具、服务器状态监控工具、网络安全测试工具、远程控制和监视工具、网络维护和恢复工具等许多方面。在网络管理的日常工作中，应该学会使用的各种网络工具，不仅有 Windows 集成的简单网络诊断工具，也有用于远程监控的工具和网络协议分析工具等。

无论使用哪种网络接入方式，例如 DDN、ADSL 或者 ISDN 等，网络中可能出现的故障总是多种多样的，解决一个复杂的网络故障往往需要广泛的网络知识与丰富的工作经验。一般情况下，一个成熟的网络管理机构通常都制定有一套完整的故障管理日志记录机制，同时，在网络故障管理中心，人们也积极采用专家系统和人工智能等先进技术。但是，对于大多数初学网络技术的人来说，这些就过于复杂了。

下面，我们来尝试了解网络故障诊断和排除的一般方法和经验。首先，根据不同性质可以把网络故障分为物理故障与逻辑故障。也可以根据不同对象把网络故障分为线路故障、路由故障和主机故障。

8.1.1   物理故障

物理故障是指设备或线路损坏、插头松动、线路受到严重电磁干扰等情况。网络管理人员发现网络某条线路突然中断，首先应使用 ping 或 fping 命令检查线路在网管中心这边是否连通。

ping 一般一次只能检测到一端到另一端的连通性，而 fping 一次就可以 ping 多个 IP 地址，比如 C 类的整个网段地址等。网络管理员经常发现有人依次扫描本网的大量 IP 地址，这不一定就是有黑客攻击，fping 命令也可以做到。如果连续几次 ping 都出现"Requst time out"信息，则表明网络不通。这时去检查端口插头是否松动，或者网络插头有否误接，这种情况经常是没有搞清楚网络插头规范或者没有弄清网络拓扑规划的情况下导致的。

另一种情况，比如两个路由器直接连接，这时应该让一台路由器的出口连接另一台路由器的入口，而这台路由器的入口连接另一路由器的出口才行。当然，集线器 hub、交换机、多路复用器也必须连接正确，否则也会导致网络中断。还有一些网络连接故障显得很隐蔽，要诊断这种故障没有什么特别好的工具，只有依靠经验丰富的网络管理人员了。

8.1.2 逻辑故障

逻辑故障最常见的情况就是配置错误，是指因为网络设备的配置原因而导致的网络异常或故障。配置错误可能是路由器端口参数设定有误，或路由器路由配置错误以至于路由循环或找不到远端地址，或者是路由掩码设置错误等。比如，同样是网络中的线路故障，该线路没有流量，但又可以 ping 通线路的两端端口，这时就很有可能是路由配置错误了。遇到这种情况，我们通常使用"路由跟踪程序"（即 traceroute），它和 ping 类似，区别在于 traceroute 是把端到端的线路按线路所经过的路由器分成多段，然后以每段返回响应与延迟。如果发现在 traceroute 的结果中某一段之后，两个 IP 地址循环出现，这时，一般就是线路远端把端口路由又指向了线路的近端，导致 IP 包在该线路上来回反复传递。traceroute 可以检测到在哪个路由器之前能正常响应，到哪个路由器就不能正常响应了。这时只需更改远端路由器端口配置，就能恢复线路正常。

逻辑故障的另一类就是一些重要进程或端口关闭，以及系统的负载过高。比如也是线路中断，没有流量，用 ping 发现线路端口不通，检查发现该端口处于 down 的状态，这就说明该端口已经关闭，因此导致故障。这时，只需重新启动该端口，就可以恢复线路的连通了。还有一种常见情况是路由器的负载过高，表现为路由器 CPU 温度太高、CPU 利用率太高，以及内存剩余太少等，如果因此影响网络服务质量，最直接也是最好的办法就是换个好点的路由器。

8.1.3 线路故障

线路故障最常见的情况就是线路不通。诊断这种情况应首先检查该线路上流量是否还存在，然后用 ping 命令检查线路远端的路由器端口能否响应，用 traceroute 工具检查路由器配置是否正确，找出问题逐个解决。

8.1.4 路由器故障

事实上，线路故障中很多情况都涉及到路由器，因此也可以把一些线路故障归结为路由器故障。检测这种故障，需要利用 MIB 变量浏览器，用它收集路由器的路由表、端口流量数据、计费数据、路由器 CPU 的温度、负载以及路由器的内存余量等数据。通常情况下，网络管理系统有专门的管理进程不断地检测路由器的关键数据，并及时给出报警。而路由器 CPU 利用率过高和路由器内存余量太小都将直接影响到网络服务的质量。解决这种故障，只有对路由器进行升级、扩大内存等，或者重新规划网络拓扑结构。

8.1.5 主机故障

主机故障常见的现象就是主机的配置不当。像主机配置的 IP 地址与其他主机的 IP 地址冲突，或 IP 地址根本就不在子网范围内，由此导致主机无法连通。主机的另一故障就是安全故障。比如，主机没有控制其上的 finger、RPC、rlogin 等多余服务，而攻击者可以通过这些多余进程的正常服务或 bug 攻击该主机，甚至得到 Administrator 的权限等。还有值得注意的是，不要轻易共享本机硬盘，因为这将导致恶意攻击者非法利用该主机的资源。发现主机故障一般比较困难，特别是别人恶意的攻击。一般可以通过监视主机的流量、或扫描主机端口和服务来防止可能的漏洞。最后，注意不要忘了安装防火墙，因为这是最省事也是最安全的办法。

网络发生故障是不可避免的。网络建成运行后，网络故障诊断是网络管理的重要技术工作。做好网络的运行管理和故障诊断工作，提高故障诊断水平需要注意以下几方面的问题：认真学习有关网络技术理论；清楚网络的结构设计，包括网络拓扑、设备连接、系统参数设置及软件使用；了解网络正常运行状况、注意收集网络正常运行时的各种状态和报告输出参数；熟悉常用的诊断工具，准确地描述故障现象。

8.2　网管的知识基础与素质

事实上，仅仅是计算机相关专业毕业，这离一名合格的网管还相距很远。在网络技术日新月异的今天，一个合格的网管应当广泛涉猎与网络管理相关的领域，完成最基本的知识积累。这些积累包括：

① 了网络设计。拥有丰富的网络设计知识，熟悉网络布线规范和施工规范，了解交换机、路由器、服务器等网络设备，掌握局域网基本技术和相关技术，规划设计包含路由的局域网络和广域网络，为中小型网络提供完全的解决方案。

② 掌握网络施工。掌握充分的网络基本知识，深入了解 TCP/IP 网络协议，独立完成路由器、交换机等网络设备的安装、连接、配置和操作，搭建多层交换的企业网络，实现网络互连和因特网连接。掌握网络软件工具的使用，迅速诊断、定位和排除网络故障，正确使用、保养和维护硬件设备。

③ 熟悉网络安全。设计并实施完整的网络安全解决方案，以降低损失和攻击风险。在因特网和局域网络中，路由器、交换机和应用程序，乃至管理不严格的安全设备，都可能成为遭受攻击的目标。网络必须全力以赴加强戒备，以防止来自黑客、外来者甚至心怀不满的员工对信息安全、信息完整性以及日常业务操作的威胁。

④ 熟悉网络操作系统。熟悉 Windows 和 Linux 操作系统，具备使用高级的 Windows 和 Linux 平台，为企业提供成功的设计、实施和管理商业解决方案的能力。

⑤ 了解 Web 数据库。了解 Web 数据库的基本原理，能够围绕 Web 数据库系统开展实施与管理工作，实现对企业数据的综合应用。

网络管理员应该具备的素质能力包括：

① 自学能力。网管应当拥有强烈的求知欲和非常强的自学能力。第一，网络知识和网络技术不断更新，需要继续学习的内容非常多；第二，学校课本知识过于陈旧，且脱离网络管理实际，许多知识都要从头学起；第三，网络设备和操作系统非常繁杂，各自拥有不同的优点，适用于不同的环境和需求，需要全面了解、重点掌握。

② 英文阅读能力。由于绝大多数新的理论和技术都是英文资料，网络设备和管理软件说明书大多也是英文，所以，网管必须掌握大量的计算机专业词汇，从而能够流畅地阅读原版的白皮书和技术资料。提高阅读能力最简单的方法，就是先选择自己熟悉的技术，然后，登录到厂商的官方网站，阅读技术白皮书，从而了解技术文档的表述方式。遇到生词时，可以使用电子词典在线翻译。

③ 动手能力。作为网管，需要亲自动手的时候非常多，如网络设备的连接、网络服务的搭建、交换机和路由器的设置、综合布线的实施、服务器扩容与升级，等等。所以，网管必须拥有一双灵巧的手，具备很强的动手能力。当然，事先应认真阅读技术手册，并进行必要的理论准备。

④ 创造和应变能力。硬件设备、管理工具、应用软件所提供的直接功能往往是有限的，而网络需求却是无限的。利用有限的功能满足无限的需要，就要求网管具有较强的应变能力，利用现有的功能、手段和技术，创造性的实现各种复杂的功能，满足用户各种需求。以访问列表为例，利用对端口的限制，除了可以限制对网络服务的访问外，还可用于限制蠕虫病毒的传播。

⑤ 观察和分析判断能力。具有敏锐的观察能力和出色的分析判断能力。出错信息、日志记录、LED 指示灯等，都会从不同侧面提示可能导致故障的原因。对故障现象观察的越细致、越全面，排除故障的机会也就越大。另外，通过经常、认真的观察，还可以及时排除潜在的网络隐患。网络是一个完整的系统，故障与原因关系复杂，既可能是一因多果，也可能是一果多因。所以，网管必须用全面、动态和联系的眼光分析问题，善于进行逻辑推理，从纷繁复杂的现象中发现事物的本质。

知识和能力是相辅相成的，知识是能力的基础，能力是知识的运用。因此，两者不可偏废。应当本着先网络理论，再实际操作的原则，在搞清楚基本原理的基础上，提高动手能力。建议利用 VMWare 虚拟机搭建网络实训环境，进行各种网络服务的搭建与配置实训。

8.2.1　主要术语

确保自己理解以下术语：

安全及日志管理	网管的知识基础	物理故障
备份管理	网管工具	系统进程管理
路由器故障	网络故障诊断	线路故障
逻辑故障	网络管理	用户管理
软件工具	网络管理内容	职业素质
网管的素质	文件系统与开关管理	主机故障

8.2.2　实训与思考：网管工具与网络诊断

1. 实训目的

① 了解和熟悉网络管理工具，主要是软件工具。

② 熟悉网络管理的基本内容，熟悉网络管理员的知识基础和素质要求。

③ 初步掌握网络故障诊断的一般方法。

2. 工具/准备工作

在开始本实训之前，请回顾教科书的相关内容。

需要准备一台带有浏览器，能够访问因特网的计算机。

3. 实训内容与步骤

（1）最受欢迎的网管工具

下面是美国《Network World》通过广泛调查，选出的最受读者欢迎的网络管理工具。

① 工具名称：SolarWinds Engineer Edition（http://www.solarwinds.net）

推荐理由：有读者说："在不到一小时的时间内，我从网站上下载并安装了 SolarWinds 的授权版本。不久后，我就可以制作线路使用报告了，而且线路使用和基本响应时间功能非常棒，此外，数据还被保存下来，使我可以一个星期、一个月或一年后查看数据。"

② 工具名称：NetWatch 套件（Crannog Software 公司，http://www.crannog-software.com/netwatch.html）。

推荐理由：有读者认为这种软件由简单但却有效的点解决方案构成，这些解决方案在使用和效力上超过了他们所有的更大型的网络管理产品。NetFlow Monitor 是另一种解决流量可见性问题的低成本解决方案，但 NetWatch 使网管员可以通过简捷的单击过程定制创建网络拓扑。而且，这种软件基本上不需要培训和维护。

③ 工具名称：WhatsUp Gold（Ipswitch 公司，http://www.ipswitch.com）。

推荐理由：用户对它的评价是具有一般非常昂贵的产品才拥有的很多功能，而价格却非常低廉。还有读者称："我们能够在几分钟之内安装好软件，自动发现大多数网络设备，并开始向我们的文本电话机发送状态报警。此外，我们还监测不应出现问题的服务和 Web 内容变化。"

另一位用户还利用它"报告简单的服务水平协议状况，让其用户无法在真正发生了多少次故障上弄虚作假。"

④ 工具名称：Etherpeek NX、Sniffer Distributed（WildPackets、NAI 公司，http://www.wildpackets.comwww.networkassociates.com）。

推荐理由：一位读者推荐 Etherpeek NX 作为一种"价格低廉、功能优秀"的协议分析仪。Etherpeek NX 帮助他解决断续出现的、复杂的应用问题。

另一种读者推荐的工具是来自 NAI 的 Sniffer Distributed，他觉得如果工具包中缺少这种工具，他将无法生存。

⑤ 工具名称：Packeteer PacketShaper（http://www.packeteer.com）。

推荐理由：一位读者说："当用于应用或主机上时，我们对报告和配置的粒度感到满意，它使我们可以找到一条完全拥塞的 768K bit/s WAN 链路，有效地从它里面得到更多的带宽。"

⑥ 工具名称：NMIS（网络管理信息系统，http://www.sins.com.au/nmis/）。

推荐理由：它可以通过开放源代码 GPL 许可证免费使用，可以运行在 Linux 上。有读者说，它提供的支持"比我得到的任何支持都好。"该工具受到欢迎的另一个原因在于它带有仪表板的用户友好的 Web 界面，支持"在一个页面中以一种简要的、分级的和色块方式显示我所有 200 台网络设备的状态，从而使我可以轻松地找到问题的根源和范围。"

⑦ 工具名称：Observer（Network Instruments 公司，http://www.networkinstruments.net）。

推荐理由：这款工具由于"是目前功能最强和最多样化的平台"而成为读者的选择。

⑧ 工具名称：xsight（Aprisma Spectrum 公司，http://www.aprisma.com）。

推荐理由：有读者喜欢用 Aprisma Spectrum 公司的 xsight 来进行故障隔离，他说："xsight 与 Attention Software 一起使用可以令人信服地解决报警问题并向他人发出寻呼。"他还使用 CiscoWorks 来管理和维护他们的 Cisco 网络的防火墙和配置。

⑨ 工具名称：MRTG（http://www.mrtg.it）。

推荐理由：据一位读者称，MRTG（多路由流量图形工具）是其最爱，他说："MRTG 在收集有关网络带宽使用的统计数据和服务器监控方面表现非常棒。"MRTG 不仅是免费的，而且还是通过 GNU（通用公用许可）提供的。

⑩ 工具名称：PingPlotter、FREEPing（Nessoft、Tool4ever 公司，http://www. pingplotter.com 和 http://www. tools4ever.com）。

推荐理由：PingPlotter 是读者推荐的一项价格仅为 15 美元的 ping 和 traceroute 工具。一旦出现问题，这位读者就启动该程序来查找问题出在哪里。FREEping 是另一项读者推荐的可以免费下载的 ping 工具。一位读者反映，这项工具"虽然非常简单，但却在掌握网络对象的可达性方面非常有用。"

⑪ 工具名称：OpenView（HP 公司，http://www.openview.hp.com）。

推荐理由：HP OpenView 受到推荐是因为它可以提供"非常好且非常易用的映像"。另一个原因是"可以对其进行编程，来做你想要做的任何事情"，尤其是在出现问题时将相关性信息通过 E-mail 进行报警。

⑫ 工具名称：NetScout（NetScout 公司，http://www.netscout.com）。

推荐理由：一位读者推荐 NetScout，是因为它具有良好的故障检测和性能管理功能。这位读者说："虽然它是软件和硬件的融合体，但却能与大多数的网络元件（交换机和路由器）协调工作，而且，大家从一个视图就能了解企业的运行状况。"

⑬ 工具名称：Servers Alive（Woodstone 公司，http://www.woodstone.nu/salive/）。

推荐理由：一位读者称，之所以喜欢 Servers Alive，是因为它很简单，能够很好地完成网络事件任务和进行状态监控，此外，它的安装相对来讲也很容易。他经营着一个小网络，发现这个简单而便宜的工具在他的小网络环境里运行得非常好，并可通过邮件组获得支持。

⑭ 工具名称：SNMPc Enterprise（Castlerock Computing 公司，http://www.castlerock.com）。

推荐理由：一位用户在推荐 SNMPc Enterprise 时表示："与其他的大家伙相比，它更加易用，而且相当便宜。它的可扩展性非常惊人，使用它的新版本更容易管理网络管理系统本身。"他认为该工具的唯一不足就是，它只能在 Windows 下运行。但你只需花极少的时间就可以习惯这个软件包，一旦习惯了之后，用起来就更加容易了。

⑮ 工具名称：NexVu（NexVu 公司，http://www.nexvu.com）。

推荐理由：有读者称 NexVu "是我们曾使用过的工具之中最有趣的一项工具，它可以是性能监控工具、协议分析工具、RMON 探头以及终端服务器……所有这些功能都融为一体"。作为探测工具的备份选择，它非常具有吸引力。此外，它还可以提供有关该读者的 Siebel 应用系统的实时性能报告。

⑯ 工具名称：Qcheck、Chariot（NetIQ 公司，http://www.netiq.com）。

推荐理由：有一位读者在推荐 NetIQ Qcheck 和 Chariot 时称，Qcheck 是一项免费工具，"它超级简单，能够极快地对两个主机之间的网络性能进行检查，与故障检修工具一样棒"。他说他的求助台使用的就是这种工具。它要求在被测主机上安装 endpoint 代理。这些 endpoint 是免费的，而且可供各种各样的系统使用。他说："我曾要求在我们企业里的每台台式机和服务器上装载这样的 endpoint，从而减少了故障检修的次数。"关于 Chariot，他说，Chariot "可以对我们所能想象得到的任何网络进行压力测试。它在概念设计和论证方面表现得非常好。添加 Sniffer 插件之后，就可以使用实际数据对网络进行测试，更不用说它的易用性了。"提醒大家注意的是，在把这种工具交给未经培训的新手之时，你必须格外小心，因为它"几乎可以把任何网络都给踩成碎片"。

请分析：这些所谓"最受欢迎的网管工具"的共同特点有哪些？

_____

_____

_____

_____

（2）网管工具的网络搜索

网络故障的诊断与排除是网络管理员必须具备的基本能力，也是网络管理员的主要工作内容之一。有很多值得推荐的网络工具，例如：

① easy 网管。运行环境是 Windows 2000/XP/Vista，主要操作特点是：上网时间限制功能、网络流量流速监测控制功能、远程遥控和不占用带宽资源。

② 超级 ping。运行环境是 Windows 2000/XP/Vista，其特点是：体积小巧、使用简单、网络监测灵活。在局域网中经常需要对某些可疑计算机进行跟踪监测，了解用户的使用情况，而这正是超级 ping 的特色功能。

上网搜索和浏览，看看哪些网站在做着网络管理工具的技术支持工作？请在表 8-1 中记录搜索结果。

你在本次搜索中使用的关键词主要是：_____

表 8-1　网络管理工具技术网站实训记录

网 站 名 称	网　　　址	主要内容描述

请记录：在本实训中你感觉比较重要的两个网络管理工具技术网站是：

① 网站名称：_____

② 网站名称：_____

请分析：你认为各网络管理工具技术支持网站当前的技术热点（例如从培训项目中得知）是：

① 名称：_____

技术热点：_____

_____

_____

② 名称：_____

技术热点：_____

_____

_____

③ 名称：_____

技术热点：_____

_____

_____

_____

（3）网络故障诊断

当我们组建好了一个小型网络（例如网吧）后，为了使网络运转正常，网络维护就显得很重要了。由于网络协议和网络设备的复杂性，许多故障解决起来绝非像解决单机故障那么简单。网络故障的定位和排除，既需要长期的知识和经验积累，也需要一系列的软件和硬件工具，更需要你的智慧。因此，多学习各种最新的知识，是每个网络管理员都应该做到的。

在开始动手排除故障之前，最好先准备一支笔和一个记事本，然后，将故障现象认真仔细记录下来。在观察和记录时一定注意细节，排除大型网络故障如此，一般十几台计算机的小型网络故障也如此，因为有时正是一些最小的细节使整个问题变得明朗化。

① 识别故障现象。作为管理员，在你排故障之前，也必须确切地知道网络上到底出了什么毛病，是不能共享资源，还是找不到另一台计算机，等等。知道出了什么问题并能够及时识别，是成功排除故障最重要的步骤。为了与故障现象进行对比，作为管理员你必须知道系统在正常情况下是怎样工作的，反之，你是不好对问题和故障进行定位的。

识别故障现象时，应该向操作者询问以下几个问题：

a. 当被记录的故障现象发生时，正在运行什么进程（即操作者正在对计算机进行什么操作）？

b. 这个进程以前运行过吗？

c. 以前这个进程的运行是否成功？

d. 这个进程最后一次成功运行是什么时候？

e. 从那时起，哪些发生了改变？

带着这些疑问来了解问题，才能对症下药排除故障。

② 对故障现象进行详细描述。当处理由操作员报告的问题时，对故障现象的详细描述显得尤为重要。如果仅凭他们的一面之词，有时还很难下结论，这时就需要管理员亲自操作一下刚才出错的程序，并注意出错信息。例如，在使用 Web 浏览器进行浏览时，无论键入哪个网站都返回"该页无法显示"之类的信息。使用 ping 命令时，无论 ping 哪个 IP 地址都显示超时连接信息等。诸如此类的出错消息会为缩小问题范围提供许多有价值的信息。对此在排除故障前，可以按以下步骤执行：

a. 收集有关故障现象的信息；

b. 对问题和故障现象进行详细描述；

c. 注意细节；

d. 把所有的问题都记下来；

e. 不要匆忙下结论。

③ 列举可能导致错误的原因。作为网络管理员，则应当考虑导致无法查看信息的原因可能有哪些，如网卡硬件故障、网络连接故障、网络设备（如集线器、交换机）故障、TCP/IP 协议设置不当等等。

注意：不要着急下结论，可以根据出错的可能性把这些原因按优先级别进行排序，一个个先后排除。

④ 缩小搜索范围。对所有列出的可能导致错误的原因逐一进行测试，而且不要根据一次测试，就断定某一区域的网络是运行正常或是不正常。另外，也不要在自己认为已经确定了的第一个错误上停下来，应直到测试完为止。

除了测试之外，网络管理员还要注意：千万不要忘记去看一看网卡、hub、modem、路由器面板上的 LED 指示灯。通常情况下，绿灯表示连接正常（modem 需要几个绿灯和红灯都要亮），红灯表示连接故障，不亮表示无连接或线路不通。根据数据流量的大小，指示灯会时快时慢的闪烁。同时，应记录所有观察及测试的手段和结果。

⑤ 隔离错误。经过一番折腾后，你基本上知道了故障的部位，对于计算机的错误，你可以开始检查该计算机网卡是否安装好、TCP/IP 协议是否安装并设置正确、Web 浏览器的连接设置是否得当等一切与已知故障现象有关的内容。然后剩下的事情就是排除故障了。

注意：在开机箱时，不要忘记静电对计算机的危害，要正确拆卸计算机部件。

⑥ 故障分析。处理完问题后，作为网络管理员，还必须搞清楚故障是如何发生的，是什么原因导致了故障的发生，以后如何避免类似故障的发生，拟定相应的对策，采取必要的措施，制定严格的规章制度。

⑦ 故障原因。虽然故障原因多种多样，但总的来讲不外乎就是硬件问题和软件问题，说得再确切一些，这些问题就是网络连接问题、配置文件选项问题及网络协议问题。

a．网络连接。网络连接是故障发生后首先应当考虑的原因。连通性的问题通常涉及网卡、跳线、信息插座、网线、hub、modem 等设备和通信介质。其中，任何一个设备的损坏，都会导致网络连接的中断。连通性通常可采用软件和硬件工具进行测试验证。例如，当某一台计算机不能浏览 Web 时，在网络管理员的脑子里产生的第一个想法就是网络连通性的问题。到底是不是呢？可以通过测试进行验证。看得到网上邻居吗？可以收发电子邮件吗？ping 得到网络内的其他计算机吗？只要其中一项回答为"yes"，那就可以断定本机到 hub 的连通性没有问题。当然，即使都回答"No"，也不就表明连通性肯定有问题，而是可能会有问题，因为如果计算机的网络协议的配置出现了问题也会导致上述现象的发生。另外，看一看网卡和 hub 接口上的指示灯是否闪烁及闪烁是否正常也是个不坏的主意。

排除了由于计算机网络协议配置不当而导致故障的可能后，就应该查看网卡和 hub 的指示灯是否正常，测量网线是否畅通。

b．配置文件和选项。服务器、计算机都有配置选项，配置文件和配置选项设置不当，同样会导致网络故障。如服务器权限的设置不当，会导致资源无法共享的故障。计算机网卡配置不当，会导致无法连接的故障。当网络内所有的服务都无法实现时，应当检查 hub。

4．实训总结

_____

_____

_____

5. 单元学习评价

① 你认为本单元最有价值的内容是：

② 下列问题我需要进一步地了解或得到帮助：

③ 为使学习更有效，你对本单元的教学有何建议？

6. 实训评价（教师）

8.2.3 阅读与思考：职业道德的核心原则与行为准则

计算机职业人员职业道德的核心原则

一个行业的职业道德，有其最基础、最具行业特点的核心原则。世界知名的计算机道德规范组织 IEEE-CS/ACM 软件工程师道德规范和职业实践（SEEPP）联合工作组曾就此专门制订过一个规范，根据此项规范，计算机职业人员职业道德的核心原则主要有以下两项：

原则一 计算机职业人员应当以公众利益为最高目标。这一原则可以解释为：

① 对他们的工作承担完全的责任；

② 用公益目标节制软件工程师、雇主、客户和用户的利益；

③ 批准软件，应在确信软件是安全的、符合规格说明的、经过合适测试的、不会降低生活品质、影响隐私权或有害环境的条件之下，一切工作以大众利益为前提；

④ 当他们有理由相信有关的软件和文档，可以对用户、公众或环境造成任何实际或潜在的危害时，向适当的人或当局揭露；

⑤ 通过合作全力解决由于软件、及其安装、维护、支持或文档引起的社会严重关切的各种事项；

⑥ 在所有有关软件、文档、方法和工具的申述中，特别是与公众相关的，力求正直，避免欺骗；

⑦ 认真考虑诸如体力残疾、资源分配、经济缺陷和其他可能影响使用软件益处的各种因素；

⑧ 应致力于将自己的专业技能用于公益事业和公共教育的发展。

原则二 客户和雇主在保持与公众利益一致的原则下，计算机专业人员应注意满足客户和雇主的最高利益。这一原则可以解释为以下9点：

① 在其胜任的领域提供服务，对其经验和教育方面的不足应持诚实和坦率态度；

② 不明知故犯地使用非法或非合理渠道获得的软件；

- 第 8 章 网管工具与职业素质 | 231

③ 在客户或雇主知晓和同意的情况下，只在适当准许的范围内使用客户或雇主的资产；

④ 保证他们遵循的文档按要求经过某一人授权批准；

⑤ 只要工作中所接触的机密文件不违背公众利益和法律，对这些文件所记载的信息须严格保密；

⑥ 根据其判断，如果一个项目有可能失败，或者费用过高，违反知识产权法规，或者存在问题，应立即确认、文档记录、收集证据和报告客户或雇主；

⑦ 当他们知道软件或文档有涉及社会关切的明显问题时，应立即确认、文档记录和报告给雇主或客户；

⑧ 不接受不利于为他们雇主工作的外部工作；

⑨ 不提倡与雇主或客户的利益冲突，除非出于符合更高道德规范的考虑，在后者情况下，应通报雇主或另一位涉及这一道德规范的适当的当事人。

计算机职业人员职业道德的其他要求

除了基础要求和核心原则外，作为一名计算机职业人员，还有一些其他的职业道德规范应当遵守，比如：

① 按照有关法律、法规和有关机关团内的内部规定建立计算机信息系统；

② 以合法的用户身份进入计算机信息系统；

③ 在工作中尊重各类著作权人的合法权利；

④ 在收集、发布信息时尊重相关人员的名誉、隐私等合法权益；

计算机职业人员的行为准则

所谓行为准则就是一定人群从事一定事务时其行为所应当遵循的一定规则，一个行业的行为准则就是一个行业从业人员日常工作的行为规范。参照《中国科学院科技工作者科学行为准则》的部分内容，对计算机职业人员的行为准则列举如下：

① 爱岗敬业。面向专业工作，面向专业人员，积极主动配合，甘当无名英雄。

② 严谨求实。工作一丝不苟，态度严肃认真，数据准确无误，信息真实快捷。

③ 严格操作。严守工作制度，严格操作规程，精心维护设施，确保财产安全。

④ 优质高效。瞄准国际前沿，掌握最新技术，勤于发明创造，满足科研需求。

⑤ 公正服务。坚持一视同仁，公平公正服务，尊重他人劳动，维护知识产权。

资料来源：李晨，文化发展网（http://www.ccmedu.com/），此处有删改。

请分析：阅读上述内容，请简单叙述你的理解和感想。

_____

_____

_____

_____

第**9**章

网络管理技术实训总结

至此，我们顺利完成了本课程有关网络管理技术的各个实训。为巩固通过实训所了解和掌握的相关知识和技术，请就所做的全部实训做一个系统的总结。由于篇幅有限，如果书中预留的空白不够，请另外附纸张粘贴在边上。

9.1 实训的基本内容

（1）本学期完成的网络管理技术实训主要有（请根据实际完成的实训情况填写）：

① 实训 1.1.6 主要内容是：_____

_____

② 实训 1.2.5 主要内容是：_____

_____

③ 实训 2.1.5 主要内容是：_____

_____

④ 实训 2.2.5 主要内容是：_____

_____

⑤ 实训 3.1.6 主要内容是：_____

_____

⑥ 实训 3.2.4 主要内容是：_____

_____

⑦ 实训 4.1.6 主要内容是：_____

_____

⑧ 实训 4.2.6 主要内容是：_____

⑨　实训 5.1.5 主要内容是：_____

_____

⑩　实训 5.2.6 主要内容是：_____

_____

⑪　实训 5.3.3 主要内容是：_____

_____

⑫　实训 5.4.4 主要内容是：_____

_____

⑬　实训 5.5.5 主要内容是：_____

_____

⑭　实训 6.7.2 主要内容是：_____

_____

⑮　实训 7.1.8 主要内容是：_____

_____

⑯　实训 7.2.7 主要内容是：_____

_____

⑰　实训 7.3.7 主要内容是：_____

_____

⑱　实训 8.4 主要内容是：_____

_____

（2）通过实训，你认为自己主要掌握的网络管理技术的知识点是：

①　知识点：_____

　　简述：_____

_____

_____

② 知识点：＿＿＿＿＿＿＿＿＿＿＿＿＿＿＿＿＿＿＿＿＿＿＿＿＿＿＿＿＿＿＿＿
　　简述：＿＿＿＿＿＿＿＿＿＿＿＿＿＿＿＿＿＿＿＿＿＿＿＿＿＿＿＿＿＿＿＿
＿＿＿＿＿＿＿＿＿＿＿＿＿＿＿＿＿＿＿＿＿＿＿＿＿＿＿＿＿＿＿＿＿＿＿＿＿
＿＿＿＿＿＿＿＿＿＿＿＿＿＿＿＿＿＿＿＿＿＿＿＿＿＿＿＿＿＿＿＿＿＿＿＿＿
＿＿＿＿＿＿＿＿＿＿＿＿＿＿＿＿＿＿＿＿＿＿＿＿＿＿＿＿＿＿＿＿＿＿＿＿＿

9.2　实训的基本评价

（1）在全部实训中，你印象最深，或者相比较而言你认为最有价值的实训是：

① ＿＿＿＿＿＿＿＿＿＿＿＿＿＿＿＿＿＿＿＿＿＿＿＿＿＿＿＿＿＿＿＿＿＿＿＿

你的理由是：＿＿＿＿＿＿＿＿＿＿＿＿＿＿＿＿＿＿＿＿＿＿＿＿＿＿＿＿＿＿＿
＿＿＿＿＿＿＿＿＿＿＿＿＿＿＿＿＿＿＿＿＿＿＿＿＿＿＿＿＿＿＿＿＿＿＿＿＿
＿＿＿＿＿＿＿＿＿＿＿＿＿＿＿＿＿＿＿＿＿＿＿＿＿＿＿＿＿＿＿＿＿＿＿＿＿

② ＿＿＿＿＿＿＿＿＿＿＿＿＿＿＿＿＿＿＿＿＿＿＿＿＿＿＿＿＿＿＿＿＿＿＿＿

你的理由是：＿＿＿＿＿＿＿＿＿＿＿＿＿＿＿＿＿＿＿＿＿＿＿＿＿＿＿＿＿＿＿
＿＿＿＿＿＿＿＿＿＿＿＿＿＿＿＿＿＿＿＿＿＿＿＿＿＿＿＿＿＿＿＿＿＿＿＿＿

（2）在所有实训中，你认为应该得到加强的实训是：

① ＿＿＿＿＿＿＿＿＿＿＿＿＿＿＿＿＿＿＿＿＿＿＿＿＿＿＿＿＿＿＿＿＿＿＿＿

你的理由是：＿＿＿＿＿＿＿＿＿＿＿＿＿＿＿＿＿＿＿＿＿＿＿＿＿＿＿＿＿＿＿
＿＿＿＿＿＿＿＿＿＿＿＿＿＿＿＿＿＿＿＿＿＿＿＿＿＿＿＿＿＿＿＿＿＿＿＿＿
＿＿＿＿＿＿＿＿＿＿＿＿＿＿＿＿＿＿＿＿＿＿＿＿＿＿＿＿＿＿＿＿＿＿＿＿＿

② ＿＿＿＿＿＿＿＿＿＿＿＿＿＿＿＿＿＿＿＿＿＿＿＿＿＿＿＿＿＿＿＿＿＿＿＿

你的理由是：＿＿＿＿＿＿＿＿＿＿＿＿＿＿＿＿＿＿＿＿＿＿＿＿＿＿＿＿＿＿＿
＿＿＿＿＿＿＿＿＿＿＿＿＿＿＿＿＿＿＿＿＿＿＿＿＿＿＿＿＿＿＿＿＿＿＿＿＿
＿＿＿＿＿＿＿＿＿＿＿＿＿＿＿＿＿＿＿＿＿＿＿＿＿＿＿＿＿＿＿＿＿＿＿＿＿

（3）对于本课程的实训内容，你认为应该改进的其他意见和建议是：
＿＿＿＿＿＿＿＿＿＿＿＿＿＿＿＿＿＿＿＿＿＿＿＿＿＿＿＿＿＿＿＿＿＿＿＿＿
＿＿＿＿＿＿＿＿＿＿＿＿＿＿＿＿＿＿＿＿＿＿＿＿＿＿＿＿＿＿＿＿＿＿＿＿＿
＿＿＿＿＿＿＿＿＿＿＿＿＿＿＿＿＿＿＿＿＿＿＿＿＿＿＿＿＿＿＿＿＿＿＿＿＿

9.3　课程学习能力测评

请根据你在本课程中的学习情况，客观地对自己在网络管理技术方面做一个能力测评。请在表 9-1 的"测评结果"栏中合适的项下打"√"。

9.4　网络管理技术实训总结

＿＿＿＿＿＿＿＿＿＿＿＿＿＿＿＿＿＿＿＿＿＿＿＿＿＿＿＿＿＿＿＿＿＿＿＿＿
＿＿＿＿＿＿＿＿＿＿＿＿＿＿＿＿＿＿＿＿＿＿＿＿＿＿＿＿＿＿＿＿＿＿＿＿＿

9.5 实训总结评价（教师）

表 9-1 课程学习能力测评

关键能力	评 价 指 标	测评结果					备注
		很好	较好	一般	勉强	较差	
课程主要内容	1. 了解本课程的主要内容						
	2. 熟悉本课程的全部或者大多数基本概念，了解相关的理论知识						
	3. 熟悉本课程的网络计算环境						
网络基础知识	1. 熟悉计算机网络的基础知识						
	2. 熟悉网络管理的基本概念						
网管技术知识	1. 了解网络管理体系结构						
	2. 了解网络管理技术的主要内容						
	3. 了解网络数据存储管理知识						
	4. 了解网络安全管理的主要内容						
网络学习能力	1. 了解通过网络自主学习的必要性和可行性						
	2. 掌握通过网络提高专业能力、丰富专业知识的学习方法						
自我管理能力	1. 培养自己的责任心						
	2. 掌握、管理自己的时间						
沟通交流能力	1. 知道如何尊重他人的观点等						
	2. 能和他人有效地沟通，在团队合作中表现积极						
	3. 能获取并反馈信息						
解决问题能力	1. 学会使用和丰富网络管理技术						
	2. 能发现并解决一般问题						
设计创新能力	1. 能根据现有的知识与技能创新地提出有价值的观点						
	2. 使用不同的思维方式						

说明："很好"为 5 分，"较好"为 4 分，其余类推。全表栏目合计满分为 100 分，你对自己的测评总分为：_____分。

参 考 文 献

[1] 周苏，等．网络管理技术[M]．北京：科学出版社，2009.

[2] 杨云江．计算机网络管理技术[M]．北京：清华大学出版社，2005.

[3] 夏明萍等．计算机网络管理[M]．北京：清华大学出版社，北京交通大学出版社，2005.

[4] 周苏，等．信息安全技术[M]．北京：科学出版社，2007.

[5] 周苏，等．网页设计与网站建设实验[M]．修订版．北京：科学出版社，2007.

[6] 周苏．新编计算机导论[M]．北京：机械工业出版社，2008.